KB252332

FOOD MATERIALS SCIENCE

식품재료학

FMS

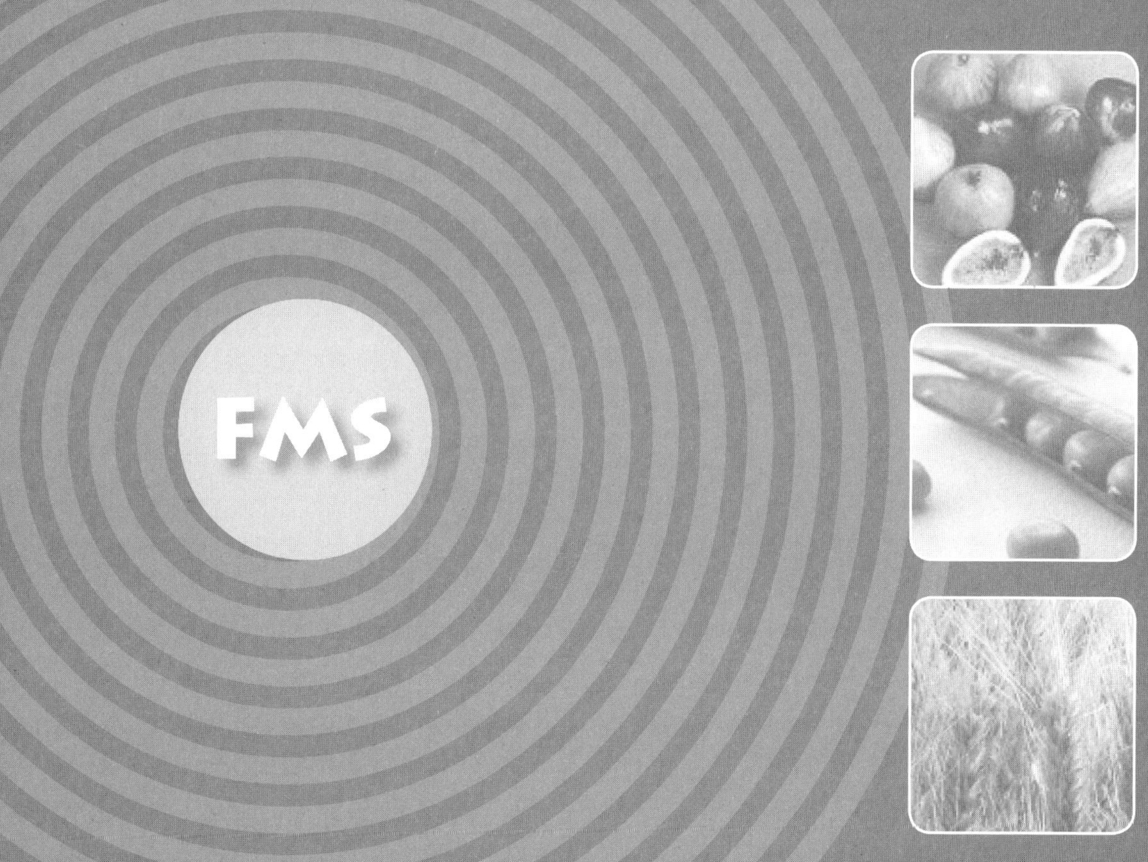

머리말

　오늘날의 식생활은 급속한 경제 성장과 국민소득의 향상으로 고급화, 다양화 하는 경향이 있으며, 외식식품산업도 빠른 속도로 변화되고 발전하고 있다.

　인간의 음식에 대한 기호성과 건강에 대한 관심이 높아지면서 보다 질 높은 먹거리에 대한 연구가 이루어지고 있다. 또한, 식품에 대한 가공·저장기술이 급성장하고 있는 시점에서 식품의 품질을 좌우하는 것은 양질의 식품재료를 선택하는 일이라 할 수 있다. 그러나 식품재료학은 독립된 학문으로 세워지지 못하고 식품학, 식품가공학, 식품화학, 식품첨가물 등에서 단편적으로 다루어지고 있는 실정이었다. 따라서 식품의 조리·가공에 있어서 원료가 되는 식품재료에 관한 지식이 없이는 좋은 상품을 생산하기는 어려울 것이다.

　이 책에서는 우리의 식생활에서 이용하는 모든 식품재료에 대하여 유래, 형태, 성상, 화학성분 조성, 이용, 저장방법, 선택법 등 식품재료 전반에 관한 내용을 종합적으로 다루었으며, 실제 식품조리, 가공, 저장, 유통 등 분야의 기초를 마련하고자 노력하였다.

　그러나 식품재료학은 워낙 광범위하고 다양한 내용을 다루고 있기 때문에 미비하고 부족한 점이 많으리라 생각되며 계속적인 수정·보완작업을 할 예정이니 지속적인 관심과 지도를 바란다.

　끝으로 이 책을 출판하는 데 애써주신 도서출판 효일 김홍용 회장님을 비롯하여 편집부 직원 및 관계자 여러분, 주위에서 조언을 주시고 도와주신 여러분들께 진심으로 깊은 감사를 드립니다.

저자 씀

차례

chapter 06_ 과일류

chapter 12_ 해조류

chapter 13_ 유지류

01

개요

우리가 건강한 생활을 하고 생명을 유지하기 위해서는 균형 잡힌 식사를 통하여 각종 영양소를 섭취하는 것이 중요하며, 이러한 영양소 섭취는 식품을 통해 가능하다.

즉, 식품(food)이란 기호성과 영양소를 함유하고 있으며, 화학적인 물질로 구성되어 있고, 유해물질이 들어있지 않은 천연물 또는 가공품으로 인간이 직접 섭취할 수 있는 것을 말한다.

우리나라 식품위생법에서 식품의 정의는 '식품이란 의약으로서 섭취하는 것을 제외한 모든 음식물'이라고 정의하고 있다.

식품을 적당히 조리 가공하여 먹기 좋게 한 것을 식품(食品, food) 또는 식이(食餌, diet)라 하며 기호적 가치, 영양적 가치, 위생적 가치, 경제적 가치, 실용적 가치 등 식품의 구비조건을 갖추어야 한다. 따라서 식품이란 동물·식물, 즉 농산물·축산물·수산물·임산물 등을 직접 이용하거나, 조리 가공 등의 과정을 거쳐서 이용되는 물질 또는 물질재료로 인간의 생명현상을 유지하고 성장·발달·활동 등의 목적에 사용될 수 있는 영양물질을 말한다. 식품을 지칭하는 용어에는 '식품재료', '식료품', '식량' 등이 있는데 1980년 한국식품과학회 식품행정연구위원회에서 식품과 식량은 같은 의미로 쓰이고, 식품과 식품재료는 엄격히 구별할 수 없다고 결론 내린 바 있다. 그러나 일반적으로 식량은 식품의 집단적 명칭을 의미하는 반면 식품은 식량을 구성하는 하나의 품목으로 동·식물체를 직접 또는 어느 정도의 조리·가공 과정을 거쳐 직접 섭취할 수 있는 상태를 말하며, 우리가 직접 섭취할 수 없는 상태의 것을 식품재료 또는 식료품이라 한다.

따라서 식품재료학은 여러 가지 식품재료에 대한 유래, 형태, 성상, 성분, 효능, 용도 등을 생물학적 또는 이화학적인 면에서 체계화하고 식품의 가공·저장 및 음식을 조리하는 데 무엇보다 중요한 학문이라 할 수 있다.

2 식품재료의 분류

사람이 섭취할 수 있는 식품은 약 300여 종이 되며, 구황식품을 포함하면 2,000여 종 이상이 된다. 이와 같이 식품에는 다수의 종류가 있으므로 여러 가지 관점에 따라 분류할 수 있다.

(1) 생산방식에 의한 분류

① 농산식품 : 곡류, 두류, 감자류, 채소류, 과일류
② 축산식품 : 수조육류, 우유 및 유제품, 난류, 벌꿀
③ 수산식품 : 어류, 갑각류, 조개류, 해조류
④ 임산식품 : 버섯류, 산채류
⑤ 기타 가공식품 : 식용유지, 기호식품, 조미료, 인스턴트식품, 양조식품성 식품 첨가물

(2) 자원에 의한 분류

식물성 식품, 동물성 식품, 광물성 식품

(3) 소비성에 의한 분류

신선식품, 저장식품, 냉동식품, 통조림식품, 강화식품, 조미료, 향신료, 건강자연식품, 기호식품, 가공식품, 구황식품, 인스턴트식품, 레토르트식품

(4) 식품을 구성하는 성분에 의한 분류

① 탄수화물 식품 : 곡류, 감자류, 두류, 설탕, 엿류
② 단백질 식품 : 육류, 난류, 우유류, 어패류, 대두
③ 유지 식품 : 식물성 유지, 동물성 유지, 버터, 마가린
④ 비타민 식품 : 녹황색 채소류, 과일류, 간, 어패류
⑤ 무기질 식품 : 뼈째 먹는 생선류, 해조류, 식염, 우유

(1) 수분(Moisture)

수분 함량은 종류에 따라 다르며 과일·채소류는 80~90%의 수분을 함유하고, 육류는 50~65%, 곡류 및 두류는 10% 내외이며, 식용유는 수분을 거의 함유하고 있지 않다. 식품에 함유된 물은 자유수와 결합수로 나눈다.

1) 결합수(結合水, bound water)

식품의 구성 성분인 단백질이나 탄수화물 등의 유기물과 밀접하게 결합되어 있는 수분을 결합수라 하는데, 조직에서 쉽게 빠져나오지 않고, 식품을 0℃ 이하로 냉각시켜도 얼지 않으며, 용매로도 작용하지 않는다. 효소의 활성화나 곰팡이 등 미생물의 생육에도 이용되지 못한다.

2) 자유수(유리수, free water)

자유수는 식품에서 분리되어 나오는 물로, 식품 중에 유리상태로 들어 있어서 운동이 자유롭고, 식품을 건조시키면 쉽게 증발된다. 0℃ 이하에서 얼고, 미생물이 이용할 수 있는 상태의 수분이다.

3) 수분활성도(Water activity ; A_w)

수분활성도(水分活性度)는 어떤 임의의 온도에서 식품이 나타내는 수증기압(P)을 그 온도에서 순수한 물의 최대수증기압(P_0)의 비로 정의된다.

$$수분활성도(A_w) = \frac{식품의\ 수증기압(P)}{순수한\ 물의\ 수증기압(P_0)}$$

과일, 채소, 생선, 육류는 수분 함량이 높고 용질의 농도가 낮기 때문에 수분활성도가 0.98~0.99로 높고, 곡류, 콩류 등과 같이 수분이 적은 식품은 수분활성도가 0.60~0.64이다. 미생물의 생육 및 번식이 가능한 수분활성도는 곰팡이는 0.70~

0.95, 효모는 0.88~0.90, 세균은 0.90~0.94 정도이다.

식품이나 조리된 음식의 저장 방법 중에 미생물이 자랄 수 없도록 수분활성도를 낮추는 방법들이 있다. 잼이나 젤리처럼 고농도 당을 이용한 당장법이나 소금 절임, 탈수, 냉동 등은 조직 내의 수분이 감소되어 수분활성도가 충분히 낮아져서 식품을 부패하게 하는 미생물의 성장을 억제한다.

Q: 식품에 소금을 뿌려서 저장하는 이유는 무엇인가?

A: 소금이 박테리아 세포에 함유된 수분을 세포 밖으로 끌어냄에 따라 박테리아를 탈수시켜 사멸시킴으로써 소독 및 보존제의 기능을 하게 되어 저장 기간이 연장된다.

(2) 전분(starch)

1) 전분의 호화

호화(糊化, gelatinization)는 전분에 물을 가하여 가열하면 일어나는 물리적 변화이다. 전분 분자는 열에너지를 받아 격렬하게 움직이게 되며 분자간의 수소결합이 끊어지고 입자 속으로 물이 침투된다. 온도가 상승함에 따라 전분 입자의 팽윤이 일어나며, 입자구조는 크게 달라진다.

물을 흡수하여 팽윤한 전분 입자는 붕괴되어 콜로이드(colloid) 용액이 되고 점도(粘度)는 상승하여 호화가 된다. 호화과정은 전분 입자가 클수록, 물의 양이 많을수록, 전분의 가열온도가 높을수록, 예비침수가 길수록 그리고 알칼리성일수록 호화가 잘 일어난다.

2) 전분의 노화

노화(老化, retrogradation)는 호화전분(α-starch)이 생전분(β-starch)의 상태로 돌아가는 현상으로 결정화라고도 한다. 즉, 노화는 팽윤된 전분이 수축되는 과정으로 응집과 조직화 과정이라 할 수 있다.

노화된 전분은 겔(gel)을 형성하고 겔 구조에서 물이 빠져나오게 되는데 이 현상을 이수현상(syneresis)이라 한다.

전분의 노화는 온도가 0~4℃이고 수분 함량이 30~60%일 때 노화되기 쉽다. 전분의 농도가 높을수록 노화가 빠르고, 아밀로오스 함량이 많은 멥쌀이 찹쌀보다 노화가 빠르다. 또한 약산성일수록 노화가 일어나기 쉬우며 pH 7 이상에서는 잘 일어나지 않는다.

노화를 방지하려면 호화된 전분을 80℃ 이상으로 유지하면서 수분을 급속히 제거하거나 0℃ 이하로 냉동하여 급속히 탈수시켜 수분 함량을 15% 이하로 해주면 되며, 설탕을 첨가해 호화상태에서 냉동시킬 때에도 노화가 잘 일어나지 않는다. 쿠키, 크래커, 비스킷은 얇게 성형하여 오븐에서 신속히 구워서 8% 이하의 수분 함량을 갖게 되므로 오래 보관해도 노화가 잘 일어나지 않게 된다.

(3) 단백질(protein)

1) 단백질의 변성

단백질은 체조직의 구성 및 효소, 호르몬, 항체 등을 합성하는 성분으로 아미노산들이 펩타이드(peptide)결합을 통해서 결합된 고분자 화합물이다. 즉, 거대한 단백질의 입체구조가 깨어져서 펩타이드결합만 남게 되는 것을 단백질의 변성이라 한다.

단백질을 가열하거나 산 및 알칼리로 처리하면 변성이 일어난다. 예를 들면, 붉은 색의 쇠고기를 물에 넣고 삶을 때 또는 생 달걀을 삶으면 가열하기 전에 비해 색, 모양, 질감 등이 달라지는 경우이다. 또한 단백질의 산도 조절에 의한 변성으로 요구르트나 치즈는 우유 중의 카세인을 변성, 침전시켜 제조한 것이다. 이러한 현상이 바로 단백질의 변성이다.

2) gelation

동물의 결체조직 단백질인 콜라겐(collagen)을 물과 함께 가열하면 콜로이드(colloid)가 된다. 이것을 냉각하면 반고체인 겔(gel)을 형성하고, 다시 가열하면 졸(sol)을 형성한다. 젤라틴의 졸과 겔의 전환과정은 가역적 과정으로, 젤라틴(gelatin)의 함량이 많고 분자량이 클수록 겔의 경도(硬度, hardness)는 커진다. 생선어묵은 탄력 있는 겔을 형성한 제품이다.

(4) 지질

1) 지질의 산화

지질(lipid)은 물에 녹지 않고 기름과 같은 느낌을 갖거나 또는 이와 비슷한 특성을 갖는 물질들을 광범위하게 표현하는 용어이다.

지질은 포만감을 주며, 필수지방산인 리놀레산(linoleic acid)을 공급해주고, 식품을 조리할 때 부드럽게 하거나 열 전도체로서 역할을 하면서 음식의 향미를 증진시킨다.

지방질 식품 및 식용 유지를 저장할 때 광선, 효소, 산소, 미생물 등에 의해 지질의 산화가 일어나 불쾌한 냄새(off flavor)가 발생하고, 맛과 색깔이 나빠지며, 지질의 품질 저하현상을 일으키게 되는데 이를 산패(rancidity)라고 한다. 유지의 산패는 가수분해에 의한 산패와 산화에 의한 산패의 두 가지 형태에 의하여 주로 일어난다.

① 가수분해에 의한 산패

가수분해는 물분자가 첨가되어 화학적 결합이 깨지는 반응으로 중성지방이 가수분해 되면 유리지방산과 글리세롤로 분해된다. 이 반응은 식품에 자연적으로 존재하는 효소인 라이페이스에 의해 촉진될 수 있다.

미생물이 생산하는 라이페이스(lipase)에 의해서는 유지가 분해되어 저급지방산인 부티르산(butyric acid), 카프로산(caproic acid), 카프르산(capric acid) 등 휘발성 지방산을 생성하기 때문에 나쁜 냄새가 난다. 부티르산과 카프로산은 산패한 버터의 불쾌한 냄새와 맛의 원인이 된다.

② 산화에 의한 산패

유지 저장 시 공기 중의 산소와 결합하여 나타나는 현상으로 유지를 오랫동안 방치할 때 나타나는 결과이다. 산화적 산패가 잘 일어나는 경우는 불포화지방산을 많이 가지고 있는 것이며, 수소가 첨가된 경화유나 포화지방산을 함유하고 있는 천연지방은 이 산화작용을 비교적 적게 받는다.

이 반응은 산소, 빛, 열, 습기, 금속촉매제, 지방분해효소, 식품부스러기, 산 등에 의해 촉진된다.

③ 산패 방지 및 항산화제

유지의 산패를 막기 위해서는 빛, 습기, 공기를 차단하고 냉장온도 및 저온에서 저장하며, Fe, Cu, Ni과 같은 금속의 접촉을 피하고, 가열처리에 의한 효소작용을 감소시켜, 경화처리, 적당한 포장 등을 하여 광선을 차단한다. 또한 유지를 갈색 병이나 밀폐된 병에 보관하여 공기와 빛에 노출시키는 것을 최소화하고 시원한 곳에 보관하여 항산화제를 첨가하면 산화적 산패를 줄일 수 있으며 저장기간을 연장할 수 있다.

유지류에는 자연적으로 많은 항산화제가 존재하는데, 가장 잘 알려진 것이 토코페롤이다. 이 외에 레시틴과 참기름의 세사몰(sesamol)이 있으며, 구연산, 아스코르브산, 인산과 같은 물질은 항산화제와 함께 사용하면 상승작용을 한다.

(5) 식품재료의 갈변

식품의 색깔은 품질평가에 중요한 요소로 작용한다. 식품의 조리, 저장, 가공 시 식품의 색이 퇴색되거나 무색의 식품이 화학반응을 통해 갈변(browning)하는 경우가 있는데, 이런 갈변 현상은 식품의 맛과 냄새를 나쁘게 할 뿐 아니라 비타민과 아미노산 등 영양가의 손실을 초래한다.

식품의 갈변반응은 효소적 갈변반응(enzymatic browning reaction)과 비효소적 갈변반응(nonenzymatic browning reaction)으로 나눌 수 있다.

1) 효소적 갈변

효소적 갈변은 폴리페놀을 함유하고 있는 클로로겐산(chlorogenic acid), 카테친(catechin), 갈산(gallic acid), 타이로신(tyrosine) 등이 들어 있는 식품이 상처를 받으면 폴리페놀을 산화하는 효소와 반응하여 갈색 색소인 멜라닌(melanin)을 생성하기 때문에 갈변한다. 이 반응은 효소, 기질, 산소의 3요소에 의해 나타나며 폴리페놀류의 산화에 관여하는 폴리페놀 옥시데이스(polyphenol oxidase)와 타이로신 산화에 관여하는 타이로시네이스(tyroxinase)에 의한 갈변으로 나눈다. 사과·배·바나나 등의 과일류와 감자·고구마 등의 갈변현상은 효소의 작용으로 일어나는 갈변현상이다.

효소적 갈변의 방지방법은 다음과 같다.

① 가열처리(blanching)

효소는 단백질로 구성되어 열에 약하므로 불활성화하며, 채소, 과일, 통조림, 냉동채소의 전처리에 이용한다.

② 산소의 접촉 금지

갈변을 일으키는 산소의 접촉을 금지시키는 방법으로 통조림, 병조림, 탈기, 설탕물, 물에 침지한다.

③ pH 조절

폴리페놀 옥시데이스의 최적 pH는 5.7~6.8의 환경이므로 조건을 산성화하면 불활성화한다. 사과산, 구연산, 산성용액, 레몬즙, 오렌지즙, 묽은 식염에 침지하며, 사용량은 전량의 0.3~3% 정도로 한다.

④ 환원제 이용

기질의 폴리페놀 화합물과 복합체를 형성시키는 방법으로 아황산가스, 아황산염, 비타민 C, 시스테인(cysteine) 처리를 한다. 사용량은 전량의 0.3~0.6% 정도로 한다.

⑤ 기질 제거

과즙의 단백질 첨가로 불용성 물질을 형성하여 침전시켜 제거하며 과즙의 젤라틴을 첨가하는 방법이 있다.

2) 비효소적 갈변반응

비효소적 갈변반응은 마이야르(Maillard) 반응, 캐러멜(caramel)화 반응, 아스코르브산(ascorbic acid) 산화반응 등의 3가지로 구분한다. 이 3가지 반응은 대체적으로 혼합되어 일어난다.

① 마이야르(Maillard) 반응(아미노 카르보닐 반응, 멜라노이딘 반응)

마이야르 반응은 아미노산이나 단백질의 아미노기($-NH_2$)와 당류의 카르보닐기($-COOH$)가 서로 반응하여 갈색물질을 생성하므로 나타난다. 식품의 가공이나 저장 중 가장 중요한 것은 비효소적 갈변반응으로 외부의 에너지 공급이 없어도 일어나므로 자연발생적 현상이라 할 수 있다. 이 반응은 식품의 맛, 색, 냄새 등을 나쁘게 하며 영양가를 저하시킨다. 마이야르 반응에 의한 갈변을 방지하기 위해서는 저온유지 및 pH를 낮추고, 산소의 제거, 금속이온의 제거, 수분 함량을 낮춰야 한다.

② 캐러멜화(Caramel) 반응에 의한 갈변

캐러멜화 반응은 당류를 180~200℃의 고온으로 가열하여 생성되는 분해산물들에 의해 흑색의 캐러멜을 생성하는 현상이다. 캐러멜화 반응은 당 함량이 많은 식품들의 가열 중에 나타나고, 식품의 향기, 맛, 색 등에 영향을 미치며, 특히 과자류, 청량음료, 양주, 장류 등의 착색제로 쓰인다.

③ 아스코르브산(Ascorbic acid)의 산화 환원 반응에 의한 갈변

아스코르브산의 산화·환원반응에 의한 갈변반응은 아스코르브산의 함량이 많은 오렌지 주스, 분말 오렌지 등의 감귤류 가공품의 품질을 저하시키는 갈변반응으로 아스코르브산이 항산화제(antioxidant), 항갈변제(antibrowning agent)로 이용 및 산화된 후, 그 자체가 갈변반응에 참여하므로 발생된다.

02

곡류

곡류(cereal grains)는 세계 모든 민족의 주식(主食)으로, 식물학적으로는 화본과(禾本科)에 속하며, 그 열매를 사람들이 식용하여 왔다. 곡류는 미곡(쌀), 맥류(보리, 밀, 호밀, 귀리) 외에 조, 수수, 옥수수, 피, 메밀 등의 잡곡으로 분류된다.

우리나라에서 오곡이라 함은 쌀, 보리, 조, 기장, 콩을 말하며, 이 중에서 쌀은 가장 중요한 농작물로 주식이다.

쌀은 동남아시아 남부 극동지역에서 열대지역에 걸쳐 주식으로 이용하며, 밀은 분식(粉食)의 형태로 기후가 온난하고 건조한 지역인 유럽, 중국 북부지방에서 주식의 원료로 이용하고 있다. 곡류는 농경이 시작되면서부터 야생의 식물을 재배하고 개량하여 왔으리라 추정되며, 우리나라에서 쌀 재배의 기원은 김해패총(具塚)에서 벼 흔적을 발견한 것으로 보아, 삼한시대 이전부터 재배된 것으로 추정하고 있다.

곡류는 전분 함량이 많고 단백질도 많이 들어 있으며, 지방질은 적게 들어 있다. 지방질 중 불포화지방산의 함량이 높아 저장 중 쉽게 변패가 될 수 있으며 무기질 중 Ca과 Fe은 부족하고 P이 많이 들어 있어 산성식품에 속한다. 또한 곡류는 대량 생산과 장기간 저장이 가능하며 곡립이 적어 운반과 취급이 편리한 점 등의 많은 특징이 있다. 곡류는 저온창고에서 저장하거나 낱알의 형태로 어둡고 서늘한 곳에 저장하여 미생물 및 곤충의 피해를 제거해야 한다.

1 쌀(rice)

쌀은 밀, 옥수수와 함께 세계 3대 곡물 중의 하나이며, 열대지방이 원산지로 알려져 있지만 온대, 아열대, 열대지방에 걸쳐 널리 재배되고 있다.

세계 총생산량의 92%가 아시아 여러 나라에서 생산되며, 대부분이 아시아인에 의해 소비되고 있다. 우리나라의 쌀 재배 시기는 정확히 알 수 없지만 삼한 시대 이전으로 추정하며 벼의 유입경로는 기원전 2000년경에

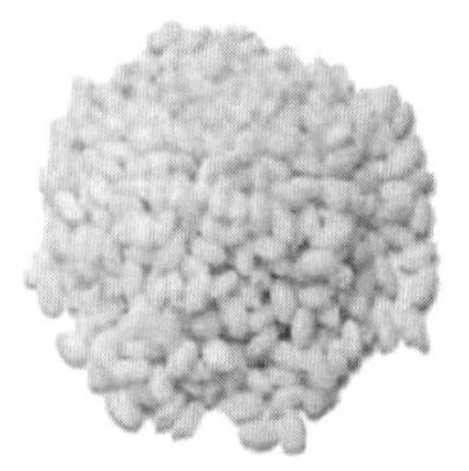

그림 2-1 쌀

중국에서 전래된 것으로 알려져 있다.

(1) 성상

세계에서 재배되고 있는 쌀의 품종은 일본형(Japonica type), 인도형(Indica type) 및 자바형(Javanica type)으로 나눌 수 있으며, 자바형은 인도형에 유사하여 인도형에 포함시킨다. 일본형은 온대형으로 한국, 일본 등 온대지역에서 재배되는데, 키가 작으면서 쌀알이 둥글고 굵으며, 밥을 지었을 때 끈기가 강하다. 인도형은 대륙형으로 인도대륙, 인도차이나 등 동남아시아 전역에서 재배하고 있고, 키가 크며 쌀알이 길면서 끈기가 약한 것이 특징이다.

일본형과 인도형의 두 가지는 형태뿐만 아니라 맛, 향, 찰기, 단단함 등에서 현저한 차이가 있고, 민족의 습관, 밥을 짓는 방법에 따라 크게 차이가 난다.

표 2-1 쌀의 종류 및 특징

구분	일본형(Japonica type)	인도형(Indica type)
벼의 키	벼의 키가 작다.	벼의 키가 크다.
형태	쌀알이 둥글고 굵으며 단단하다.	쌀알이 길고 부스러지기 쉽다.
점성	세포막이 얇아 쉽게 파괴되어 전분립이 세포 외부로 방출됨으로써 호화되어 점성이 강하다.	세포막이 두꺼워 파괴되지 않아 전분립이 세포막 내에서 호화되어 점성이 약하다.
아밀로오스의 함량	17~27%	27~31%
호화온도	65~67℃	70~75℃

우리나라에서는 일본형의 쌀이 주로 재배되어 왔고 우리의 기호성에 잘 맞았지만, 식량자급책의 일환으로 육종을 거듭하여 인디카형과 자포니카형의 교배종인 통일계통의 벼를 일부 재배하였으며, 식미 개선을 위한 육종 결과 유신, 밀양, 기타 품종을 개량해 생산성을 크게 증대시켰다.

경작의 형태에 따라 논벼와 밭벼로 나눌 수 있는데, 밭벼는 논벼에 비해 취반 시 끈기가 적어 오히려 밥맛이 떨어진다. 쌀 전분의 아밀로오스(amylose)와 아밀로펙틴(amylopectin)의 구성 비율에 따라 멥쌀(non-glutinous rice)과 찹쌀(glutinous rice)로 구분한다.

(2) 성분

현미(玄米, brown rice)는 탈곡에 의하여 껍질을 제거한 것을 말한다. 벗겨진 껍질을 왕겨라 하는데, 왕겨는 현미를 보호하고 외부로부터 곰팡이나 해충의 침입을 막는 작용을 한다. 벼알의 총 중량으로 볼 때 현미는 약 80%이고, 왕겨는 약 20%를 차지한다.

현미는 과피, 종피, 호분층, 배유, 배아로 구성되어 있고, 정백미(精白米)는 현미를 도정(搗精, milling)하여 쌀겨(과피, 종피, 호분층)를 제거한 것이다. 즉, 현미의 쌀겨층(강층)은 섬유질이 많고 조직이 견고하며, 조리하기 어려워 소화가 잘 안되는 특성이 있다.

따라서 도정의 목적은 강층을 제거함으로써 수분의 흡수를 용이하게 하여 조리하기 쉽게 하며, 소화성을 좋게 하고, 기호성을 향상시켜 식품의 가치를 높이는 데 있다. 반면 단백질 및 지방의 일부분, 비타민류의 대부분이 손실되고 전분의 함유량은 증가하게 된다.

쌀겨는 배유와 배아를 보호하며, 섬유소, 비타민, 무기질, 단백질, 지질이 다량 함유되어 있다. 배아는 발아 시 싹을 내는 부분으로 비타민 및 무기질, 단백질, 지방이 함유되어 있으나 도정 시 제거된다.

표 2-2 쌀의 도정 정도에 따른 영양성분 및 소화율(100g 중)

종류	열량 (kcal)	수분 (%)	단백질 (g)	지질 (g)	탄수화물		회분 (g)	무기질					비타민					소화율 (%)
					당질 (g)	섬유 (g)		Ca (mg)	P (mg)	Fe (mg)	Na (mg)	K (mg)	A (R.E)	B₁ (mg)	B₂ (mg)	niacin (mg)	C (mg)	
현미	368	11.0	7.2	2.5	71.8	1.3	1.2	41	284	2.1	6	240	0	0.3	0.1	5.1	0	89.6
칠분도미	368	12.3	6.9	1.1	78.8	0.3	0.6	24	179	0.9	2	170	0	0.19	0.05	2.7	0	95.8
백미	370	11.6	8.2	0.8	78.4	0.4	0.6	5	119	3.3	3	105	0	0.11	0.07	1.5	0	97.1

배유는 쌀의 가식부위로 92%를 차지하며, 주로 전분으로 구성되어 있다. 즉, 쌀의 배유부위의 세포는 전분립으로 가득 차 있고 그 입자 사이마다 단백질이 채워져 있어 배유는 백색 반투명하지만 쌀알이 충실하게 여물지 않을 시에는 백색 불투명하게 된다. 도정 정도에 따라 백미는 강층이 8%, 7분 도미는 강층이 6%, 5분 도미는 강층이 4% 제거된 것이다.

1) 탄수화물

쌀의 성분 중 당질이 70~80%로 구성되어 있고 그 중 전분이 약 75%를 차지하며, 그 밖에 덱스트린(dextrin), 펜토산(pentosan) 조섬유를 함유하고 있다.

쌀의 전분은 멥쌀인 경우 아밀로오스(amylose)와 아밀로펙틴(amylopectin)의 비율이 약 20:80이며 찹쌀은 거의 100%가 아밀로펙틴(amylopectin)으로 형성되어 있다.

표 2-3 멥쌀과 찹쌀의 특징

성질 \ 구분	멥쌀	찹쌀
amylose	약 20%	0%
amylopectin	약 80%	100%
비중	1.13	1.08
호화개시온도	65℃	70℃
점성	약하다	2배 이상 강하다
요오드 반응	청자색	적갈색
낱알의 특징	반투명	유백색
단백질	6.8%	8.7%

2) 단백질

쌀의 주요 단백질은 글루텔린(glutelin)의 일종인 오리제닌(oryzenin)으로 약 80%를 차지하고 있다. 쌀 단백질의 아미노산 조성은 라이신(lysine), 쓰레오닌(threonine), 메싸이오닌(methionine), 히스티딘(histidine)의 함량이 적어 불완전 단백질이므로 두류 및 잡곡류, 동물성 식품의 섭취를 통한 필수아미노산의 보충이 필요하다. 쌀의 단백질 함량은 찹쌀이 멥쌀보다 많고, 현미가 백미보다 많다.

3) 지질

지방 함량은 백미에 1% 이하, 현미에 약 3%로 적은 양이 들어 있으며, 배아에는 약 20% 정도 함유되어 있다. 지방산은 올레산(oleic acid), 리놀레산(linoleic acid), 팔미트산(palmitic acid)이 다량 함유되어 있다.

쌀겨에서 짜낸 기름을 미강유(米糠油, 쌀겨기름)라 하며 반건성유에 속하나, 쌀겨에 있는 효소인 라이페이스(lipase)에 의해 속히 착유하지 않을 때에는 산패작용이 급격히 진행되어 식용유로서 가치가 저하된다.

배유 부분에는 라이소레시틴(lysolecithin)이 다량 함유되어 묵은 쌀 냄새의 원인이 되기도 한다.

4) 무기질, 비타민

무기질은 배아와 겨층에 많이 함유되어 있으므로 도정률이 높아짐에 따라 함량이 감소되며, 특히 P과 K이 많고, Ca과 Fe은 거의 함유되어 있지 않다. 쌀은 산 생성원소가 알칼리 생성원소보다 많아서 산성 식품에 속하므로 과일, 채소 등의 알칼리성 식품과 같이 섭취하는 것이 바람직하다.

비타민 B군에 속하는 것이 대부분이고 비타민 A, C, D는 거의 함유되어 있지 않다. 비타민은 배아와 겨층에 많이 들어 있고 배유에는 적기 때문에 도정에 따라 함량이 달라진다.

비타민 B_1은 수용성이므로 쌀을 물에 씻을 때 많은 손실이 발생된다. 따라서 쌀밥에는 거의 들어있지 않다.

(3) 저장 및 용도

쌀은 수분관리 여하에 따라 곡물의 저장상태가 좌우된다. 쌀의 변질을 방지하기 위해 온도를 $10\sim15\,^\circ\!C$, 습도를 $70\sim80\%$로 유지하는 저온저장이 중요하며, 병충해의 침입을 적게 받기 위해 벼의 상태로 저장하는 것이 좋으나 저장 공간을 많이 차지하는 단점이 있다.

쌀은 90% 이상이 주식으로 이용되는데 쌀의 영양소를 보완하기 위해 필수아미노산, 비타민 A, B, C, 섬유소와 Ca 등의 보강이 필요하다. 그 밖에 주조용, 종자용, 쌀 과자의 원료, 식혜, 엿 등의 재료로 사용된다.

(4) 고르는 법

① 도정된 쌀의 경우

·쌀알이 광택이 나고 청결하며 투명한 것

·쌀알이 입자가 고르고 부서지지 않은 것

·곰팡이가 피어 적색, 흑색을 띠지 않는 것

·쌀알을 깨물었을 때 강도가 센 것

·쌀알이 둥글면서 약간 작은 것

② 밥으로 했을 때

·윤기가 있는 것

·옅은 향취와 질감이 우수한 것

·밥의 노화가 늦은 것

Q: 밥을 지을 때 물의 양은 얼마큼 넣는 것이 좋은가?

A: 밥을 지을 때 밥물을 자기 손등만큼 넣는다고 하는데 사람마다 손의 크기가 다르므로 정확한 방법이라고 할 수 없다. 밥물의 양은 쌀의 종류, 건조상태, 침지시간에 따라 다르며 햅쌀보다 묵은쌀에는 더 많은 물이 필요하다. 일반적으로 쌀 무게의 1.3~1.5배, 쌀 용적의 1.2배 정도가 적당하다. 햅쌀의 경우에는 쌀 용적의 1.0배로 물을 첨가하면 맛있는 밥을 지을 수가 있다. 밤이나 감자를 섞어 밥을 할 경우 밥물은 쌀에 대해서만 넣으면 충분하나 콩나물·무·김치밥을 지을 때는 흰밥보다 물을 줄여주는 것이 좋다.

Q: 맛있는 밥을 짓기 위해서는 쌀을 씻어서 물에 불린 다음에 하는 것이 좋다고 한다. 그 이유가 무엇인가?

A: 전분이 호화되기 위해서는 30% 정도의 물이 필요하다. 쌀은 수분을 건조시켜 놓은 상태이므로 건조한 쌀을 씻어 바로 밥을 지을 때보다 물에 불린 다음 밥을 짓게 되면 쌀알은 충분한 물을 흡수할 수 있게 되기 때문에 가열 시 열전도가 쉬워 호화가 더 잘 일어나고 더 맛있는 밥이 지어진다. 쌀의 물 흡수시간은 온도에 따라 달라지므로 여름에는 30분, 겨울에는 90분 정도면 포화상태가 되어 적당해진다.

밀은 아프카니스탄에서 카스피해 일대가 원산지로 알려졌고 기원전 3000~4000년경부터 유럽, 이집트 등에서 재배되었다. 우리나라에서도 삼한시대 이전부터 재배되었다고 추측된다. 인류가 이용한 작물 가운데 가장 오래된 것 중의 하나이며, 온대에서 한랭한 지역에 적합한 작물로 기후에 대한 적응성이 강하여 지구상에 널리 재배되고 있다. 주요 생산국은 미국, 중국, 러시아이고, 우리나라에서는 경남지방이 총생산량의 약 40%를 차지하며, 자급률이 낮아 미국, 캐나다, 호주 등에서 수입하고 있다.

그림 2-2 밀

표 2-4 밀가루(소맥분)의 종류와 용도

종류	단백질의 함량	입자의 질감	용도
강력분	12% 이상	초자질, 경질	마카로니, 스파게티
준강력분	10.5~12%	초자질, 반경질	빵, 면(중화면)
중력분	9.5~10.5%	중간질	면(소면, 냉면, 우동 등)
박력분	9.5% 이하	분상질, 연질	케이크, 비스킷, 튀김옷

(1) 성상

밀은 약 20가지의 품종이 있으나 가장 널리 재배되고 있는 것은 보통밀과 마카로니, 스파게티 등에 이용되는 듀럼밀(durum wheat)이다. 우리나라에서 재배하고 있는 것은 대부분 보통밀로서 파종 시기에 따라 겨울밀과 봄밀로 나눈다. 겨울밀은 가을에 파종하여 다음해 초여름에 수확하며 봄밀은 봄에 파종하여 여름 또는 초가을에 수확한다.

또한 이들은 카로틴 색소의 함량에 따라 붉은 밀(red wheat)과 흰 밀(white wheat)로 구분한다. 밀 입자의 질감에 따라 경질밀(hard wheat)과 연질밀(soft wheat)로 나누는데 경질밀은 입자의 경도가 높고 반투명한 유리질이며, gluten의 함량이 높고 전분 함량이 낮아 강력분 제조에 이용하여, 제빵 적성이 뛰어나다. 연질밀은 입자의 절단면이 백색의 불투명한 분상질 소맥으로 gluten의 함량이 낮고 전분 함량이 높아 박력분 제조에 이용되며 케이크, 쿠키, 크래커를 만들 때 사용된다.

쌀에는 홈이 없으나 밀알에는 깊은 홈이 있어 도정으로 제거할 수 없기 때문에 통밀은 맛이 나쁘고 소화율도 좋지 않다. 밀의 홈 부분은 도정으로 제거할 수 없으나, 제분을 하면 외피 중에 남아 깨끗하게 분리할 수 있으므로 밀은 제분하여 이용하게 된다. 밀의 제분율은 보통 70~80% 정도이다.

(2) 성분

밀의 내부조직의 구조는 쌀과 비슷하여 배유 82%, 배아 2%, 과피 16%의 비율로 되어 있으며, 배유는 밀가루의 원료가 되고 나머지 부분은 배유와 분리되어 가축의 사료로 사용된다. 밀의 성분조성은 품종이나 재배지에 따라 상당한 차이가 있지만 일반적으로 약 69%의 전분과 12% 내외의 단백질, 수분 11.8%, 지질 2.9%, 섬유소 2.5%, 회분 1.8% 정도이다.

표 2-5 밀가루의 영양성분(100g 중)

종류	열량 (kcal)	수분 (%)	단백질 (g)	지질 (g)	탄수화물		회분 (g)	무기질					비타민				
					당질 (g)	섬유 (g)		Ca (mg)	P (mg)	Fe (mg)	Na (mg)	K (mg)	A (R.E)	B$_1$ (mg)	B$_2$ (mg)	niacin (mg)	C (mg)
통밀	338	11.8	12.0	2.9	69.0	2.5	1.8	71	390	3.2	5	344	0	0.34	0.11	5.0	0
강력분	373	13.7	13.8	1.8	70.9	0.2	0.4	13	119	0.8	2	94	0	0.10	0.05	0.6	0
중력분	368	13.3	10.4	1.1	74.6	0.2	0.4	12	101	1.4	4	106	0	0.20	0.05	1.0	0
박력분	370	12.8	8.7	0.8	77.3	0.2	0.2	17	81	1.4	3	126	0	0.13	0.04	0.7	0

1) 단백질

밀가루의 단백질은 점성을 지닌 글리아딘(gliadin)과 탄력성을 지닌 글루테닌(glutenin)으로 이루어졌으며, 물로 반죽하면 점탄성이 강한 글루텐(gluten)을 형성한다. 글루텐은 빵을 부풀게 하고 면류의 고유하고 독특한 쫀득거림을 준다. 아미노산 조성으로는 라이신(lysine), 메싸이오닌(methionine), 쓰레오닌(threonine) 같은 필수아미노산이 부족하여 영양적으로 불완전하며 특히 라이신은 제한아미노산이다. 식사 시 라이신을 많이 함유한 동물성 식품과 조합하면 영양효율을 높일 수 있다.

2) 탄수화물

탄수화물의 대부분은 전분으로 아밀로오스(amylose) 함량이 약 25%이며, 나머지는 아밀로펙틴(amylopectin)으로 구성되어 있다. 그 밖에 소량의 당류와 섬유소(cellulose) 등이 들어 있다. 전분입자는 끓는 물에서 입자가 팽윤하고 더욱 가열하면 입자가 파열되며, 냉수에는 녹지 않는다. 밀은 다량의 섬유질을 가지고 있어 배변을 용이하게 하고, 치질, 게실증, 대장암 예방에 효과가 있다.

3) 지방

지방은 약 2% 정도로 배아와 겨층에 주로 함유되어 있으며, 배아에는 항산화력이 있는 비타민 E와 레시틴(lecithin)이 함유되어 있다. 지방산 조성은 올레산(oleic acid), 리놀레산(linoleic acid), 팔미트산(palmitic acid) 등이 많다.

4) 무기질 및 비타민

무기질에는 K과 P이 많으며, Ca과 Fe은 상당량 적게 들어 있어 강화가 필요하다. 또한 비타민 B군은 배아와 겨층에 많이 들어 있으나 비타민 B_1의 경우는 알칼리계 팽창제를 사용하여 조리할 경우 거의 손실될 수 있다.

밀의 회분 함량이 1~2%이지만 밀가루에는 0.4~0.5% 정도 함유되어 있다. 제분율에 따라 크게 달라지는데 제분율이 높으면 밀기울 부분이 많아서 회분 함량이 증가하여 색이 좋지 못하다. 회분 함량은 제분율 판정에 이용되고 있고, 회분 함량과 색은 밀가루의 등급표시에 중요한 지표가 된다.

5) 색소

밀가루의 색소는 카로티노이드(carotenoid)계와 플라보노이드(flavonoid)계 색소로서, 제분공정 시 표백제로 탈색하여 카로티노이드계 색소가 거의 제거되고 플라보노이드계 색소만 남아 미백색을 나타낸다.

(3) 저장 및 용도

밀의 저장은 온도 10~15℃, 습도 70~80%를 유지하는 것이 좋으며, 통풍 및 환기가 잘 되는 곳에 보관하는 것이 좋다. 습기가 들어가지 않게 방습 포장된 것을 구입해야 보관에 도움이 된다. 밀은 주로 제분하여 밀가루로 가공된 후 제과·제빵, 제면에 이용된다.

(4) 고르는 법

① 통밀 고르는 법
- 입자가 고르고 단단한 것
- 밀알이 부서지지 않고 다른 곡식이 섞이지 않은 것
- 우리밀은 씨눈이 선명하고 단단하며 수입밀은 씨눈이 뚜렷하지 않고 홈이 희미하다.

② 밀가루 고르는 법
- 잘 건조되고, 입자가 덩어리지지 않은 것
- 손으로 만졌을 때 부드러운 느낌이 있는 것
- 감촉이 뻑뻑한 것은 전분이 많이 함유된 것
- 순백색 및 크림색이며 광택과 고유한 향기가 있는 것

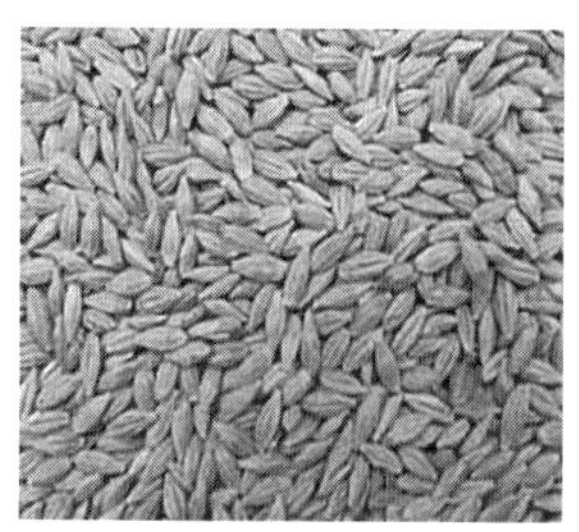

그림 2-3　보리

보리의 원산지는 중앙아시아 지역으로 알려졌으며, 세계에서 가장 오랜 작물 중의 하나로 우리나라에서는 삼한시대 이전부터 재배되었다. 보리는 쌀 다음으로 중요한 곡물로서 전남지역에서는 주로 쌀보리를 생산하여 전국 쌀보리 생산량의 1/2을 차지하고 있고, 경상도는 겉보리를 생산하여 우리나라 전체 생산량의 90%를 차지하고 있다. 세계의 주산지로는 독일, 러시아, 프랑스, 캐나다, 미국, 중국 등이다.

(1) 성상

보리는 성숙 후에도 껍질이 종실에 밀착되어 분리되지 않는 겉보리(covered barley)와 성숙 후 껍질이 종실에서 잘 분리되는 쌀보리(naked barley)로 구분되는데 보통 보리라 하면 겉보리를 말한다. 보리는 파종시기에 따라 가을에 파종하여 이듬해 수확하는 가을보리와 늦은 봄에 파종해서 수확하는 봄보리가 있으며, 어느 계절에나 수확할 수 있는 양절형(兩節型) 보리가 있다.

보리의 구조는 밀과 거의 유사하여 중앙에 세로로 깊은 홈이 있고, 뒷면의 아랫 부분에 배아가 있다. 이 홈으로 인하여 도정 시 외피가 쉽게 제거되지 않고 잔존하여 외관, 맛, 소화율이 낮아지며, 내부의 배유도 호화시키는 데 많은 시간이 필요하다. 최근에는 홈을 기준으로 세로로 잘라 도정한 할맥과 고열 증기를 가해서 부드러워진 보리를 기계로 눌러 만든 압맥, 즉 납작보리도 있다. 이들은 보리에 비해 쉽게 밥을 지을 수 있으며, 소화가 잘 된다.

(2) 성분

보리는 탄수화물, 단백질, 지방, 비타민, 무기질의 성분을 골고루 함유하고 있으며, 특히 섬유소가 쌀보다 5배나 많기 때문에 소화율은 낮지만 장의 연동 운동을 촉진시켜 변비를 없애준다.

표 2-6	보리의 영양성분(100g 중)																
종류	열량 (kcal)	수분 (%)	단백질 (g)	지질 (g)	탄수화물		회분 (g)	무기질					비타민				
					당질 (g)	섬유 (g)		Ca (mg)	P (mg)	Fe (mg)	Na (mg)	K (mg)	A (R.E)	B_1 (mg)	B_2 (mg)	niacin (mg)	C (mg)
겉보리	322	13.8	10.6	1.8	68.2	2.9	1.8	43	360	5.4	3	480	0	0.31	0.10	5.5	0
쌀보리	338	14.0	10.2	2.0	70.9	72.2	0.7	40	140	2.0	4	197	0	0.18	0.07	2.5	0
할맥	351	10.5	9.8	1.2	76.9	0.5	1.1	21	156	1.8	6	210	0	0.22	0.09	0.0	0
압맥 (납작보리)	339	13.5	10.5	1.7	71.1	1.8	1.4	44	240	3.2	3	230	0	0.26	0.05	6.0	0

1) 탄수화물

보리의 당질은 약 70~73%를 차지하며, 그 중 60%가 전분이고 섬유소도 함유하고 있다. 전분의 아밀로오스(amylose) 함량은 약 28~29%이며, 나머지가 아밀로펙틴(amylopectin)으로 구성되어 있다. 보리밥을 먹으면 쉽게 배가 고파지는 이유는 쌀보다 소화가 잘 되어서가 아니라 열량원이 되는 당질 함량이 적은 반면 비 열량원인 섬유소가 많기 때문이다.

2) 단백질

보리의 단백질 함량은 10% 정도이며, 호데인(hordein)과 글루텔린(glutelin)으로 구성되었다. 아미노산 조성은 라이신(lysine), 쓰레오닌(threonine), 타이로신(tyrosine)이 부족한 편이며, 루신(leucine), 페닐알라닌(phenylalanine)은 많은 편이다. 보리 단백질은 쌀 단백질보다 질적으로 우수하지 못하며 밀단백질의 생물가와 비슷하다.

3) 비타민 및 무기질

무기질의 주성분은 K과 P이고, Ca과 Fe은 적은 양이 함유되어 있다. 비타민류는 배유에 분포하고 있어 도정에 의해 손실이 적으므로 비타민 B_1, B_2는 비교적 많이 남아 있다.

(3) 효능

보리에는 베타글루칸(β-glucan)이라는 점착성 섬유질이 들어 있어 혈액 중의 콜레스테롤(cholesterol)양을 낮추어주는 효과와 혈당강하 효과가 있다. 또한 다량으로 들어 있는 섬유소는 소화시간을 연장시켜 소량으로 만복감을 얻을 수 있어 다이어트 효과도 있으며, 배변을 용이하게 하여 변비예방 및 대장기능을 향상시킨다.

(4) 저장 및 용도

보리를 저장하는 방법은 쌀을 저장하는 방법과 동일하며, 진공 포장하여 장기간 보관하기도 하지만 장기간 보관하는 보리는 도정하지 않은 상태가 좋다.

보리는 주로 쌀과 섞어서 또는 납작보리(압맥)로 하여 밥을 지어 먹거나 간장, 된장, 고추장 등의 장류식품으로 쓰인다. 또한 제과제빵 가공 및 맥주, 주류, 물엿, 보리차, 미숫가루, 맥아 등으로 이용되고 있다. 엿기름은 엿, 감주, 소주, 소화제 등의 원료로 사용된다.

(5) 고르는 법

·껍질이 얇고 광택이 나며 담황색인 것
·고유한 향미가 나며 만졌을 때 부드러운 것
·이물질이 없으며 통통하고 둥그스름한 것

4 **메밀(buckwheat)**

그림 2-4 메밀

메밀은 다른 곡류와는 달리 여귀과(마디풀과)에 속하는 잡곡으로, 생육기간이 70~90일로 짧고 척박한 땅에서도 잘 자라서 구황식물로 많이 이용되고 있다. 메밀의 원산지는 동북아시아, 만주, 바이칼호 근처로 알려졌으며, 주 생산국은 러시아, 폴란드, 일본, 중국 등지이고 우리나라에서는 강원, 경북지역에서 주로 생산된다.

(1) 성상

메밀의 종류는 여름형, 가을형과 중간형이 있는데 여름형은 일조시간에 대한 반응보다 온도에 의한 반응이 민감하고, 가을형은 온도에 예민하지 않는 대신 일조시간이 짧아지면 개화, 결실하는 형이며, 중간형은 일조시간이나 온도에 모두 민감하지 않는 형이다.

메밀은 모양이 삼각형의 뿔 모양을 하고 있으며, 열매가 익어가면서 갈색이나 흑갈색 또는 흑색을 띤다. 또한 열매의 과피는 단단하고 광택이 있으며 잘 벗겨진다.

껍질을 제거하고 제분한 메밀가루는 물을 넣어 반죽하여도 점탄성이 생기지 않으므로 밀가루 및 전분을 적합한 비율로 혼합한 후 사용한다.

(2) 성분

메밀은 단백질이 약 10% 정도이며, 단백가가 80으로 라이신(lysine), 트립토판(tryptophan)과 같은 필수아미노산을 많이 함유하고 있다. 또한 메밀은 지방을 약 2% 가량 함유하고 있는데, 그 중 리놀레산(linoleic acid)이 약 5% 이상 함유되어 있다. 당질은 메밀의 주성분으로 70% 정도 들어 있으며 아밀로오스(amylose)가 약 25%를 차지한다. 비타민은 B_1, B_2가 풍부하며, 특히 혈관의 저항력을 높여 고혈압, 동맥경화증 등 혈관계 질병치료에 효과가 있는 비타민 P의 일종인 루틴(rutin)을 함유하고 있다. 또한 섬유질이 풍부하여 대장암 등 대장질환의 예방에 도움을 준다.

무기질로는 Ca, Fe, Mn 등이 풍부하며, 또한 전분 분해효소, 지방 분해효소, 단백질 분해효소 등이 많아 소화흡수율이 높다.

(3) 저장 및 용도

통메밀을 그대로 저장하면 산화가 쉽게 일어나지 않지만 가루로 보관할 때는 공기와 접촉하는 면적이 커져 산화가 촉진되므로 온도가 낮은 곳에서 보관한다.

메밀의 용도는 메밀쌀을 만들어 혼식용으로 이용하며, 메밀밥, 메밀국수, 메밀부침, 메밀누룩, 빙떡, 메밀산자, 냉면, 과자의 원료, 만두, 묵, 메밀소주 등의 원료로 쓰인다.

(4) 고르는 법

· 낱알이 일정하며 진한 검정색인 것

·작은 꽃자루가 붙어 있는 것이 많은 것
·삼각형의 모서리가 뾰족하고, 삼각뿔을 이루는 각각의 면이 오목한 것

5 조(foxtail millet)

(1) 성상

조는 아프리카, 중국, 러시아 등의 지역에서 많이 이용되는 것으로, 원산지는 아시아 지역으로 알려졌으며, 우리나라에서는 오곡의 하나로 강원도, 제주도, 전남, 경북 등의 산간지역에서 많이 재배하고 있다. 조는 토양이 척박하며, 기온이 높고 가물어도 잘 자란다. 전분입자의 비율에 따라서 차조와 메조로 구분하고 파종시기에 따라 봄 품종과 여름 품종으로 나눈다. 조는 곡류 중 가장 작아서 천립 중량이 불과 2g 정도밖에 되지 않는다.

그림 2-5 조 종자와 차조

(2) 성분

단백질은 약 10% 정도 함유되어 있으며 주된 단백질로 프롤라민(prolamin)과 글루텔린(glutelin)이 각각 40% 정도를 차지하고 있다. 필수아미노산 중 루신(leucine)이 많이 들어 있고, 라이신(lysine)은 부족하다. 당질은 약 73% 정도 함유되어 있

으며, 섬유소가 많은 편이라 맛은 그리 좋지 않지만 대장질환 예방에 효과가 있다. 또한 비타민 B_1, B_2가 많이 들어 있고, 무기질에는 Ca, Fe, P, K이 풍부하다.

조는 한방에서 미음으로 끓여 환자의 원기를 회복시키는 데 사용하는데 신장보호, 혈당조절, 해독작용의 효과가 있다고 한다. 산모가 미역국과 함께 먹으면 최유촉진(催乳促進) 및 어린이 성장에도 많은 도움을 준다.

(3) 저장 및 용도

조는 저장성이 우수하며 장기보존해도 맛의 변화가 거의 없고, 병충해의 피해가 적은 편이다. 어둡고 통풍이 잘 되는 곳에 보관한다.

우리나라의 경우 조는 오곡 중의 하나로서 혼식하여 잡곡밥으로 애용되어 왔으며, 엿, 떡, 죽 및 주정원료로 사용되고 있으나 외국의 경우에는 주로 사료로 이용하고 있다.

(4) 고르는 법

① 차조 고르는 법
- 낱알이 고르고 작은 것으로 약간 납작한 것
- 녹색이 나며 가벼운 것

② 메조 고르는 법
- 낱알이 고르고 작으며 약간 납작한 것
- 낱알의 색이 노란색에 가까우며 반짝거리지 않는 것
- 눈의 색이 갈색이고 씨눈이 파손되지 않은 것

6 옥수수(corn)

옥수수의 원산지는 안데스산맥 일대로 알려져 있으며, 콜럼버스가 1492년 신대륙을 발견한 후 유럽에 전파하였다. 그 후 전 세계에 급속히 전파되어 세계 3대 곡류 중 하나가 되었으며, 적응력이 좋아서 쌀, 밀 다음으로 많이 생산되고 있다.

미국, 중국, 브라질, 멕시코 등지에서 주로 생산되며, 우리나라는 전역에 걸쳐 재배가 가능하나, 특히 강원도 산간지역에서 주로 재배하고 있다.

(1) 성상

옥수수의 품종은 알맹이 형태와 질감에 따라 구별되며 특성은 다음과 같다.

1) 마치종(dent corn, 馬齒種)

종자의 측면은 유리질이고, 중앙의 윗부분은 분상질로, 건조하면 중앙부가 형태를 이루어 말의 이 같은 모양을 나타낸다. 알갱이의 종류는 흰색과 황색의 2가지가 있으며, 종자의 과피가 두꺼워서 식용으로는 부적당하나 수확량이 많아 전분제조용 및 사료용으로 이용된다.

2) 경립종(flint corn, 硬粒種)

종자의 과피는 유리질로 둘러싸여 매우 단단하며 충해를 비교적 덜 받으므로 저장성이 높다. 주로 분말로 만들어 이용하며, 미숙한 것은 간식용으로 애용하고, 피 부분은 사료공업용으로 쓰인다.

3) 감미종(sweet corn, 甘味種)

종자의 과피는 유리질로 반투명하며, 단맛이 강한 편이고, 미숙한 것은 식용이나 통조림용으로 이용된다.

4) 연립종(soft corn, 軟粒種)

종자는 대부분 분상질 전분으로 구성되었으며, 건조하면 표면에 주름이 생긴다. 식용 및 전분제조, 그리고 통조림용으로 이용된다.

5) 폭렬종(pop corn, 爆裂種)

종자의 과피는 유리질로 매우 단단하며 내부는 분상질로 부드럽다. 열을 가하면 수분에 의해 팽창하여 폭열하며 배유의 내부가 노출된다. 팝콘, 과자용으로 쓰인다.

6) 나종(waxy corn, 糯種)

종자 전분의 98%가 아밀로펙틴(amylopectin)으로 요오드반응 시 적갈색을 나타내고, 식용으로 이용된다.

(2) 성분

옥수수의 성분은 주로 당질로서 전체의 약 70%를 차지한다. 전분은 아밀로오스(amylose)가 약 25%, amylopectin이 약 75%를 차지하는데 찰옥수수는 거의 대부분이 아밀로펙틴(amylopectin)으로 구성되어 있다. 단백질은 약 10%를 차지하며, 대표적인 단백질인 제인(zein)은 라이신(lysine)과 트립토판(tryptophan)이 매우 적은 양이 들어 있어 불완전 단백질이다.

지방은 약 4~5%로 대부분 배아에 존재한다. 이 배아에서 옥수수유를 착유하는데, 그 기름은 리놀레산(linoleic acid)과 비타민 E를 많이 함유하고 있다.

옥수수에는 나이아신(niacin)이 적게 들어 있어서 오랫동안 옥수수만 상식(常食)하면 펠라그라(pellagra)라고 하는 피부병을 일으킨다. 황색종 옥수수에는 비타민 A의 전구체인 크립토잔틴(cryptoxanthin)이 들어 있으며 옥수수유에는 불포화지방산인 리놀레산(linoleic acid)이 다량 함유되어 있어 혈액 중의 콜레스테롤(chole- ster-ol)을 감소시켜 준다. 특히 옥수수는 프로테이스 인히비터(protease inhibitor)가 함유되어 있어 유방암, 대장암, 전립선암 등을 예방하는 효과가 있다고 한다.

한방에서 옥수수수염은 신장병과 당뇨병에 효능이 있고, 옥수수차는 고혈압 및 피로회복에 효과가 있다고 한다.

(3) 저장 및 용도

생산량이 적을 경우에는 새끼줄에 묶은 다음 햇볕에 건조시켜 저장하고(현수저장법, 懸垂 : 매어 달다), 생산량이 많을 경우에는 간이 저장고를 만들어 저장한다.

우리나라에서는 굽거나 쪄서 또는 엿, 묵, 빵, 과자, 죽 등으로 이용하며, 옥수수

전분, 팝콘, 통조림, 콘플레이크 등의 가공품을 생산하거나 배아는 기름을 짜서 식용유로 이용한다. 그러나 구미지역에서는 주로 사료용으로 이용하고 있다.

옥수수 음식에는 옥수수죽, 옥수수술, 올챙이묵, 강냉이 엿, 강냉이 범벅, 옥수수빵이 있으며 서양에서는 옥수수가루에 버터, 우유를 넣고 밥처럼 지어 만든 폴렌타(polenta)가 있다.

(4) 고르는 법

· 윤기가 많이 나고 입자가 고른 것
· 낟알의 껍질이 벗겨지지 않고 벌레 먹지 않은 것

7 율무(job's tears)

(1) 성상

율무는 벼과에 속하는 1년생 초본이고, 원산지는 동남아시아 대륙으로, 의주자, 인미, 의미(薏味)라고도 부르며, 그 종자를 의이인(薏苡仁)이라고 한다.

우리나라는 임진왜란 때 일본을 통하여 도입되었으리라 추측하며 구황작물과 한약재로 이용되었다고 짐작된다. 오늘날에는 한국, 중국, 일본 등지에서 약용식물로 이용하고 있다.

그림 2-6 율무

(2) 성분

율무의 성분으로 당질은 약 62%를 차지하며, 찰기성분인 아밀로펙틴(amylopectin)의 함량이 높다. 단백질이 약 22%, 지방이 약 4%를 차지하고 있어 단백질과 지방의 함량이 다른 곡류에 비해 높은 편이다.

심장병 및 신장병으로 인한 부기를 제거하며, 이뇨작용이 있다. 또한 식욕억제제로 사용되어 비만치료 효과가 있다. 그러나 소변을 자주 보는 경우 및 변비가 심하거나 저혈압인 경우에는 먹지 않도록 전하고 있다. 그 밖에 소화성 궤양, 진통, 기침, 경련에 약효가 있으며 강장작용 및 피부미용에도 좋다. 최근에는 율무에서 종양억제 물질이 발견되어 연구 중에 있다.

(3) 용도

율무는 껍질을 벗겨 죽, 떡으로 이용하며, 술을 만들기도 하고, 소맥분과 혼합하여 빵을 만들기도 한다. 율무차는 껍질을 벗기지 않은 율무를 볶아서 달이거나 율무가루를 더운 물에 타서 마신다.

(4) 고르는 법

·연한 갈색을 띠면서 윤기가 나는 것
·홈의 폭이 좁고, 씨눈이 붙어 있는 것이 적은 것

8 수수(sorghum)

수수의 원산지는 열대 아프리카 지역으로 알려졌으며, 주산지는 중국, 인도, 미국 등지이다. 우리나라는 중국에서 전래된 것으로 전해지고 있으며, 충북, 전남지역에서 많이 재배하고 있다. 특히 각 지역의 밭둑 가장자리나 인가 근처에서 재배되고 있다.

그림 2-7 수수

(1) 성상

수수의 모양은 옥수수와 유사하며, 품종에는 약 30여 종 이상이 있으며 종피의 색소에 따라 백색, 갈색, 황색 등이 있다. 가을에 씨가 여물면 이삭을 말려 털어 거둔다.

수수의 열매는 광택이 있고 단단한 받침껍질에 싸여 있으며 열매 속 알맹이의 일부가 노출되어 있다. 종피는 타닌(tannin)을 함유하여 떫은맛을 내며, 소화가 잘 되지 않으므로 정맥한 후 식용으로 이용한다.

(2) 성분

수수의 주성분은 전분으로 약 70% 함유되어 있고, 단백질은 약 10%로 트립토판(trypthophan)과 시스틴(cystine) 등의 아미노산이 부족하다. 전분은 잘 호화되지 않으므로 다른 전분에 비하여 소화율이 떨어진다. 비타민 B_1은 강층에 다량 함유되어 있으나 도정에 의하여 손실된다.

수수는 차수수와 메수수로 구분하며, 차수수는 단백질과 지방의 함량이 많고, 메수수는 단백질과 지방이 적어 식용으로는 부적당하나 고량주를 만드는 술의 원료로 사용되고 있다.

수수는 한방에서 몸을 따뜻하게 해주고, 신진대사를 촉진해주며 이뇨작용과 해독기능이 있다.

(3) 용도

수수는 쌀과 섞어 주식으로 이용하며 주로 차수수는 떡, 엿, 죽, 과자의 원료로 사용된다. 주요 요리법에는 수수밥, 수수죽, 수수경단, 수수부꾸미, 수수엿, 수수소주, 수수고추장 등이 있다.

(4) 고르는 법

- 낟알이 고르고 둥근 것으로 붉은 속껍질이 약간 있는 것
- 반투명한 낟알이 적게 들어 있는 것

표 2-7 잡곡류의 영양성분(100g 중)

종류	열량 (kcal)	수분 (%)	단백질 (g)	지질 (g)	탄수화물		회분 (g)	무기질					비타민				
					당질 (g)	섬유 (g)		Ca (mg)	P (mg)	Fe (mg)	Na (mg)	K (mg)	A (R.E)	B₁ (mg)	B₂ (mg)	niacin (mg)	C (mg)
차조	316	10.6	10.1	3.0	72.0	2.5	1.8	51	410	2.8	3	204	0	0.48	0.15	1.5	0
메조	312	12.1	9.3	3.1	73.0	0.9	1.6	15	217	2.2	2	271	0	0.21	0.06	1.6	0
메밀	300	14.5	10.8	2.8	61.0	9.0	1.9	42	330	3.1	2	537	0	0.32	0.12	4.1	0
옥수수	354	13.5	8.2	5.0	70.0	2.0	1.3	5	290	2.3	3	284	15	0.30	0.10	2.0	0
율무	374	10.4	21.3	3.7	61.1	2.0	1.5	151	309	6.8	2	318	0	0.19	0.02	2.0	0
수수	336	12.0	10.3	4.7	69.5	1.7	1.8	9	330	3.0	2	510	0	0.35	0.10	6.0	0

9 호밀(rye)

호밀의 원산지는 서남아시아로 알려졌으며, 주산지는 러시아, 폴란드, 독일과 같은 북부 등지이다. 호밀은 밀보다 품질은 못하나 추위에 강하고 척박한 토지와 건조한 사질토에 적응성이 높아 밀 대신 재배되고 있다. 우리나라는 독일에서 도입하여 재배하기 시작하였으며 현재 강원도, 충남 지역에서 소량 생산하고 있다.

그림 2-8 호밀

(1) 성상

호밀은 봄형과 가을형이 있으며, 우리나라에서는 거의 가을형이 재배되고 있다. 호밀의 종자는 밀과 비슷하지만 밀에 비하여 입질이 단단한 편이며, 가늘고 길면서 표면에 주름진 것이 많다. 종자의 색은 청색 또는 연한 갈색을 나타낸다.

(2) 성분

호밀은 당질이 약 70%, 단백질이 약 13%로 구성되어 있고, 밀의 성분 조성과 비슷하며 비타민 B군도 적절히 들어 있다. 단백질 중 프롤라민(prolamine)과 글루텔린(glutelin)이 각각 40%를 차지하며, 아미노산 조성은 라이신(lysine)과 트립토판(tryptophan)의 함량이 적고, 히스티딘(histidine)과 시스틴(cystine)이 많이 들어 있다. 호밀은 밀 이외에 빵을 제조할 수 있는 곡류이며, 단백질 함량은 밀가루와 큰 차이는 없지만 글루텐 함량이 적기 때문에 점탄성이 떨어지므로 특별한 제빵법이 필요하다.

(3) 용도

호밀을 제분하여 빵을 만들면 검은색의 독특한 풍미를 지닌 흑빵이 만들어진다. 빵을 만들 때 글루텐이 형성되지 않아 점탄성이 없으므로 덜 부풀어 품질이 밀빵보다 못하지만 단단해서 쉽게 부서지지 않는다.

또한 위스키나 흑맥주 등 양조의 원료로 쓰이며, 누룩, 냉면, 장류용으로 이용하고, 맥각은 지혈제, 자궁수축제로 이용되기도 한다.

표 2-8 호밀과 귀리의 영양성분(100g 중)

종류	열량 (kcal)	수분 (%)	단백질 (g)	지질 (g)	탄수화물		회분 (g)	무기질					비타민				
					당질 (g)	섬유 (g)		Ca (mg)	P (mg)	Fe (mg)	Na (mg)	K (mg)	A (R.E)	B₁ (mg)	B₂ (mg)	niacin (mg)	C (mg)
호밀	333	12.5	12.7	2.7	68.5	1.9	1.7	38	330	3.0	2	500	0	0.15	0.10	1.3	0
귀리	317	12.5	13.0	6.2	54.7	10.6	3.0	55	320	4.6	6	360	0	0.30	0.10	1.5	0

10 귀리(oat)

귀리의 원산지는 중앙아시아로 알려졌으며, 우리나라에는 고려시대 때 원나라가 침입하여 말의 먹이로 가져온 것이 재배의 기원이 되었다. 우리나라에는 보편화되지 않았지만 주로 강원도 산지에서 일부 재배되고 있다.

그림 2-9 귀리

(1) 성상

귀리는 겨울의 추위가 심하지 않고 여름에 비가 많이 오는 비교적 온난한 지역이 적합하다. 귀리의 입자는 보리나 밀보다 가늘고 길며, 복부에 세로로 홈이 나 있으며 표면에는 솜털이 나 있다. 귀리 이삭의 색깔은 흑, 적, 황, 백색 등 여러 가지가 있고, 봄형과 가을형이 있으며 겉귀리와 쌀귀리가 있다.

(2) 성분

귀리의 주성분은 당질로 약 55%이고, 다른 곡류에 비해 단백질, 지방질, 비타민 B군, 섬유소가 많다. 지방질은 주로 리놀레산(linoleic acid)이고, 단백질은 13% 정도로서 글로불린(globulin)이 약 80%를 차지하나, 필수아미노산인 라이신(lysine)과 함황아미노산 함량이 적다.

귀리에는 염증을 촉진시키는 프로스타글란딘(prostaglandin) 생성을 강력하게 저지하는 항염증효과가 있으며, 그 밖에 식이섬유소가 많이 들어 있어 변비개선 작용이 있고 혈중 콜레스테롤 중 LDL콜레스테롤의 양을 낮추는 작용을 한다.

(3) 저장 및 용도

수분 함량을 13% 이하로 하여 곰팡이에 의한 흑변을 막아 저장기간을 지연시킨다.

귀리는 소화율이 높고 독특한 맛이 있어 오트밀을 만들어 아침식사용이나 환자용 식사로 쓰며, 그 밖에 과자의 원료나 주정 발효원료, 사료로 사용한다.

03

두류

두류(豆類, legumes)는 콩과에 속하는 열매를 식용하는 작물의 총칭이며, 대두, 팥, 녹두, 강낭콩, 완두, 땅콩 등이 있다.

곡류를 주식으로 하는 우리 식생활에서 두류는 단백질, 지질, 무기질, 비타민의 공급원으로 중요한 식품이라고 할 수 있으며, 영양성분에 따라 3가지 부류로 나눌 수 있다. 우선, 지방의 함량이 적은 대신 당질의 함량이 높은 팥, 녹두, 완두, 강낭콩 등이 있고, 단백질과 지질의 함량이 높은 대두, 땅콩류 등이 있으며, 채소의 성질을 지닌 강낭콩, 청대콩, 미성숙 완두콩 등이 있다. 두류는 종자 자체로는 소화율이 낮고, 타닌(tannin)류, 레시틴(lecithin), 알칼로이드인 사포닌(saponin) 등의 특수성분이 함유되어 있으므로, 적당히 가공하여 식용하는 것이 좋다.

두류는 생물가가 높은 양질의 단백질과 지방을 풍부하게 함유하고 있고, 비타민 B_1과 P, Fe, Ca과 같은 무기질 급원 식품으로 이용되며, 인체에 다양한 생리활성 물질을 가지고 있어 식품학적 가치가 높다. 또한 환경에 대한 적응성이 좋고, 저장성이 우수한 특성을 가진다.

1 대두(soybean)

중국을 중심으로 한 동북아시아가 원산지이며, 우리나라에서는 약 1500년 전부터 재배되었고, 현재는 전남, 전북에서 주로 생산되고 있다. 단백질 급원식품으로 중요한 위치를 차지하며, 식용유지의 원료로서 중요하다.

그림 3-1 대두

표 3-1 두류 영양성분(100g 중)

종류	열량 (kcal)	수분 (%)	단백질 (g)	지질 (g)	탄수화물		회분 (g)	무기질					비타민				
					당질 (g)	섬유 (g)		Ca (mg)	P (mg)	Fe (mg)	Na (mg)	K (mg)	A (R.E)	B_1 (mg)	B_2 (mg)	niacin (mg)	C (mg)
대두	421	9.2	41.3	17.6	21.6	4.7	5.8	250	490	7.6	6	1270	2	0.60	0.17	32.0	0
붉은팥	336	14.5	21.4	0.6	56.6	3.7	3.2	124	413	5.2	4	1120	1	0.56	0.13	1.8	0
녹두	331	15.6	21.2	1.0	54.9	3.5	3.8	189	471	3.4	5	1270	9	0.03	0.14	2.1	0
완두콩 (생것)	120	70.4	8.0	0.6	18.2	2.1	0.7	51	85	1.6	2	313	51	0.33	0.44	45.0	0
강낭콩 (말린 것)	357	10.3	20.2	1.8	60.9	3.2	3.6	139	3.7	6.7	4	620	2	0.54	0.20	1.8	0
땅콩 (생것)	567	6.5	25.8	49.2	11.3	4.9	2.3	92	379	4.6	18	705	0	0.64	0.14	12.1	0

(1) 성상

콩의 가식부는 종실의 자엽(떡잎)으로, 자엽은 약 90~92%를 차지하고, 배아는 2장의 자엽 사이에 존재하며 약 2%이다. 콩의 표면은 각피(cuticle) 층으로 되어 있어 물을 잘 통과시키지 않는다.

콩은 수확시기에 따라 여름콩, 중간콩, 가을콩으로 구분하며, 색에 따라서 황대두(누런콩)는 종피와 자엽의 색이 황색인 것, 흰콩은 백색, 밤콩은 붉은색, 흑대두(검은콩)는 종피의 색이 흑색, 청대두(푸른콩)는 종피의 색이 녹색으로 되어 있다. 우리나라 콩의 대부분은 흰콩이나 누런콩에 속한다.

(2) 성분 및 용도

1) 단백질

콩에는 단백질이 약 40% 함유되어 있으며 글로불린(globulin)에 속하는 글라이시닌(glycinin)이 대부분을 차지하고, 그 외에 알부민(albumin)과 글루텔린(glutelin) 등이 있다. 글라이시닌은 16종의 각종 아미노산이 함유되어 있으며 특히 필수아미노산 중 라이신(lysine), 루신(leucine)의 함량이 높으나, 메싸이오닌(methionine)과 트립토판(tryptophan) 등 함황아미노산의 함량이 부족하다.

날콩의 단백질은 소화하기 어렵다. 특히 안티트립신(antitrypsin, trypsin inhibitor)은 트립신(trypsin)의 소화작용을 방해하며 헤마글루티닌(hemaglutinin)은 적혈구의 응고를 촉진시킨다. 그러나 이들은 가열처리(100℃, 10~15분)하면 활성을 잃어 소화흡수율이 증가된다. 콩의 조직은 매우 단단하여 익혀도 소화율이 70% 이하이지만, 가공품으로 만든 것의 경우는 소화가 더 잘된다.

표 3-2 대두식품의 소화율							
	간장	두부	된장	낫토	콩가루	삶은 콩	볶은 콩
소화율(%)	98	95	85	85	83	68	60

2) 지방

우리나라 콩의 지방 함량은 약 20% 정도이며, 지방 함량은 동일 품종일 경우 소립일수록 많고, 일반적으로 황색의 광택을 가지며 둥근형으로 자엽이 황색인 콩이 높다.

지방산 조성은 85% 정도가 불포화지방산이며, 그 중 필수지방산인 리놀레산(linoleic acid)이 다량 함유되어 있다. 리놀레산은 레시틴(lecithin)과 함께 혈관 중의 콜레스테롤이 침적되는 것을 방지하는 효과가 있으며, 식용유의 성분이 된다. 대두 정제 시 생기는 레시틴은 유화제로 식품공업에 널리 사용되고 있다.

3) 당질

당질은 약 20%가 들어 있으며, 전분은 미숙한 콩에 많고 성숙한 것에는 1% 이하이다. 콩에는 알파 갈락토시드(alpha-galactoside)라는 콩의 당분을 분해하는 효소가 부족하여 인체 내에서 소화가 잘 안되며 장내 가스를 발생시킬 수 있다. 또한 콩은 식이섬유소를 다량 함유하여 변비 및 치질, 게실, 대장암 등을 예방하는 효과가 있다.

4) 무기질과 비타민

무기질은 약 4.6% 정도로 K이 가장 많고 P, Mg, Na, Ca도 다량 함유되어 있다. 비타민은 B군이 많고, 토코페롤(tocopherol, 비타민 E)도 다량 함유되어 있어 식용유지에서 항산화제 작용을 한다.

콩나물은 대두를 28℃에서 10시간 담근 후 어두운 곳에서 발아시킨 것으로 발아 후 5~10일 경과된 것을 식용한다. 대두에 비해 콩나물은 성장하는 동안 비타민 C가 합성되고, 특히 유리 아미노산인 아스파트산(aspartic acid)이 풍부하여 숙취해소에 효과가 있으며 섬유소가 풍부하여 변비 예방에도 도움이 된다.

5) 기타 성분

콩에는 프로테이스 인히비터(protease inhibitor)가 다량 함유되어 있어 암을 유발하는 화합물의 활성을 방해한다. 또한 사포닌(saponin)은 콩을 물에 삶거나 담가두었을 때 거품을 일으키는 물질로, 이것은 용혈작용(溶血作用)이 거의 없어 독성이 매우 약하다. 또한 콩에는 생리활성물질인 아이소플라본 제니스틴(isoflavone genistin), 피트산(phytic acid), 사포닌(saponin), 레시틴(lecithin) 등이 들어 있어 위암, 유방암, 췌장암, 전립선암, 자궁암, 대장암, 골다공증, 갱년기 증후군 등에 예방 치료 효과가 있다고 알려지고 있다.

(4) 저장 및 용도

콩은 수확 후 건조시켜 보관하는 것이 원칙이며, 통풍이 잘 되고 온도가 서늘하며 낮아야 한다. 수분 함량을 11% 이하로 유지하는 것이 바람직하다.

콩은 된장, 간장, 청국장, 콩나물, 식용유, 두유, 콩국수의 국물, 두부, 떡의 고물, 미숫가루, 국수 및 빵의 원료, 인조육 제조에 쓰이며, 그 밖에 사료, 비누제조, 방수제, 살충제 등의 기타 공업용으로 사용된다.

(5) 고르는 법

- 윤기와 광택이 나고 각각 고유의 색을 가진 것
- 껍질이 깨끗하고 얇은 것으로 눈의 색이 회색, 미색, 황색을 띠는 것
- 알이 타원형으로 일정하며 병충해가 없는 것

Q: 콩밥이 좋은 이유는 무엇인가?

A: 콩은 식물성 단백질이지만 밭의 고기라고 할 정도로 양질의 단백질을 함유하고 있다. 필수아미노산이 풍부하고, 특히 곡류의 제한 아미노산인 라이신(lysine) 함량은 높은 반면 함황아미노산인 메싸이오닌(methionine)의 함량이 낮다. 곡류에는 메싸이오닌이 비교적 많이 함유되어 있으므로 곡류와 콩을 함께 섭취하면 단백질 보완효과가 크다. 따라서 식생활에서 두류를 혼식하면 균형된 식사를 할 수 있으므로 이를 권장하는 것이 바람직하다.

Q: 콩나물을 삶을 때는 찬물에서 꼭 뚜껑을 덮고 삶아야 한다. 중간에 뚜껑을 열었을 경우 비린내가 나는 경우가 있는데 왜 그런가?

A: 콩나물에는 라이폭시제네이스(lipoxygenase)라는 효소가 있는데 이 효소의 작용으로 비린내가 나게 된다. 라이폭시제네이스는 85℃ 이하에서는 작용을 안 하다가 최적 온도인 85℃에서 산소를 만나면 활성화되어 비린내 같은 냄새를 만든다. 콩나물이 완전히 익기 전에 뚜껑을 열게 되면 산소와 라이폭시제네이스가 만나게 되고, 냄비 안의 온도도 계속 내려가 효소의 활성이 계속 유지되어 비린내가 생기게 되므로 완전히 끓어 콩나물의 효소가 활성을 잃기 전에는 냄비 뚜껑을 열지 않는 것이 바람직하다.

2　팥(small red bean)

팥의 원산지는 중국 등 아시아 지역으로 알려졌으며, 우리나라에서는 전국적으로 잘 재배되고 있다. 콩과 더불어 비중이 높은 두류이고 콩보다도 추위에 잘 적응하며 밀의 후작으로 많이 이용하고 있다.

그림 3-2 팥

(1) 성상

팥의 꼬투리는 털이 없고 가늘면서 길며, 꼬투리 속에 10개 정도의 종자가 들어 있다. 팥은 원통형으로 보통은 적갈색이지만 종류에 따라 흑색, 갈색, 담황색, 회백색 등 여러 가지가 있다.

(2) 성분

팥의 성분은 당질과 단백질이 주를 이루며, 지방질은 적게 들어 있다. 단백질은 약 21.5%로, 그 중 80% 정도는 글로불린(globulin)으로 구성되었으며 라이신(lysine)과 트립토판(tryptophan)이 비교적 많이 들어 있다.

무기질에는 K과 P이 많고, Ca과 Fe은 적게 함유되어 있으며, 비타민 B_1은 다른 곡류에 비하여 많은 편이라 쌀밥과 함께 혼식하면 쌀에 부족한 비타민을 보충해줄 수 있어서 각기병 예방 및 치료 효과가 있다.

또한 팥에는 사포닌(saponin)이 함유되어 있어 거품을 일으키며, 섬유질과 함께 장의 운동을 활발하게 하여 배변을 용이하게 하고, 지방질 분해대사를 원활히 하여 비만을 예방해주는 효과도 있다. 덜 익은 팥을 섭취하거나 팥을 과식할 경우 사포닌 성분의 작용으로 설사를 하는 경우가 있다.

(3) 용도

팥은 떡의 고물, 팥죽, 과자류, 빙과제조용, 양갱 및 제과용에 이용되고 있으며, 쌀, 잡곡 등과 혼식용으로 널리 쓰이고 있다.

(4) 고르는 법

- 낟알이 붉은 색을 띠며 광택이 나는 것
- 낟알이 크고 흰색의 띠가 뚜렷한 것
- 낟알의 색이 일정하고 흰 가루가 붙어 있지 않은 것

녹두는 인도 및 동남아시아가 원산지로 알려졌으며, 한국, 중국 등지에서도 생산되고 있다. 녹두는 팥과 모양 및 성분이 비슷하며, 척박한 땅에서도 잘 재배되고, 주로 가을에 수확한다.

거피녹두

그림 3-3　녹두

(1) 성상

열매는 거친 털이 나 있는 꼬투리에 10~15개의 종자가 들어 있으며, 숙성되면 꼬투리가 터진다. 녹두의 색은 품종에 따라 녹색, 갈색, 녹갈색, 황색을 띠며, 녹색이 제일 많다. 우리나라에서 생산되는 것이 품질이 가장 좋은 것으로 알려졌다.

(2) 성분

녹두의 성분은 당질이 약 55%로 주로 전분의 형태로 존재하며, 팥보다는 헤미셀룰로오스(hemicellulose), 펜토산(pentosan), 덱스트린(dextrin), 점성물질인 갈락탄(galactan)을 많이 함유하고 있다.

단백질은 약 21%로 루신(leucine), 라이신(lysine), 발린(valine) 등의 아미노산이 풍부하며, 지방은 적으나 불포화지방산인 리놀레산(linoleic acid)과 리놀렌산(linolenic acid)이 많이 함유되어 있다.

녹두는 원기를 도와주고 위장을 튼튼히 하며, 이뇨 효과가 있고, 녹두 삶은 물을 종기 난 곳에 바르면 효과가 있다고 한다. 녹두를 곱게 갈아 따뜻한 물에 개어 얼굴에 바르면 살결이 고와지고 여드름과 주근깨 제거에도 효과가 있다고 알려져 있다. 또한 녹두는 한방에서 몸을 차게 하는 음식이므로 해열, 고혈압, 숙취에 좋으나 냉증 및 저혈압인 경우의 사람은 제한해야 한다.

(3) 용도

녹두는 녹두묵, 청포묵, 숙주나물, 떡고물, 녹두죽, 녹두수프, 빈대떡 및 당면의 원료로 이용되고 있다. 숙주나물은 녹두에 비해 비타민 A가 2배, 비타민 B가 20배, 비타민 C는 40배가 증가하나 단백질과 당질의 양은 떨어진다.

(4) 고르는 법

· 껍질이 광택이 나지 않고 거친 것
· 진한 녹색을 띠며 크기가 작은 것

4 완두(pea)

완두의 원산지는 중앙아시아와 동부유럽으로 알려졌으며, 우리나라에서는 소량이 생산되고 있다. 완두는 수분이 충분하면 어떤 토양에서도 재배가 가능하며 추위에 강하기 때문에 월동이 가능하다.

그림 3-4 완두

(1) 성상

완두종자의 색에 따라 청완두, 적완두, 백완두, 얼룩무늬의 것이 있고, 꼬투리와 종자의 이용방법에 따라 꼬투리용, 청실용(green pea), 완숙콩으로 나뉜다.

꼬투리용은 풋콩상태의 것을 껍질째 이용하는 채소이고, 청실용은 완숙되기 전에 수확한 것으로 청두라고도 하며 병조림 또는 통조림으로 이용하거나 밥에 넣어 먹는다. 완숙콩은 볶거나 기름에 튀긴다거나 또는 잡곡으로 이용한다.

(2) 성분

완두의 성분 조성은 팥, 녹두와 비슷하나 섬유소를 다소 많이 함유하고 있다. 주 단백질은 글로불린(globulin)이며, 구성아미노산 중 라이신(lysine)과 트립토판(tryptophan) 함량이 많고 함황아미노산은 적다. 당질은 약 54%로 많이 함유되어 있고, 지질 중에는 레시틴(lecithin)이 많이 함유되어 있다. 비타민으로는 A, B_1, B_6, 바이오틴(biotin), 콜린(choline), C가 풍부하고, 껍질째 먹는 완두콩은 카로틴과 비타민 C가 풍부하며, 무기질로는 Ca, P이 많이 함유되어 있다.

완두콩은 균형 잡힌 영양소를 가지고 있어 오장육부를 이롭게 하고, 보양식으로 적합하며, 이뇨효과 및 식물성 섬유가 다른 콩류보다 많아 배변을 용이하게 한다.

(3) 용도

완두콩은 밥에 넣어 콩밥으로도 이용되며, 떡, 수프, 샐러드, 제과, 제빵, 통조림, 병조림을 만드는 등의 원료로 쓰인다.

(4) 고르는 법

- 알맹이가 고르고 광택이 있는 것
- 꼬투리가 탄력성이 있으면서 표면이 약간 매끄러운 것
- 완두콩은 꼬투리 속에 있는 것이 깐 것보다 좋다.

5 강낭콩(kidney bean)

강낭콩의 원산지는 페루 등 중앙아메리카로 알려졌으며, 세계적으로 온대지방에서 재배된다. 우리나라에는 중국을 거쳐서 전래되었다.

(1) 성상

강낭콩은 인체의 신장(kidney) 모양을 하고 있어 신장콩(kidney bean)이라는 이름이 붙여졌다. 열매의 형태는 신장형 이외에 구형, 장원형이 있으며, 강낭콩 껍질의 색은 백색, 갈색, 적자색, 청홍색 등이 있고, 크기는 콩보다 크다.

그림 3-5 강낭콩

(2) 성분

강낭콩의 주성분은 당질로서 약 61%이고, 전분의 형태로 존재하며, 단백질도 많은 편이다. 구성 필수아미노산은 라이신(lysine), 루신(leucine), 트립토판(tryptophan)이 다량 함유되어 있다. 특히 줄기와 잎은 영양소가 골고루 분포되어 있어 좋은 사료로 이용된다. 지방은 적게 들어 있으나 레시틴(lecithin)이 많으며, 비타민 B_1, B_2, B_6가 풍부하며 당질대사를 원활하게 하여 신진대사를 촉진시킨다.

강낭콩은 꼬투리에 인슐린(insulin)의 원료가 되는 Zn을 다량 함유하여 당뇨병에 좋으며, 이뇨작용 및 자양강장 효과가 있다. 또한 익지 않은 푸른 꼬투리를 스트링 빈(string bean)이라 하며, 비타민 A, B_1, B_2, C 등과 단백질이 풍부하여 채소로 이용하고 있다.

(3) 저장 및 용도

일반적으로 건조시켜 저장하고 미숙된 것은 삶아 물에 담아 냉동 보관한다. 밥에 넣어 먹기도 하고 떡의 고물, 빵의 소, 양갱, 과자의 원료로 사용되며, 어린 깍지는 채소로 이용된다.

(4) 고르는 법

· 흙이나 먼지 등이 묻어 있지 않고 껍질에 약간의 주름이 잡힌 것
· 선명한 적색이나 적갈색을 띠며 윤기가 나는 것
· 배꼽이 약간 튀어 나오고 흰색 타원형의 반점이 선명한 것

6 땅콩(peanut)

땅콩의 원산지는 브라질과 페루로 알려졌으며, 우리나라에서는 중국에서 도입되었기 때문에 호콩(胡豆)이라고도 한다. 땅콩은 척박한 땅에서도 잘 생육하므로 개간지에 알맞은 작물이다.

땅콩은 콩과에 속하며 두류 중 유일하게 땅속에서 나는 콩이기 때문에 땅콩이라 하였고, 다른 말로 낙화생이라고 부르기도 한다. 세계적인 주 생산국은 중국, 인도, 미국 등지이며 열대와 온대지역에서 많이 재배하고 있다. 우리나라에서는 전북, 충남, 경기지방이며, 주로 부안, 고창, 서산, 영광, 여주 등에서 많이 생산된다.

그림 3-6 땅콩

(1) 성상

땅콩은 줄기의 형태에 따라 직립형, 포복형, 중간형으로 구분한다. 꼬투리는 긴 타원형으로 두껍고 딱딱하며, 그 속에 2~3개의 종자가 들어 있다. 종자의 크기에

따라 소립종과 대립종으로 구분하는데, 소립종은 지방의 함량이 높아 유지용이나 과자, 빵 등 식품의 가공에 이용하고, 대립종은 단백질 함량이 많아 간식으로 이용된다. 우리나라의 제주도와 영·호남 지역에서는 대립종이 많이 재배되고, 그 이북 지역은 소립종이 재배된다.

(2) 성분

땅콩의 단백질은 20~30%로 라이신(lysine)이 풍부하고 지방은 40~50%로 두류 중 지방 함량이 가장 높다. 지방산은 올레산(oleic acid)이 53~78%로 가장 많고 리놀레산(linoleic acid)도 많은 양이 들어 있다.

비타민 E, B_1, B_2, 나이아신이 많으며 무기질 중 혈액 응고와 관계가 있는 K이 풍부하다. 고혈압, 심장병환자, 여드름이 심하게 나는 사람은 삼가는 것이 좋고, 변비에 효과가 있다.

(3) 저장 및 용도

지방산화를 막기 위해 껍질째 보관하는 것이 좋고, 습한 곳에 두면 곰팡이의 독성이 생겨 인체에 해롭다. 땅콩은 볶아서 간식으로 이용하기도 하고, 땅콩버터, 땅콩엿강정, 과자용, 식용기름, 마가린 등으로 이용되기도 하며, 사료, 비료, 페인트, 접착제, 합성섬유의 원료 등으로 쓰이기도 한다.

(4) 고르는 법

① 껍질땅콩
·깨진 것이 없고 병충해가 없는 것
·알이 꽉 찬 것
② 알땅콩
·볶은 후에 껍질이 벗겨진 것
·모양과 크기가 균일한 것

04

감자류

감자류[薯類]는 식물의 지하경(地下莖)이나 뿌리의 일부가 비대해져서 덩이줄기나 덩이뿌리가 된 것으로, 전분 함량이 높고 탄수화물을 저장하는 작물로 주식 및 부식으로 이용된다. 또한 감자류의 비타민 C는 가열 시에도 손실률이 10~20% 정도로 비교적 열에 안전하고, Ca, K 등의 무기질이 많아 알칼리성 식품으로 곡류, 육류 등 산성식품의 결함을 보완하는 효과가 크다. 전분 함량이 높기 때문에 전분제조 원료와 그 외 가공품에 이용된다. 그러나 수분이 많아서 냉해에 약하며, 발아되기 쉬워서 저장이 어렵고, 부피가 커서 운반수송이 불편하다. 단위면적당 생산되는 열량이 곡류보다 높고, 재배조건이 좋은 편으로 생산성이 높다.

감자류에는 감자, 고구마가 대부분을 차지하며, 그 밖에 카사바, 돼지감자, 토란, 곤약, 참마 등이 있다.

표 4-1 감자류의 영양성분(100g 중)

종류	열량 (kcal)	수분 (%)	단백질 (g)	지질 (g)	탄수화물		회분 (g)	무기질					비타민					폐기율 (%)
					당질 (g)	섬유 (g)		Ca (mg)	P (mg)	Fe (mg)	Na (mg)	K (mg)	A (R.E)	B₁ (mg)	B₂ (mg)	niacin (mg)	C (mg)	
감자	84	78.1	2.1	0.2	18.5	0.5	1.2	3	62	1.1	3	420	0	0.17	0.04	1.2	18	6
고구마	103	73.6	1.0	0.5	23.0	0.8	1.2	22	42	0.7	15	450	38	0.11	0.07	0.7	17	10
돼지감자	68	81.2	1.9	0.2	15.0	0.5	1.2	13	55	0.2	2	630	0	0.07	0.05	1.7	12	30
토란	79	79.6	2.2	0.3	16.9	0.6	1.0	26	50	0.5	4	572	0	0.09	0.03	0.7	6	7
곤약	0	–	0	0	0	0	0	0	0	0	0	0	0	0	0	0	0	–

1 감자(potato)

감자는 남아메리카 안데스산맥의 고원지대가 원산지로, 유럽에는 1580년경 스페인에 의해 전래되었고, 우리나라에는 조선 순조 때 중국에서 전래되어 북저(北薯)라고도 하며, 강원도와 경북의 산간지대에서 많이 생산된다.

감자는 온대성 식품으로 비교적 한랭한 기후와 척박한 땅에서 잘 자라므로 세계적인 감자 산지는 대부분 연평균 기온이 4.5~10℃ 지대이다.

(1) 성상

감자는 가지과에 속하는 식물로 서늘한 곳에서 잘 자라는 고랭지 작물이며 지하의 덩이줄기를 식용한다. 감자는 땅속줄기의 마디에 영양을 축적하여 비대해진 것으로 형태와 표면의 색은 품종에 따라 다르다. 형태는 구형, 편구형, 타원형, 편타원형, 장타원형, 원통형 등이 있고, 표면이 매끄러운 질감을 지닌 것과 거친 질감을 지닌 것이 있으며, 색은 백색, 황색, 홍색, 적색, 자색을 띠고 있다.

그림 4-1 감자

감자의 품종 중 수미는 감자의 눈이 표면에 돌출되어 있어서 껍질을 벗길 때 폐기량이 적고 전분이 적어 가공용으로 많이 이용된다. 남작은 수확량이 많고 눈이 움푹 들어가 있으며 전분이 많아 대체로 가정에서 조리할 때 적합한 품종이다.

전분과 단백질의 함량에 따라서 분질감자(mealy potato)와 점질감자(waxy potato)로 분류할 수 있다. 분질감자는 감자의 살색이 희면서, 전분 함량이 많고, 당 함량이 적은 것으로 파삭하며 구이, 튀김, 매쉬드 포테이토 또는 쪄 먹는 데 적합하다. 점질감자는 감자의 살색이 노랗고, 전분 함량이 적다. 당, 단백질을 많이 함유한, 촉촉하고 끈기가 있게 느껴지는 차진 감자로 가열하여도 자체의 모양을 잘 보존하게 되므로 샐러드, 조림, 국 등의 음식을 만들 때 적당하다.

(2) 성분

감자는 주로 당질로 구성되어 있어 열량원으로 이용되며 미숙할 때는 당분으로 존재하다가 성장하면서 전분으로 바뀐다. 단백질은 글로불린(globulin)의 일종인 투베린(tuberin)으로 영양이 좋은 아미노산과 유기 염기를 가지고 있다. 감자는 고구마보다 단백질이 많고 당분과 섬유가 적어 맛이 담백하다. 감자는 아미노산 조성이 우수한 식품으로 모든 필수아미노산을 골고루 가지고 있고, 특히 라이신(lysine)은 식물성 식품에는 드물게 동물성 식품과 맞먹을 정도로 들어 있다. 감자와 우유를 곁들여 먹으면 우유는 감자에 부족한 메싸이오닌과 Ca을 보충하여 줄 수 있고, 감자는 우유에 부족한 Mg을 공급하여 주기 때문에 영양상 서로 보완이 된다.

무기질은 P이 가장 많고, Ca의 함량은 낮은 편이다. 또한 K은 쌀의 4배가량 많은 양을 함유하여 알칼리성 식품으로 가치가 있으며 Na을 포함한 식염과 함께 섭취하는 것이 Na/K 균형에 도움이 된다. 비타민 B_1, B_2를 비롯하여 비타민 C가 다량 함유되어 있어 '밭의 사과'라고 부른다. 특히 감자의 비타민 C는 조리 시에도 매우 안정하여 70~80% 정도 잔존된다. 그러므로 감자는 겨울철의 비타민 B군과 C의 급원으로 중요한 식품이다. 감자에 들어 있는 비타민과 무기질은 주로 껍질 바로 아래에 함유되어 있기 때문에 껍질을 벗길 때 손실된다. 감자는 섬유질이 많이 함유되어 있어 성인병 예방에 좋고, 콜레스테롤(cholesterol)을 저하시키는 작용을 하며, 감자의 껍질 부위에 있는 폴리페놀(polyphenol)의 일종인 클로로겐산(chlorogenic acid)은 암을 억제하는 효과가 있다고 한다. 한방에서는 소화기관을 강화시키고, 혈액을 맑게 하는 작용 외에 기운을 북돋워주는 역할을 한다고 한다.

감자를 취급할 때 감자의 껍질을 벗기면 갈변현상이 나타나는데, 이는 산화효소인 폴리페놀옥시데이스(polyphenoloxidase)인 타이로시네이스(tyrosinase)가 작용하여 타이로신(tyrosine)이 멜라닌(melanin)색소로 변하기 때문이다. 이것을 막기 위해 껍질을 벗겨 물 속에 담가 두면 타이로시네이스가 용출되어 갈변을 방지할 수 있고, 가열처리하면 효소는 불활성화한다.

(3) 저장 및 용도

감자의 저장 온도는 1~3℃, 습도는 85~90%가 적당하며, −1℃ 온도에서는 동해될 수 있고, 8℃ 이상의 온도에서는 발아되므로 주의해야 한다. 감자를 저온 저장하면 전분은 아밀레이스와 말테이스의 작용으로 분해되어 당으로 전환되고, 단맛은 증가하게 된다.

보통 냉장고에 보관하는 것이 좋으며, 실온에 보관할 때에는 신문지에 싸거나 종이봉투에 넣어 통풍이 잘되는 냉암소에 보관하는 것이 좋다. 감자전분은 가공하여 말린 것이므로 잘 포장하여 실온에서 보관한다.

감자는 우리나라에서 주식 및 부식으로 이용하며, 세계 각국에서도 음식의 주·부재료로 이용되고 있다. 간식으로 사용할 때에는 떡, 엿, 빵, 감자칩 등의 가공식품으로 이용되며 전분 제조, 물엿 제조, 포도당 제조, 풀 제조, 주정용, 사료용으로도 이용된다.

(4) 고르는 법

- 씨눈이 얕게 패인 것
- 감자의 속살 색이 흰 것
- 알이 굵고 단단하며 형태가 균일한 것
- 싹이 나지 않고 껍질이 녹색을 띠지 않는 것
- 수분이 적은 밭 감자일 것

Q: 감자를 보관하는 중 껍질이 녹색으로 변하거나 싹이 생기면 어떻게 해야 하나?

A: 감자는 보관 중 햇볕을 쪼이게 되면 표면이 녹색으로 변하고 싹이 나게 되는데 그 부위에 솔라닌(solanine)이라는 독성물질이 생겨 복통, 위장장해, 현기증 증상을 유발하게 된다. 녹색으로 변한 껍질은 완전히 제거하고 싹은 넓게 도려내고 먹어야 하며, 솔라닌은 열에 약하므로 가열하면 파괴된다. 녹색으로 변한 감자는 전분 함량이 낮아지면서 끈기가 적어져 맛이 없어지므로 감자는 봉투에 담거나, 검은 천으로 가려 통풍이 잘되고 시원한 장소에 보관해야 오래 보관할 수 있다.

2 고구마(sweet potato)

고구마는 중앙아메리카 또는 남부 멕시코 지방이 원산지로 알려졌고, 우리나라에는 조선 영조 39년(1736년) 때 일본 통신사로 갔던 조엄이 대마도에서 그 종자를 얻어온 것이 시초가 되어 확산되었다.

고구마는 단위면적당 전분 생산량이 다른 전분 작물에 비하여 가장 많으며 건조하고 척박지에도 잘 적응한다. 재배관리도 비교적 쉽고, 비료도 적게 들며 기상조건 변화에도 강하고, 병충해에 대한 저항력이 높

그림 4-2 고구마

은 작물이다. 우리나라에서는 생산량의 대부분이 전남, 제주도 등 남쪽지방에서 생산되고 있다.

(1) 성상

고구마는 품종에 따라 색깔, 맛, 수분, 전분 함량, 수확량, 저장성 등이 다르며 뿌리의 형태에 따라 방추 또는 장방추형이다. 껍질의 색깔은 적자색, 홍색, 황색, 백색 등으로 다양하며, 우리나라에서는 껍질색이 적자색, 살(肉)색이 황색이나 황백색인 품종이 많다.

고구마는 분질(紛質)과 점질(粘質)로 나누는데 분질고구마는 전분이 많으며 단맛이 있어 식용 시 기호성이 좋고, 적색계통으로 모양이 고르며 표면이 매끈하다. 점질인 것은 전분이 비교적 적으며 당분이 많고 식용으로는 적당하지 않아 전분제, 사료, 절간용(切干用)으로 사용한다.

(2) 성분

고구마의 성분은 품종, 재배 및 저장 조건에 따라 다르지만 일반적으로 수분 71~77%, 전분 18~25%, 단백질 0.6~1.4%, 섬유 0.8~1.2% 정도이다. 고구마는 감자에 비해 당질과 비타민 C가 많고 수분이 적어 칼로리가 높다.

1) 당질

당질은 전분이 약 20%를 차지하며, 그 이외에 설탕, 포도당, 과당이 함유되어 있어 단맛이 강하다. 저장 중에 전분이 당으로 전환되어 단맛이 증가하기도 한다.

섬유소가 많은 양이 함유되어 있어 소화기관을 자극하여 변비 및 대장암 예방에 효과가 있으며, 식물성 섬유 중 고구마의 섬유질이 콜레스테롤(cholesterol) 배출 능력이 가장 뛰어나므로 변통 효과가 좋으나 양이 너무 지나치면 장내 미생물에 의한 발효로 가스가 발생하기도 한다.

2) 단백질

단백질은 0.6~1.4%로 글로불린(globulin)류의 일종인 이포마인(ipomain)이 약 70%를 차지하며, 라이신(lysine), 쓰레오닌(threonine) 등의 아미노산 함량이 많은 반면 메싸이오닌(methionine), 시스틴(cystine) 같은 함황아미노산은 적게 함유되어 있다.

3) 지질, 무기질, 비타민

지질은 극히 적게 들어 있으며, 무기질 중에는 Na에 비해 K이 많아 체내에서 길항작용을 하므로 고구마를 먹을 때 소금이 들어 있는 김치류를 같이 먹는 것은 영양상의 균형을 맞추어주는 합리적인 식사방법이다.

비타민 C가 풍부하며, 특히 열안정성이 커서 삶은 후에도 70~80%가 잔존한다. 고구마는 프로비타민 A(provitamin A)인 베타카로틴(β-carotene)을 많이 함유하고 있으며 노란색이 진할수록 그 함량이 많다.

4) 특수성분

생고구마를 절단하면 고구마진이라고 부르는 우유와 같은 얄라핀(jalapin) 액체를 분비하는데, 이는 고구마를 검게 만들기도 한다. 또한 고구마는 가열처리 시 단맛이 증가하는데 이는 아밀레이스(amylase)가 전분에 작용하여 말토오스(maltose)나 덱스트린(dextrin)으로 변하기 때문이다.

수중에 오래 방치했거나 홍수로 인하여 물에 잠겼던 고구마는 찌거나 구워도 조직이 연화되지 않고 생고구마와 같은 질감을 갖게 되는데, 이것을 관수현상이라고 하며, 이는 고구마의 세포 중에서 삼투작용을 맡고 있는 Ca과 Mg 이온이 세포막의 펙틴과 결합해 불용성화 하여 조직이 단단해지기 때문이다.

(3) 저장 및 용도

고구마는 열대성 식품이므로 차가운 곳에서는 말라죽거나 변패되기 쉬우며 겨울에는 0.9~1.2m 정도의 움을 파서 저장한다. 고구마는 9℃ 이하에서는 냉해가 있으며 18℃ 이상에서는 발아하기 시작하므로 고구마의 저장조건은 12~13℃, 습도 85~90%가 적당하고, 냉장할 필요는 없다. 단, 고구마는 상처가 나면 변패 또는 썩기 쉬우므로, 이를 방지하기 위해 31~35℃, 습도 90% 정도에서 저장하여 5~6일간 보존하면 상처 난 곳이 표피와 같은 코르크층이 되어 병원균의 침입을 방지해서 저장성을 높일 수 있다. 이런 처리 방법을 큐어링(curing)이라 하며 널리 이용하고 있다.

저장하는 중에 부패균(rhizopus nigricans)에 의해 연부(軟腐)현상과 흑반균(cer-
atocystis fimbriata)에 의해 내부에 검은 반점이 생기기도 한다.

고구마는 간식이나 주식의 대용으로 주로 이용되며, 주정제조 및 고구마 전분,
포도당·젖산·구연산 등의 제조 원료로 쓰이며, 엿, 과자류, 어묵, 소시지, 잼, 말린
고구마 등으로 이용된다. 잎과 줄기 등은 사료로 쓰이고 있다.

(4) 고르는 법

- 표면이 단단하고 잔털이 없으며 매끈한 것
- 육질이 분질이며 단맛이 있는 것으로 속이 노란 것
- 알이 고르고 반점이 없으며 흠이 없는 것
- 껍질이 밝고 선명한 적자색으로 진한 것
- 타원형으로 골이 지지 않은 것

3 카사바(cassava, tapioca)

그림 4-3 카사바

카사바의 원산지는 남아메리카로, 콜럼버스의
신대륙 발견 이후 세계 각지로 전파되었다. 현재
는 열대의 각 지역에 분포되어 원주민의 중요한
식량이 되고 있으며, 주된 생산국은 브라질, 태국,
인도네시아 등이다.

카사바는 인도, 말레이시아 지역에서 타피오카
(tapioca) 및 마니오크(manioc)라고도 불린다. 여
러 종류가 있으나 크게 고미종(苦味種)과 감미종
(甘味種)의 두 종류가 있다. 감미종은 청산이 구성
성분인 라미나린(laminarin)이 껍질부분에 들어 있으며, 고구마처럼 삶아 식용한
다. 고미종은 전체 부위에 퍼져 있으며, 발효시킨 후 탈수, 건조하여 카사바분말
제조 및 빵으로 가공하여 이용한다.

카사바를 식용할 때 청산의 함유 여부는 쓴맛으로 구별할 수 있고, 이것을 제거하기 위해 물에 담그거나, 분쇄, 가열하여 배당체를 가수분해 시켜 이용한다. 카사바는 단백질 함량이 다른 감자류에 비해 극히 적으며, 탄수화물의 함량이 많아 전분의 원료로서 대단히 우수하다. 총 생산량의 95%가 식용으로 이용되며, 전분 추출, 주정용, 사료용, 섬유공업용품의 재료로 사용된다.

4 돼지감자(jerusalem artichoke)

돼지감자의 원산지는 북미로 알려졌으며 국화과에 속하는 1년생 초본으로, 뚝감자라고도 한다. 돼지감자는 생산지의 인가부근에 자생하거나 재배하는 괴경을 돼지들이 먹이로 해왔기 때문에 붙여진 이름이다. 돼지감자의 지하경은 감자모양의 괴경을 이루어 번식한다. 뿌리의 괴경에는 이눌린(inulin)이 10~15% 내외 함유되어 있는데, 이눌린을 가수분해하면 과당(fructose)이 생성된다. 이눌린은 신장병이나 당뇨병으로 인한 부종에 효과가 있으며 이뇨작용을 한다. 돼지감자는 쪄서 먹든지, 소금절임을 한다거나 된장에 박아 먹기도 하나 약간의 불쾌한 냄새가 난다. 과당, 엿, 알코올 발효용 및 기타 사료용으로 쓰인다.

그림 4-4 돼지감자

5 토란(taro)

토란의 원산지는 열대아시아로 알려졌으며, 인도, 동남아시아, 아프리카, 중국, 미국 등의 열대지방에서 널리 재배하고 있다.

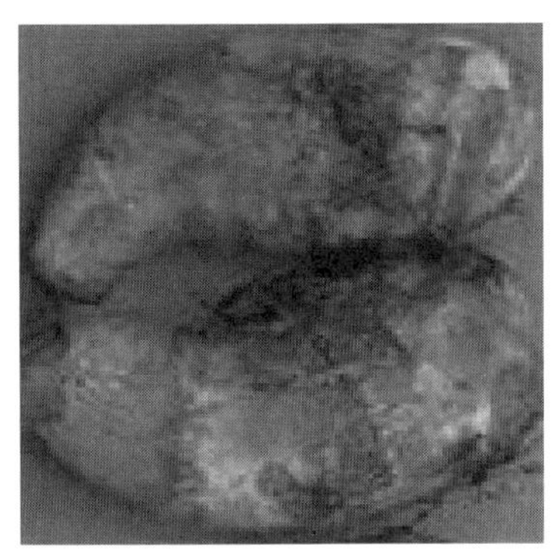

그림 4-5 토란

토란은 지대가 낮고 습한 곳에 잘 자라며, 논에서 재배가 가능하다. 특히 열대지방에서는 지하경에 동화 영양이 축적된 괴경을 식용으로 이용하고 잎과 줄기는 채소로 이용되고 있다.

주성분은 전분이고 덱스트린과 설탕도 들어 있어 토란 고유의 단맛을 낸다. 감자류 중에서 단백질이 비교적 많이 함유되어 있으며, 무기질로는 K이 많다. 토란의 미끈미끈한 성분은 갈락탄(galactan)이라는 당질 때문인데, 이 성분은 소화성이 좋지 않다. 토란의 아린 맛 성분은 호모겐티신산(homogentisic acid)이다.

동남아에서는 주식이 되기도 하고, 우리나라에서는 추석 때 국을 끓여 먹을 때 넣는다. 송편이나 고기 등을 과식해서 배탈이 나기 쉬운 추석에 토란국을 끓여 먹는 것은 계절식으로 뿐만 아니라 영양적으로도 매우 합리적인 것이다. 토란의 미끈미끈한 갈락탄 성분과 아린 맛 성분은 소금물 또는 쌀뜨물에 넣고 삶아 주면 제거되므로, 토란은 반드시 익혀서 먹는 것이 좋다. 토란 껍질을 벗길 때 손이 가려울 수가 있는데 소금물로 씻으면 쉽게 나아진다.

토란은 5℃ 이하가 되면 부패하므로 추운 지방에서는 저장하기가 어려우나 따뜻한 곳에서 흙을 덮어두면 겨울을 지낼 수가 있고, 빗물이 들어가지 않도록 주의해야 한다.

<table><tr><td>6</td><td>곤약</td></tr></table>

곤약은 토란과에 속하는 다년생 초본 식물이며, 원산지는 인도네시아로, 배수가 잘 되고 습윤한 산간의 경사진 곳에서 많이 재배되고 있다.

곤약의 형태는 구형, 편구형으로 지하경의 직경은 약 25cm, 무게는 3~4kg 정도 되며, 주성분은 다당류의 일종인 글루코만난(glucomannan)이 10% 내외로 많이 함유되어 있다. 글루코만난은 가수분해 되면 글루코오스(glucose)와 만노오스(manose)를 생성하며, 인체에는 소화효소가 없어 이것을 소화시키지 못하지만 정장작용, 혈중 콜레스테롤 저하작용, 비만방지 등의 효과가 있는 것으로 알려져 있다. 곤약은 식용 이외에 효료, 방수용, 고무정제용 등에 쓰인다.

7 마(yam)

마의 원산지는 중국으로 마과에 속하는 다년생 덩굴성 초본 식물이다. 가식부는 뿌리가 원주상으로 비대한 덩이줄기이며 고구마와 비슷하다.

성분은 전분이 약 20%, 단백질이 3.5%, 다이어스테이스(diastase)가 0.4~0.5%, 비타민 B_1은 0.15mg, 비타민 C는 15mg 정도 함유되어 있다.

마의 점착성은 글로불린(globulin)형태의 단백질과 만난(mannan)이 결합한 뮤신(mucin)에 의한 것이다. 마에는 전분분해 효소인 다이어스테이스(diastase)가 무의 3배 이상 들어 있어서 소화기능이 약한 사람에게 좋고, 원기회복 및 자양강장 식품으로 우수하다. 대부분 생마를 갈아서 즙으로 이용하며, 마죽, 조림, 튀김, 전골, 장국으로 쓰이기도 한다.

그림 4-6 마

05

채소류(vegetables)는 식용으로 재배되고 있는 초본식물의 총칭으로 식물의 뿌리, 줄기, 잎, 꽃, 과실 등을 식용한다.

채소류의 일반적인 특성은 다음과 같다.

① 수분의 함량이 약 90% 이상으로, 칼로리는 매우 낮다.

② 비타민 A와 B군, C가 풍부하다.

③ 알칼리성 식품으로 K, Ca, Fe 등의 무기질이 풍부하다.

④ 다양한 색깔과 독특한 향, 신선한 즙을 함유하고 있어 식욕을 촉진시킨다.

⑤ 다량의 식이섬유소는 소화기능을 원활하게 하며 정장작용을 한다.

⑥ 특수한 성분을 가지고 있어 향신료로서 가치가 있는 것도 있다.

(1) 채소류의 분류

채소류는 주로 이용하는 부위에 따라 근채류, 엽채류, 경·인경채류, 과채류, 화채류로 분류하며 또는 엽채류, 경·인경채류 및 화채류를 합하여 경엽채류에 포함시켜 근채류, 경엽채류, 과채류로 나누기도 한다.

표 5-1 이용부위에 따른 채소의 분류

분류		정의	식품
근채류(root vegetables)		지하에 양분을 저장한 뿌리 부분을 식용하는 것	무, 당근, 순무, 생강, 토란, 우엉, 연근, 사탕무
경엽채류	엽채류 (leaf vegetables)	지상부 줄기, 잎을 식용하는 것	배추, 양배추, 상추, 시금치, 미나리, 쑥갓, 갓, 셀러리, 파슬리
	경·인경채류 (stalk·bulb vegetables)	지하경의 싹 또는 잎, 인경부를 식용하는 것	마늘, 양파, 파, 부추, 락교, 죽순, 아스파라거스
	화채류 (flower vegetables)	초본의 꽃봉오리, 꽃잎, 꽃받침 등을 식용하는 것	꽃양배추, 브로콜리, 아기 양배추(방울다다기 양배추), 콜리플라워
과채류(fruit vegetables)		열매를 식용하는 것	고추, 오이, 가지, 호박, 토마토, 참외, 딸기, 수박

(2) 채소류의 저장

채소류는 수확 후 수분손실 및 성분변화, 조직의 연화 등으로 많은 변화가 일어난다. 이러한 변화를 줄이고 저장기간을 연장하기 위해 적당한 온도와 습도를 유지시켜 주는 것이 중요하다.

채소류는 저장 중에 증산작용과 호흡작용이 활발하게 진행되어 품질저하가 초래되므로 저장온도를 낮춰줘 화학반응 및 대사작용, 호흡작용, 향기성분의 손실을 억제시킬 수 있다. 그러나 0℃ 이하가 되면 냉해를 입기 때문에 저온저장의 한계가 필수적이다.

채소의 저장방법으로 공기 중의 산소와 탄산가스의 조성을 조절하는 CA저장(controlled atmosphere storage)과 땅속에 묻거나 움을 파서 10℃ 내외로 유지하는 움저장법(cellar storage), 0~4℃로 단기저장하는 냉장저장(cold storage)법이 있다.

표 5-2 채소류의 최적 저장 온도와 습도

채소류	온도(℃)	습도(%)
아스파라거스	0~5	90~95
콜리플라워	0~5	90~95
호박	10~13	70~75
완두	0~5	80~90
고구마	13~15	90~95
양파	9~5	70~75
셀러리	0~7	85~90
토마토	7~10	85~90
당근	0~5	80~90
피망	7~10	85~90
상추	0~5	90~95
시금치	0~5	90~95

5-1. 근채류

표 5-3 근채류의 영양성분(100g 중)

종류	열량 (kcal)	수분 (%)	단백질 (g)	지질 (g)	탄수화물		회분 (g)	무기질					비타민					폐기율
					당질 (g)	섬유 (g)		Ca (mg)	P (mg)	Fe (mg)	Na (mg)	K (mg)	A (R.E)	B$_1$ (mg)	B$_2$ (mg)	niacin (mg)	C (mg)	
무	33	90.3	2.0	0.1	6.1	0.9	0.6	62	29	0.9	17	152	0	0.01	0.03	3.9	19.0	5
순무	21	93.7	1.1	0.1	3.5	1.0	0.6	27	33	0.4	23	215	0	0.02	0.03	0.3	22.0	5
당근	37	89.3	1.1	0.2	7.6	0.9	0.8	42	37	1.3	46	330	1087	0.06	0.05	0.9	10.0	4
우엉	88	76.0	2.6	0.3	18.6	1.7	1.0	73	78	1.5	28	370	0	0.04	0.15	4.8	4.8	20
연근	38	88.2	2.0	0.1	7.8	0.4	0.6	22	66	0.4	47	280	0	0.05	0.03	2.4	50.0	20
생강	68	81.7	2.2	0.8	12.4	1.9	1.0	20	14	1.1	5	360	2	0.01	0.03	4.3	5.0	21
양파	35	90.5	1.1	0.3	7.2	0.5	0.5	12	30	0.4	2	130	0	0.10	0.01	0.1	24.0	8
마늘	146	60.4	3.0	0.5	34.0	0.8	1.3	32	50	1.6	8	650	0	0.33	0.11	0.1	10.0	17
더덕	78	82.2	2.3	3.5	4.5	6.4	1.1	90	12	2.1	15	210	0	0.12	0.22	0.8	0.0	0
도라지	56	85.0	1.8	0.2	10.4	2.4	0.5	45	34	1.5	13	110	16	0.08	0.13	0.6	5.0	0
비트	43	87.5	1.5	0.1	9.2	0.8	1.1	16	48	0.9	72	324	2	0.05	0.02	0.4	11.0	33

1 무(korean radish root)

(1) 종류와 성상

무는 십자화과에 속하는 일·이년생 초본이다. 원산지는 지중해 연안이라는 설과 중국이라는 설이 있으며, 우리나라는 중국을 통하여 전래되었다.

우리나라에서 무는 배추와 함께 2대 채소의 하나로, 수확하는 시기에 따라 봄무, 여름무, 가을무로 나뉜다. 가을무는 8~9월경 파종하여 11월경에 수확하는데, 김장용, 단무지용, 겨울 저장용 등으로 많이 이용되며, 전체 생산량의 2/3를 차지한다.

가을무의 품종으로 서울무, 궁중무, 연마무, 성호원, 울산무, 진주 대평무 등이

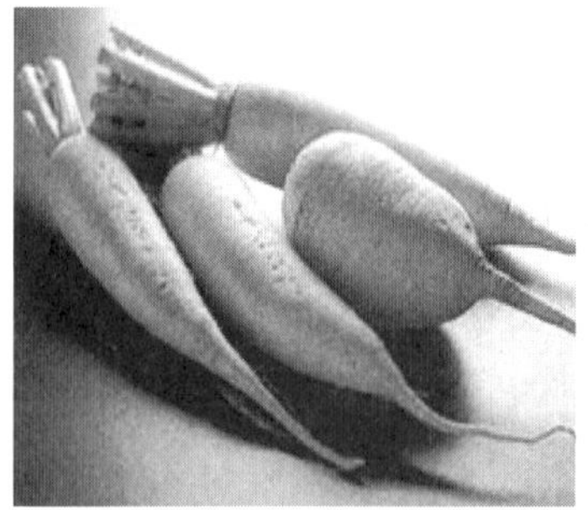

그림 5-1 무

있으며, 서울무는 재래종 조선무로 왜무보다 수분이 적고 영양가가 높다. 또한 육질이 단단하고 저장성이 좋아 가을 김장용, 깍두기용으로 많이 쓰인다. 연마무는 맛이 담백하고 육질이 연하여 단무지에 가장 적합하고, 궁중무는 무말랭이용으로 많이 쓰인다. 성호원종은 동글동글하고 작아 동치미용으로 이용된다.

봄무는 3~4월경에 파종하여 6~7월경에 수확하는 것으로 육질은 즙이 많고 특유의 향기와 매운맛이 있다. 또한 여름무는 5~6월에 파종하여 8~9월경에 수확한다.

(2) 성분

무는 수분이 약 90.3%이고, 섬유소가 약 0.9% 함유되어 있으며 비타민 C는 껍질 부분에 많아 껍질을 제거하지 말고 깨끗하게 씻어서 먹는 것이 좋다. 특히 무 속에는 소화효소인 다이어스테이스(diastase)가 많아 생식하면 소화를 촉진시키며, 밥, 떡을 과식 했을 때 무즙을 내어 먹으면 소화가 잘 될 뿐만 아니라 식품의 산도를 중화시켜 주기도 한다.

무잎은 녹황색채소로 카로틴(carotene), 프로비타민 A(provitamine A)를 많이 함유하며, 특히 비타민 C가 약 90mg 함유되어 있고, 식이섬유소의 함량도 풍부하다. 또 단백질은 라이신(lysine) 함량이 많아 곡류 단백질의 결점을 보충할 수 있다. 무는 심한 기침, 감기에 특효가 있으며, 니코틴 독을 제거하고, 담을 삭이는 작용을 한다.

무의 특유한 냄새성분은 메틸 메르캅탄(methyl mercaptan, CH_3SH)이며, 생무를 먹고 트림을 하는 것도 이 성분 때문이다. 무의 매운맛은 알릴(allyl) 화합물에 의한 것이다.

(3) 저장 및 용도

적정온도 0℃와 습도 90~95%를 유지하며, 수분증발이 심하지 않고 바람이 닿지 않는 곳에 보관한다. 얼지 않게 저온을 유지하는 것이 좋으며 움저장 시에는 다음 해 봄까지 저장이 가능하다. 조리 시에는 무시루떡, 무국, 무찜, 조림, 장아찌, 깍두기, 무말랭이, 단무지 등 다양하게 이용하고 있다. 생선조림 시 바닥에 깔면 비린내를 제거하며 눌어붙지 않는다.

(4) 고르는 법

① 무 고르는 법
·진흙에서 재배된 것으로 육질이 치밀하고 단단한 것
·감미가 있으면서 매운맛이 적은 것
·같은 크기일 때 무속이 꽉 차 있는 더 무거운 것
·잔뿌리가 적고 모양이 매끈하며 광택이 있는 것

② 열무 고르는 법
·잎이 신선하고 떡잎이 없는 것
·대가 연한 것으로 뿌리가 길지 않은 것
·줄기에 미세한 털이 많은 것
·잎이 벌레 먹지 않고, 흙이나 불순물이 없는 것

2 순무(turnip)

(1) 성상

유럽이 원산지로 알려졌으나 확실하지 않으며 십자화과 식물이다. 오래 전 재배된 작물로 중국에서 전래된 아시아형과 시베리아를 경유해서 전래된 유럽형이 있으며, 우리나라에도 재배되고 있다. 순무의 종류로는 서구계, 중간계, 재래계가 있으며, 우리나라의 강화순무는 재래계와 서구계가 교잡된 것이다. 순무의 뿌리는 비대하여 모양은 구형 또는 편구형을 하고 있으며 뿌리 내부의 살은 백색과 청색의 두 종류로 되어 있다. 순무의 잎은 거의 녹색이나 간혹 줄기는 뿌리의 색과 같은 붉은 색을 띠는 것도 있다.

(2) 성분

순무의 성분은 수분이 약 87~94% 함유되어 있고, 탄수화물은 3.5~11%이며, 비

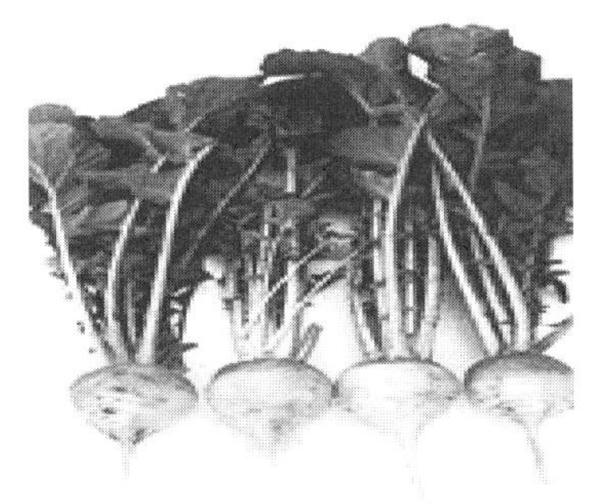

그림 5-2 순무

타민 및 K, P, Ca이 함유되어 있다. 잎 부분에는 비타민 A, C와 무기질 중 Ca, Fe이 많이 함유되어 있으므로 잎도 버리지 말고 식용하는 것이 좋다. 옛 문헌에서 보면 '순무는 봄에는 싹을 먹고, 여름에는 잎을 먹으며, 가을에는 줄기를 먹고, 겨울에는 뿌리를 먹는다'라고 기록하고 있다. 즉 순무는 버릴 것이 하나도 없는 식품으로 여러 가지 효능을 가지고 있음을 알 수 있다. 순무는 황달을 치료하며 오장에 이로우면서, 맛이 달고, 치질과 만성변비, 숙취해소, 이뇨작용, 소화에 좋다고 하였다.

또한 순무에는 항암작용을 하는 글루코시몰레이트(glucosimolate)가 함유되어 있어 폐암에 효과가 있으며, 전분 소화효소인 다이어스테이스(diastase)를 함유하고 있다. 그 밖에 라핀(rapine)은 황색유액으로 항균작용 및 기생충 번식억제효과가 있다.

(3) 저장 및 용도

오래 보관하면 바람이 들어 좋지 않으므로 8℃ 정도의 서늘하고 바람이 통하는 곳에 단기간 저장한다. 잎은 소금에 데쳐서 물기를 제거하고 랩으로 싸서 냉장하면 오래 보관할 수 있다.

순무의 잎과 뿌리는 소금에 절여 반찬이나 김치를 담그기도 하며, 샐러드, 피클, 조림, 삶거나 데쳐서 여러 가지 요리에 이용된다.

(4) 고르는 법

·조직이 치밀하고 단단하면서 탄력성 있는 것

· 냄새가 약하고 잎이 싱싱하고 녹색이 진한 것
· 중간 크기로 수염뿌리의 검은 점이 없고 싱싱한 것
· 고유의 색을 띠며 광택이 있고 팽팽한 것

3 당근(carrot)

(1) 성상

당근은 미나리과에 속하며, 원산지는 아프가니스탄으로 2천 년 이상 재배하여 온 대표적인 유색채소이다. 13세기에 중국으로 건너갔으며 우리나라는 당나라에서 도입되어 당근(唐根)이라고 부르게 되었다. 야생종은 1년생이고, 재배하는 것은 2년생이며, 품종은 아시아형과 유럽형이 있다. 수확 시기는 봄부터 초여름에 종자를 뿌려서 여름에 수확하는 것과, 여름에 종자를 뿌려서 늦가을에 수확하는 것이 있다. 본래는 한랭한 기후에서 자라지만 재배법과 품종의 개량으로 어느 계절이나 먹을 수 있게 되었다.

(2) 성분

당근은 수분이 85% 내외이고 당질이 약 10% 정도로, 자당(sucrose), 전분, 펜토산에 의해 단맛을 내게 된다. 당근의 붉은색은 카로틴(carotene)에 의한 것인데, 체내에서 비타민 A로 전화되므로 provitamin A라고 한다. 당근에는 카로틴 중에서도 베타카로틴(β-carotene)이 풍부하나 카로틴은 지용성이기 때문에 생으로 먹게 되면 흡수율이 10% 정도로 높지 않지만 기름과 함께 조리하면 약 30~50% 정도 흡수율이 상승되어 효율적으로 섭취할 수 있게 된다. 그 밖에도 Ca, 비타민 B_1, B_2 등도 풍부하며, 섬유질과 P, Fe, Mg, K 등의 무기질이 들어 있는 알칼리성 식품이다. 또한 잎은 라이신(lysine), 쓰레오닌(threonine)을 많이 함유하여 영양가가 매우 높다.

당근에 들어 있는 베타카로틴의 연구결과를 보면 폐암, 결장암, 위암, 식도암, 심장혈관질환, 노화방지 등에 치료효과가 있다고 알려져 있다. 비타민 A는 시력보호나 야맹증 개선, 피부를 곱고 매끄럽게 하며 항암작용과 항산화작용이 있다. 그리고 병균에 대한 저항력을 강화시켜주고, 병약한 환자나 쉽게 피로를 느끼는 사람에게도 좋다. 한방에서는 기를 보충하며 오장을 안정시키고 식욕을 촉진하는 데 사용하였다. 장수와 성인병 예방, 소화불량, 변비예방, 허약체질 등에 권장하고 있고, 심장을 튼튼하게 하면서, 위장을 강하게 해주며 폐를 건강하게 해준다고 한다. 또한 빈혈, 저혈압, 병후회복, 식욕증진, 신경쇠약, 야맹증 등에 좋은 식품으로 생엽이나 종자는 체온을 유지하는 데 효과적인 것으로 알려져 있다.

당근에는 비타민 C를 파괴하는 아스코르비네이스라는 산화효소(ascorbic acid oxidase)가 다량 함유되어 있어 무, 오이 같은 비타민 C가 많이 들어 있는 채소와 함께 조리하거나 섞어서 즙을 내면 비타민 C가 심하게 파괴된다. 이때 식초를 몇 방울을 넣거나, 당근을 80℃ 정도로 4~5분간 가열해서 사용하면 비타민 C의 파괴를 어느 정도 막을 수 있다.

(3) 저장 및 용도

당근의 저장조건은 온도 0℃, 수분 93~98%의 습기가 필요하며, 이러한 조건에서는 6개월 정도 저장이 가능하다. 일반적으로 당근은 5℃의 냉장고나 서늘한 곳에서 보관하며, 흙이 묻어 있는 상태로 저장하되 씻은 것은 비닐봉지나 랩에 싸서 냉장보관한다. 그리고 당근에 존재하는 효소의 영향으로 다른 채소와 함께 보관하는 것은 피하는 것이 좋다.

당근은 죽, 샐러드, 주스, 수프, 비빔밥, 나물, 누름적, 스튜, 전골채소, 전과, 볶음, 물김치나 김치의 부재료 등으로 이용하며, 붉은 색소를 추출하여 천연색소로 이용하기도 한다.

(4) 고르는 법

· 표면에 윤기가 있으면서 모양이 곧으며 심이 없는 것
· 조직이 연하고 중심부까지 선홍색으로 색이 짙은 것
· 일정한 굵기로 윗부분과 아랫부분이 통통한 것
· 표면이 울퉁불퉁하지 않고 마디나 뿔이 없는 것

(1) 성상

지중해 연안, 만주, 시베리아 등지에서 야생하고 있으며, 우엉은 중국, 일본 등지에서 근채류로 식용하여 왔다. 우리나라에 전래된 것은 그리 오래되지 않으며, 경상도 지역에서 많이 재배하고 있다.

우엉은 국화과에 속하는 2년생 초본으로 뿌리만 먹는 것과 잎과 줄기를 먹는 것 두 가지가 있다.

그림 5-3 우엉

(2) 성분

우엉의 성분은 수분이 비교적 적고, 당질은 약 18% 정도 함유하고 있는데 주성분은 이눌린(inulin), 셀룰로오스(cellulose), 헤미셀룰로오스(hemicellulose) 등의 섬유질이며 소량의 펜토산과 당분도 들어 있다. 특히 이눌린은 전체 당질의 50% 이상을 차지하며 당뇨병, 신장병에 이뇨효과가 있어 민간약으로 많이 이용되었다. 그 밖에 위장, 피부병에도 효과가 있는 것으로 알려져 있다. 또한 식이섬유는 배변을 촉진시켜 정장작용을 하며 리그닌(lignin)은 항균작용이 있다. 다른 근채류에 비해 무기질이 풍부하게 들어 있으며 비타민류로는 나이아신(niacin)이 비교적 많이 들어 있다. 단백질에는 아지닌(arginine)이라는 아미노산이 많은 것이 특색이다.

우엉의 떫은맛은 타닌(tannin), 클로로겐산(chlorogenic acid) 등의 페놀(phenol) 성분을 함유하여 생기며, 이 성분 때문에 껍질을 벗겨 두면 검게 갈변하게 된다. 따라서 껍질을 벗기고 채 썬 후 식초를 탄 물에 담가두면 변색되지 않을 뿐만 아니라 우엉의 색을 희게 하고 타닌이 식초에 의해 녹아 나와 떫은맛을 없앨 수 있다.

우엉을 삶으면 청색으로 변하는데 이는 우엉 속의 K, Na, Ca, Mg 등의 무기질이 우러나와 알칼리성이 되어 우엉의 안토시안계 색소와 반응하기 때문이다.

(3) 저장 및 용도

흙이 묻은 것은 햇볕에 건조시킨 후 종이나 신문지에 싸서 서늘하고 어두운 곳에 보관하며, 건조하면 상하기 쉬우므로 주의해야 한다. 오래 보관할 때에는 땅을 파고 경사지게 눕혀 흙을 덮어주는 것이 좋다. 무침, 조림, 찜, 샐러드, 튀김, 장아찌, 정과 등에 이용되며 조리 시에는 껍질부분에서 향이 나므로 솔로 문지르거나 얇게 긁어 제거하는 것이 좋다. 연필 깎듯이 썰어서 거친 섬유질을 잘라주면 연하게 먹을 수 있다.

(4) 고르는 법

- 껍질이 매끈하고 흠이 없으며 탄력이 있는 것
- 혹이나 수염뿌리가 없는 것으로 바람이 들지 않은 것
- 모양이 굽지 않고 직경이 3cm 정도로 굵기가 균일한 것

5 연근(lotus root)

(1) 성상

연근은 수생식물로서 땅속으로 덩이줄기가 비대하여 형성된 다년생 식물이다. 원산지는 중국이며 우리나라는 김해, 함양, 영산포, 익산 등지에서 생산된다. 주로 가을에서 겨울에 많이 소비되며 종류에는 중국종, 흰연근, 붉은 연근 등이 있다. 연근을 재배할 경우에는 물이 오염되지 않도록 주의하며 수온 및 수질 관리가 필요하다.

그림 5-4 연근

(2) 성분

연근의 성분은 수분이 88.2%이고, 당질이 13% 정도로 많이 함유되어 있으며 대부분 전분으로 구성되어 있다. 또한 아스파라젠산(asparagenic acid), 아지닌(argi-nine), 타이로신(tyrosine) 같은 아미노산과 레시틴(lecithin)과 같은 인지질이 함유되어 있다. 비타민과 무기질 함량은 비교적 적으나 비타민 B_{12}와 Fe은 많이 들어 있어 소염작용이 있으며 비타민 C도 비교적 많이 함유되어 있다. 열매에는 라피노오스(raffinose)가 들어 있고, 비타민 C가 풍부하며, 아스파라긴이 들어 있다.

연근은 조직 내에 있는 폴리페놀(polyphenol)에 의해 산화되어 갈변현상이 나타나므로 연한 식초용액에 담가 두는 것이 좋다. 썰어 놓은 것은 구멍이 적은 것이 좋은데, 썰어 놓은 것을 오래 두어도 색이 변하지 않는 것은 표백처리한 것이므로 잘 선택해야 한다.

연의 열매는 연자 또는 연밥이라 하며 중국에서는 결혼식이 끝난 후 폐백음식으로 사용하여 자손번성을 기원하기도 한다. 또한 연밥은 자양강장, 피로회복, 정신안정에 유효하며 즙을 내서 먹으면 저혈압에 효과가 있다.

연근을 가열 조리하여 먹으면 고혈압 예방, 신장기능 강화, 위 기능 향상, 지사효과가 있으며, 생으로 갈아서 먹으면 갈증해소 및 성장기 어린이에게 도움을 주고, 폐결핵, 각혈, 하혈 치료에도 좋다고 한다. 연근을 달인 물은 입안 염증이나 편도선염에도 좋은 효과가 있다.

(3) 저장 및 용도

저장은 공기가 통하지 않도록 잘 밀봉하여 10℃ 이하로 보관한다.

연근은 생식하거나 조림, 튀김, 찜, 정과로 이용하며, 연잎은 지혈제로 쓰이기도 한다. 연은 잎, 꽃, 열매, 뿌리 모두 약재나 요리에 사용한다.

(4) 고르는 법

· 상처가 없고 무거우며 엷은 주황색을 띤 것
· 모양이 굵고 긴 것으로 휘지 않고 곧은 것
· 표면이 건조하지 않고 잘랐을 때 속이 희고 부드러운 것

생강은 생강과에 속하는 다년생 열대초본으로, 주로 향신료로 이용하고 있으며, 원산지는 인도와 말레이시아 등으로 알려졌다. 주로 고온 다습한 열대나 온대지역의 물 빠짐이 좋은 땅에서 널리 재배되고 추위에 저항력이 약하므로 햇볕이 잘 드는 곳이 좋다. 우리나라에 도입된 것은 고려시대의 기록으로 알 수 있고, 약용·식용으로 많이 이용되며 남쪽지역인 충남 서산, 경남 산청, 전북 완주 등지에서 많이 재배한다.

그림 5-5　생강

(1) 성상

생강의 품종은 소생강, 중생강, 대생강으로 분류하며, 독특한 향기와 매운맛이 있고, 뿌리줄기는 덩이 모양을 하고 있다.

상품에는 흑생강과 백생강이 있다. 지상부가 모두 시들기 시작하면 그 때 지하경을 캐고 열탕 중에서 발아 방지처리를 한 다음 건조한 것이 흑생강이다. 백생강은 표면이 회색, 내피는 갈색, 육질은 황색이다. 지하경 외피의 일부 또는 전부를 벗기고 씻은 후 천일 건조한 것이다.

보통 잘 자라고 굵으며 착색이 잘 되는 중생강종인 황생강이 좋다. 특히 색과 육질이 좋고, 섬유질이 지나치게 발달되지 않고 씹히는 감이 좋은 것을 양질이라 한다.

(2) 성분

생강의 성분은 수분 함량이 80~90%이며, 당질, 섬유질이 약간 함유되었고 비타민과 무기질 함량은 비교적 적게 들어 있다. 생강의 매운맛 성분은 진제론(zingerone)과 쇼가올(shogaol)로, 위 점막을 자극하여 위액분비를 증가시키고 소화를 촉진하여 건위제로 사용한다. 진제론을 많이 먹으면 동물의 운동중추가 마비를 일으키나 보통 사람이 먹는 정도의 양이면 전혀 영향이 없으며 도리어 향신료로서 식욕증진의 효과가 있다. 또한 생강의 매운맛 성분은 육류의 누린내와 생선의 비린내를 제거하고, 티프스균, 콜레라균 등 세균에 대한 살균작용이 있어 생선회에 사용하며, 항산화작용을 하기도 한다. 그 밖에 강한 발한 작용으로 감기에 효과적이며 기침, 냉증, 요통 등에도 효능이 있다. 멀미가 날 때 편강을 씹으면 도움이 되고, 음식과 약의 흡수를 크게 돕는 작용을 한다.

(3) 저장 및 용도

생강은 추위에 대한 저항력이 약해서 저장온도는 10~13℃로 유지하는 것이 좋다. 생강이 썩으면 메탄가스가 발생되므로 생강 저장 굴의 출입은 충분히 환기를 한 후에 해야 한다.

생강은 향신료, 약용, 카레분말, 향료, 향미유로 사용되며, 분말로 가공되어 제과, 제빵 재료, 생강엿, 생강차로 이용되고, 편강, 생강정과 등으로 가공되기도 한다. 버터 등을 넣고 만드는 과자, 쿠키 등에 생강을 섞으면 버터의 산화 방지에 도움을 준다.

(4) 고르는 법

- 고유의 향기와 매운맛이 강하며 껍질이 잘 벗겨지는 것
- 모양이 울퉁불퉁하고 여러 조각이 붙어 있는 것
- 진한 황토색을 띠고 육질이 단단한 것

7 양파(onion)

양파의 재배 역사는 4천 년 이상 되었고, 우리나라에는 조선시대 말엽 미국과 일본에서 도입된 것으로 알려져 있다. 고대 이집트 시대에 양파는 중요한 식품이었고

약이었다. 특히 남부 유럽에서 많이 재배했고, 단양파(mild onion)가 발달하여 유럽 전체에 퍼졌으며, 중동 유럽에서는 매운 양파(strong onion)가 발달하여 양파의 대부분을 차지하고 있다.

양파는 봄에 씨를 뿌려 가을에 거두는 것과 가을에 씨를 뿌려서 초여름에 거두는 것이 있으며, 저장하기 쉽고 키우기 쉬워 경작하는 농가가 늘고 있다.

(1) 성상

양파는 백합과에 속하는 식물이며 지하부의 비늘줄기가 발달되어 있어서 그것을 먹는다. 식용으로 하는 비늘줄기의 색깔도 다양하여 흰 것, 노란 것, 붉은 것 등이 있으나 가장 흔한 것은 흰 것이고, 모양은 구형 또는 편구형이 있다.

황색종은 가장 일반적인 것이며 가을에 씨를 뿌려 재배하기에 적합한 품질로 육질이 단단하고 장기저장이 가능하다. 또한 백색종은 봄에 출하되고 구(球)는 편평하면서 수분이 많아 연하며 매운맛이 적다. 적색종은 외관이 선명한 자홍색이고, 둥글게 썰면 빨간 동그라미가 나타나며, 백색 양파보다 단맛이 강하다.

양파의 품종은 햇볕을 받는 시간이 길지 않아도 온도만 알맞으면 비늘줄기가 굵어지는 조생종과 반대로 비늘줄기가 굵어지지 않는 만생종이 있다.

(2) 성분

양파의 성분은 수분이 90%이고, 당질이 많으며 단백질, 비타민류, 무기질 중에는 Ca, P, Fe 등이 함유되어 있다. 생 양파인 경우 성숙함에 따라 포도당과 설탕의 양이 증가해서 단맛이 더욱 많아진다. 또한 생 양파를 익혔을 때에도 단맛이 증가하는데 이것은 양파의 매운맛 성분인 프로필 알릴 다이설파이드(propyl allyl di-sulfide) 및 알릴 설파이드(allyl sulfide)에 열을 가하면 기화하지만 일부는 분해되어 설탕의 50~60배 단맛을 내는 프로필메르캅탄(propyl mercaptan)을 형성하기 때문이다.

알린(allin)은 알리네이스(allinase)에 의해 알라이신(allicin)이 되는데 이것은 비타민 B_1과 결합해서 알리싸이아민(allithiamin)을 만들어 비타민 B_1의 효과를 높여준다. 이 알리싸이아민은 장내세균에 의해 파괴되지 않고 흡수가 잘 되므로 지속성 비타민 B$_1$이라 한다. 그러므로 양파를 곁들여 먹게 되면 다른 식품에 들어 있는 비타민 B$_1$의 흡수를 잘 되게 해준다.

양파 껍질에 있는 퀘르세틴(quercetin, C$_{15}$H$_{10}$O$_7$)이라는 황색색소는 지방의 산패를 막아주고 고혈압 예방에 효과가 있는 것으로 알려져 있다. 그 밖에 양파는 신진대사를 촉진시켜 혈액순환을 원만하게 하여 위장기능을 좋게 하고 강정식품으로 체력을 강화시킨다. 또한 혈액 속의 콜레스테롤을 저하시켜 심장병 등 성인병에 효과가 있고 피로회복에도 좋은 것으로 알려져 있다.

양파는 마늘, 파보다는 약하지만 먹고 난 뒤 냄새를 없애려면 신맛이 강한 과일, 식초를 먹거나 우유를 먹으면 좋다.

(3) 저장 및 용도

양파는 그늘지고 통풍이 잘 되는 곳에 보관하며 저장성이 좋지 않으므로 온도 2℃, 습도 70~80%에서 냉장 저장한다.

양파는 누린내 및 비린내 제거 효과가 있으므로 육류, 어류 가공품에 사용하며, 서양요리에서 샐러드, 양파수프, 각종 소스 등에 첨가되고, 중국요리에서는 각종 음식에서 중요한 재료로 사용되고 있다.

(4) 고르는 법

- 싹과 뿌리가 없고 눌렀을 때 중심부가 단단한 것
- 껍질에 광택이 나며 상처가 없고 적황색인 것

8 마늘(garlic)

최근에는 전 세계적으로 마늘에 대한 관심이 높아지고 있다. 마늘의 원산지는 중앙아시아로 알려졌으며, 현재는 한국과 중국, 인도, 이탈리아, 미국 등지에서 많이 재배되고 있다. 국내에서는 안동, 단양, 의성 등에서 많이 재배하고 있다.

(1) 성상

우리나라에서 재배하는 품종으로는 난지형(暖地型)과 한지형(寒地型)이 있다. 난지형은 겨울철 따뜻한 지대에 적합한 것으로 남해 연안 지방 및 도서지방에서 재배하고, 8~9월에 심어서 월동한다. 한지형은 내륙 및 고위도 지방에서 재배하고, 9~11월에 심어서 5~7월에 수확하며 마늘쪽이 6쪽 내외여서 6쪽 마늘이라 한다. 한지형 마늘은 난지형의 것보다 품질이 좋고, 알도 크며, 저장성이 우수하다. 마늘은 땅속에 비대한 줄기가 있고 특유한 냄새를 가지고 있으며 잎, 줄기, 뿌리를 먹을 수 있다.

(2) 성분

마늘의 성분은 수분이 60~70%, 단백질은 약 1.5~3%, 당질이 약 20%이며, 그 밖에 비타민 B_1, B_2, C를 함유하고 K, Ca, P과 같은 무기질이 들어 있다. 그러나 마늘이 갖는 특별한 효능은 이러한 일반 성분보다는 미량 들어 있는 알린(allin)과 스코르디닌(scordinin)이 주로 담당하고 있다. 알린은 갈거나 다지면 효소의 작용으로 알라이신이 되며 이것이 비타민 B_1과 결합하면 알리티아민이 된다. 알리티아민은 체내에 흡수되기 쉬운 활성 비타민 B_1이며, 잘 파괴되지 않는다. 마늘에는 냄새가 전혀 나지 않는 스코르디닌이 들어 있는데, 이것이 강장·강정효과를 나타내는 것으로 알려져 있다. 마늘의 냄새는 정유성분인 다이알릴설파이드(diallylsulfide)이며, 매운맛은 주로 알라이신(allicin)성분이다.

마늘은 살균작용이 강하고, 강력한 항균작용으로 세균의 발육을 억제하며 항암효과가 있는 것으로 나타났다. 혈액 중의 콜레스테롤을 낮춰주므로 혈액순환을 촉진시켜 동맥경화 및 심장병을 억제하는 작용을 하며, 위액 분비를 촉진시킨다. 몸이 허약하거나 몸이 차서 잠을 제대로 자지 못하는 사람이 마늘과 마늘술을 복용하면 몸이 따뜻해지고 정신적 안정을 찾을 수 있게 도와준다.

마늘은 향신료이기 때문에 식욕을 증진시키고, 생 마늘은 매운맛이 있어 위장의 운동을 촉진시키며, 변비의 예방과 치료효과도 있다. 그러나 갑자기 많이 먹게 되면 위의 점막을 자극해서 위에 통증을 일으킬 수 있다.

(3) 저장 및 용도

마늘은 온도를 0~2℃, 습도를 65~70%로 유지하면 저장기간을 6~8개월 연장할 수 있다. 마늘을 구입할 때는 밭 마늘이 좋으며, 완전히 건조된 것이 저장성이 좋으므로 적합한 구입 시기는 9월 초에서 9월 말경이다.

마늘은 우리나라의 모든 식품에 기본 조미료로 첨가하며, 특히 생선이나 육류의 냄새 제거에도 많이 이용된다. 마늘잎, 마늘대는 봄철에 많이 먹는 채소이다. 외국에서는 마늘을 건조시켜 분말로 제조하여 garlic powder로 판매하기도 한다.

(4) 고르는 법

- 6쪽 마늘로 알이 단단하고 윤기가 흐르는 것
- 알의 크기와 모양이 비슷한 것으로 속껍질과 겉껍질이 잘 부착된 것
- 썩은 부위나 싹이 돋아나지 않은 것
- 마늘 전체의 색깔이 연한 연분홍색을 띠며 찰흙에서 재배한 것

9 더덕(deodeok)

(1) 성상

더덕은 한명으로는 사삼(沙蔘)이라고 하는데, 생김새가 인삼과 비슷하여 붙여진 이름으로 추정한다. 더덕은 우리나라, 일본, 중국 등의 일교차가 큰 산간이나 계곡, 해안지역 등에 널리 분포하는 도라지과에 속하는 다년생 초본이다.

더덕은 더위에 약해 해발 300m 이상의 서늘한 지역에서 자라는 것이 가장 질이 좋으며, 뿌리가 비대한 것을 골라 줄기와 잔뿌리를 제거하고 말린 다음 사용한다.

8~10월에 자주색을 띠는 꽃이 종 모양으로 피며, 더덕 수확은 가을의 첫 서리가 내린 뒤 줄기가 마른 다음부터 이듬해 싹이 나오기 전까지가 가장 좋다. 2~8월에 수확한 것은 약용으로 쓰이는데 뿌리가 희고 쭉 뻗은 것이 약효가 좋다. 더덕은 어린 순을 나물로 먹기도 하지만 일반적으로 더덕뿌리를 먹는다.

그림 5-6 더덕

(2) 성분

더덕의 성분은 수분이 약 82.2% 함유되어 있고, Ca이 많이 함유되어 있으며 당질, 섬유질, P, Fe, 비타민 B_1, B_2가 고루 들어 있는 영양식품이다. 뿌리에는 거품을 형성하고 물에 잘 녹는 사포닌이 들어 있고, 기관지염, 해소병의 약재로 사용되었으며, 종기가 났을 때, 뱀이나 벌레에 물렸을 때 약재로 이용되었다.

더덕은 건위제일 뿐 아니라 강장 식품으로도 유명하며, 폐, 장과 신장을 튼튼하게 해주는 식품이다. 물먹고 체했을 때는 약도 없다고 전해지는데 물에 체한 데 가장 좋다고 한다. 거담제로서 기침, 기관지염, 해열, 해독에 약효가 좋으며 고치기 힘든 부스럼에도 효과가 있다. 콜레스테롤을 저하시켜 혈압을 낮추며, 피로회복, 갈증 등에도 좋은 식품이다.

더덕은 식품으로 이용할 때 물에 담가 두었다가 먹는 일이 많은데 그것은 미끈한 사포닌을 우려내기 위한 것이다.

(3) 저장 및 용도

더덕은 저온창고나 비닐에 포장하여 왕겨나 모래구덩이에 보관한다. 약재로 사용할 경우에는 수확 후 흙을 씻고 햇볕에 말려 사용한다.

용도는 무침, 구이, 생채, 자반, 장아찌, 장, 장과, 수프, 드레싱, 넥타, 차, 술 등의 재료로 이용된다. 어린잎과 덩굴, 줄기부분을 채취하여 나물 무침으로 먹기도 한다.

(4) 고르는 법

- 향이 강한 것으로 부드러운 것
- 굵기가 균일하며 크기가 큰 것
- 누렇지 않고 흰색이며 퍼석하지 않은 것

> Q: 더덕의 껍질을 쉽게 벗기는 방법은?
>
> A: 더덕의 껍질에 열을 살짝 가하면 껍질과 점액 사이에 조직 변화가 일어나 껍질이 잘 벗겨져, 손에 점액을 묻히지 않고 손질할 수 있다.

10　도라지(root of bellflower)

(1) 성상

도라지는 초롱과에 속하는 다년초로, 뿌리는 굵고 줄기는 60~100cm 정도이며, 한자어로 고경, 길경, 백약 등 여러 가지이다. 도라지의 원산지는 한국, 중국, 일본 등으로 알려졌으며, 통풍과 배수가 잘되는 양지바른 곳에서 잘 자란다. 도라지 뿌리 큰 것은 인삼뿌리와 비슷하며, 주로 산야에서 자생하나 현재는 재배하는 경우가 많다. 보통 도라지는 뿌리만 먹을 수 있는 것으로 알고 있으나 어린잎과 줄기를 데 쳐서 먹을 수 있다.

(2) 성분

도라지는 수분이 85%, 단백질이 1.8%, 지질이 0.2%, 당질이 10.4%, 섬유소가 2.4%, 회분이 0.5% 함유되어 있다. 도라지는 섬유질과 Fe, Ca이 많고, 비타민과 무기질이 많은 알칼리성 식품이다. 도라지는 거담효과가 있어 호흡기 계통의 질환에 좋다. 도라지의 사포닌은 가래를 삭이고 진통, 소염작용이 있으며 기관지의 분비기능을 항진시킨다. 도라지는 장복해도 해가 없으며 해열작용 및 머리와 눈을 맑게

그림 5-7 도라지

하며 강장제로서 역할을 하고 있다. 그 밖에 치통, 복통, 설사 등에는 도라지 뿌리의 껍질을 벗긴 다음 속을 쌀뜨물에 담가 두었다가 볶아먹으면 좋다고 한다.

(3) 저장 및 용도

도라지를 장기저장 할 때는 햇볕에 말려 건조보관하고 바로 이용할 때는 냉장저장한다. 도라지는 한약재로 사용하고, 나물, 생채, 죽, 전, 정과, 자반, 장아찌, 차, 술, 넥타 등으로 이용하며, 다른 나라에서는 약용으로 사용한다.

(4) 고르는 법

① 통도라지 고르는 법
- 표면에 흙이 많이 묻어 있고, 잔뿌리가 많은 것
- 연한 노란색을 띠며, 부드럽고, 단단한 조직이 적은 것
- 신선한 맛과 독특한 향기가 강하고, 쉰 냄새가 없는 것

② 찢은 도라지 고르는 법
- 촉감이 꼬들꼬들하고, 수분 함량이 많아 동그랗게 말리지 않은 것
- 부드러운 질감을 지니며, 단단한 섬유질이 적은 것
- 신선한 맛과 독특한 향기가 강하고, 쉰 냄새가 없는 것
- 껍질을 벗긴 도라지의 색이 연한 노란색을 띠는 것
- 쪼개진 상태가 일정하고 길이가 짧은 것

(1) 성상

락교의 원산지는 중국 남부로 알려졌으며, 열대아시아에 걸쳐 야생하고, 한국, 일본에서도 재배되고 있다. 락교는 파뿌리와 비슷하게 생겼고 맛은 마늘과 같은 식물로 백합과에 속하는 다년생 초본이다. 인경부를 식용하는 것으로 갯수가 적을수록 맛이 좋다. 락교의 우리나라 고유 이름은 '염교'이며, 척박한 토지와 바람이 많은 곳에서 잘 자라고, 저장성이 좋은 식품이다.

(2) 성분

락교는 주성분이 탄수화물이고, 비타민 C는 약 10mg 정도로 마늘보다 비타민 함량이 훨씬 적다. 락교는 파류 중 소형으로 주로 생것 보다는 가공해서 이용한다. 보통 락교는 8~10%의 묽은 소금물로 3주 정도 젖산 발효시킨 후 식초를 더 가해서 숙성하는 방법으로 가공한다. 그 밖에 설탕절임, 간장절임, 소금절임 등으로 이용한다.

(1) 성상

비트의 원산지는 유럽 및 아프리카 북부지역으로 알려졌으며 동양보다 구미지역에서 많이 이용하고 있다. 비트는 사탕무라고도 하며 잎, 줄기, 뿌리를 이용한다. 비트의 뿌리를 자르면 나이테 모양으로 동심원상의 자홍색 둥근 무늬가 나타나고 식용부위는 비대하게 발달한 원형 또는 긴 원추형의 뿌리이다.

그림 5-8   비트

(2) 성분

성분은 수분이 약 90%이고, 섬유질, Ca, P, Fe 등의 무기질이 함유되어 있으며 비타민 C가 들어 있다. 잎에는 사포닌이 함유되어 있다. 비트의 빨간색 색소는 베타사이아닌(betacyanine)이라는 물질로 이것을 추출하여 식용색소를 얻기도 한다. 고대에는 주로 약용으로 많이 이용하였으며 베타인(betaine)이라는 알칼로이드가 함유되어 있어 이뇨제, 토사와 구충제로 사용하고 있다. 그 밖에 비트 속의 Fe은 적혈구를 만들고 혈액을 정화시켜주며 고혈압, 월경 장애, 폐경기에 효력이 있다. 또한 피부병, 가려움증, 옴, 부기를 치료해주며, 어린이의 발육에 좋아서 골격형성에 도움을 주고, 치아를 튼튼하게 할 뿐 아니라 모발의 성장을 돕는다.

(3) 용도

비트의 잎은 은은한 단맛과 특유의 향으로 선명한 진홍색을 즐길 수 있는 채소이다. 쌈의 재료 및 샐러드로 쓰이며, 뿌리는 무채를 썰듯이 썰어서 샐러드에 넣어 이용하거나 녹즙에 넣어 즙으로 마신다. 서양에서는 대부분 삶아서 껍질을 벗긴 후 얇게 채 썰어 모짜렐라치즈와 함께 섞어 먹거나 깍둑썰기를 하여 다른 채소와 함께 샐러드를 만들기도 한다. 삶은 비트를 갈아 즙을 내어 각종 칼국수, 만두, 송편 반죽에 넣어 이용하기도 한다.

5-2. 경엽채류

표 5-4 경엽채류의 영양성분(100g 중)

종류	열량 (kcal)	수분 (%)	단백질 (g)	지질 (g)	탄수화물		회분 (g)	무기질					비타민					폐기율
					당질 (g)	섬유 (g)		Ca (mg)	P (mg)	Fe (mg)	Na (mg)	K (mg)	A (R.E)	B₁ (mg)	B₂ (mg)	niacin (mg)	C (mg)	
배추	16	94.3	1.3	0.2	2.4	0.7	0.6	51	29	0.3	5	230	7	0.05	0.06	0.3	46	8
양배추	25	92.4	1.5	0.2	4.7	0.7	0.5	43	43	0.3	21	190	3	0.05	0.01	0.1	44	8
자색 양배추	39	89.8	3.2	1.7	2.7	2.0	0.6	33	51	0.5	36	250	15	0.07	0.03	1.1	8	3
방울다다기 양배추	43	85.3	6.3	0.2	5.8	1.4	1.0	70	110	1.1	14	480	216	0.13	0.12	0.33	64	0
콜리플라워	30	91.6	2.6	1.2	2.9	0.8	0.9	15	87	0.1	39	240	6	0.09	0.24	0.6	55	0
브로콜리	32	90.0	4.6	1.0	2.3	1.1	1.1	14	108	0.1	21	280	2	0.08	0.64	0.9	106	0
대파	33	90.2	1.4	0.5	5.6	1.6	0.7	111	49	0.8	6	210	87	0.06	0.10	0.4	27	16
시금치	33	89.5	3.0	0.5	5.4	0.7	1.0	41	65	2.6	53	580	796	0.12	0.35	0.5	65	27
상추	16	94.4	1.7	0.4	2.0	0.5	1.0	54	17	0.4	9	280	105	0.05	0.05	0.4	6	0
쑥갓	21	92.3	2.6	0.3	2.5	1.0	1.3	79	37	2.2	42	580	580	0.10	0.25	0.7	18	5
셀러리	37	88.2	0.9	0.1	8.4	1.2	1.2	85	34	0.2	54	320	33	0.02	0.03	0.4	12	0
파슬리	73	76.0	5.7	0.8	12.4	2.4	2.5	238	51	10.6	16	786	332	0.24	0.21	1.5	150	27
부추	31	89.8	4.3	0.4	3.7	1.2	0.6	34	27	2.9	36	480	638	0.41	0.06	0.0	41	4
아스파라거스	20	93.1	1.9	0.1	3.3	0.9	0.7	21	50	0.6	4	223	50	0.12	0.15	1.2	12	30
죽순	39	90.8	3.6	0.5	4.9	2.3	1.2	14	87	1.2	9	617	4	0.15	0.08	0.8	10	35
미나리	18	94.9	2.1	0.9	0.8	0.7	0.6	32	18	4.1	11	221	204	0.34	0.07	0.0	15	16
갓	19	92.5	2.9	0.1	2.0	1.2	1.3	110	55	1.7	12	299	287	0.09	0.21	0.9	70	10
근대	30	90.2	2.0	0.7	4.3	1.2	1.6	75	80	5.0	166	320	228	0.16	0.24	0.4	56	12
치커리	23	92.0	1.7	0.3	3.9	0.8	1.3	100	47	0.9	45	420	350	0.06	0.10	0.5	24	18
청경채	17	94.5	1.3	0.2	2.7	0.7	0.6	7	13	1.0	7	113	33	0.03	0.04	0.1	6	0
케일	30	89.7	46	0.8	2.2	1.1	1.6	181	69	3.4	65	380	796	0.16	0.22	1.2	146	24
아욱	40	90.1	4.8	2.4	1.5	0.8	0.4	67	18	4.5	36	230	484	0.15	0.30	0.6	22	8

1 배추(chinese cabbage)

(1) 성상

우리나라에서 중요한 채소의 하나인 배추는 중국 북부지방이 원산지로 알려졌다. 우리나라는 전국 각지에서 골고루 재배하고 있으며 주 산지는 강원도, 경기도, 전라남북도 지역이다. 배추의 품종은 재배기간에 따라 조생종, 중생종, 만생종으로 분류하며, 결구 양식에 따라 결구형(結球型), 반결구형(半結球型), 불결구형(不結球型)으로 분류한다.

그림 5-9 배추

현재는 주로 결구형이 재배되고, 반결구형은 일부 재배된다. 결구형 중에서 포합형(抱合型)은 배추잎이 중심부에 모이고 잎이 겹치지 않는 것이고, 포피형(抱被型)은 양배추처럼 배추잎이 넓게 자라 잎이 서로 덮이는 것이다. 일반적으로 2~8월에 파종하며 2~3개월이 지나 4~11월에 수확한다.

(2) 성분

배추의 성분은 수분이 약 90~96%이고, 탄수화물이 2.3%, 단백질이 1.1% 그리고 지질이 0.1%로 칼로리가 낮다. 비타민 C는 약 40mg, Ca은 51mg로 함량이 풍부하며 배추로 김치를 담그면 비타민 C가 별로 손실되지 않는다. 특히 배추에는 식이섬유소가 많이 함유되어 있어 장의 운동을 도와서 배변을 원활하게 해준다. 또 내장의 열을 내려 소화를 돕고 침의 분비를 원활히 한다. 배추를 삶으면 유황냄새가 나는 것은 배추에 들어 있는 황화물이 가열에 의해 분해되어 황화수소가스와 기타 황화합물을 형성하기 때문이다.

(3) 저장 및 용도

배추의 저장방법에는 움저장, 밀봉한 후 조립식 저장, 단기저장 방법이 있으며 저장온도는 4℃, 습도는 약 95% 정도로 저온 냉장 보관한다. 배추를 절단했을 때 가정에서는 랩이나 신문지로 싸서 보관한다, 배추는 김치 담그는 것에 주로 쓰이며 전골, 국, 배추 겉절이, 볶음, 전을 지질 때 이용된다. 또한 일식 및 중식의 재료로 쓰이며 중식에서 볶음요리, 채소말이, 국거리 등으로 이용된다.

(4) 고르는 법

- 배추의 심이 상하지 않은 것으로 뿌리 부분이 싱싱한 것
- 잎이 연녹색을 띠며 단맛이 많고 육질이 연한 것
- 같은 부피일 때 무거운 것으로 중간정도 크기의 둥글고 모나지 않은 것
- 잎이 넓고 두껍지 않으며 탄력이 있으면서 단단한 것

2 양배추(cabbage)

(1) 성상

양배추의 원산지는 유럽의 지중해 연안으로 알려졌으며, 현재 전 세계적으로 재배지역이 확대되었다. 우리나라에서도 비옥한 땅이면 전역에 걸쳐 재배가 가능하여 평창은 여름 양배추, 부산에서는 봄 양배추를 재배하며, 북 제주에서는 겨울 양배추를 재배하고 있다.

양배추는 300여 종이 있으며 파종시기에 따라 봄 파종 품종, 여름 파종 품종, 가을 파종 품종으로 나뉜다.

그림 5-10 양배추

(2) 성분

양배추의 성분은 수분이 94~95%, 당질로는 포도당이 가장 많고, 단백질은 1.6%로 라이신(lysine) 등의 아미노산을 많이 함유하며, 지방은 리놀레산(linoleic acid)이 많다. 비타민 C와 U의 함량이 상당히 많으며 양배추의 녹색부분에는 비타민 A, 흰색부분에는 비타민 B와 비타민 C가 많이 들어 있다. 또한 비타민 U는 조직을 새

롭게 하거나 손상된 조직을 회복하는 효과가 있어 위궤양, 십이지장궤양 치료에 효과가 있다. 그 밖에 함황성분을 함유하고 있어 독특한 향미가 나는데 식초를 넣으면 냄새가 제거된다. 또한 섬유소, P, Fe이 다량 함유되어 있다.

채소류에는 일반적으로 옥살산(Oxalic acid, 수산)이 함유되어 있어 Ca과 결합해 체내에 결석을 만들 수 있지만 양배추에는 함유되어 있지 않아 Ca의 급원으로 가치가 있으며, 우유 못지않게 체내에서 흡수가 잘되는 알칼리성 식품이다.

섬유소의 함량이 높아 결장암, 담석증, 당뇨증 예방에 좋으며 대·소변 배설 효과, 오장과 관절, 골수를 보하며 귀와 눈을 밝게 하는 효과가 있다고 한다.

(3) 저장 및 용도

배추는 겉잎을 떼지 말고 보관하는 것이 좋으며, 장기간 보관 시에는 신문지에 싸서 서늘하고 어두운 곳에 두는 것이 좋다. 냉장보관할 때는 랩으로 포장해서 5℃ 이하의 온도에서 저장한다.

올리브, 요구르트와 더불어 서양의 3대 장수식품으로 꼽히는 양배추는 날로 먹는 방법이 영양효율을 높이는 데 가장 좋으며 동물성 식품과 혼합하여 조리하면 좋다. 봄에 나오는 양배추는 날로 먹는 것이 좋고 겨울에 생산되는 양배추는 육류와 함께 오래 삶아서 섭취하면 좋다.

그 밖에 샐러드, 수프, 전골, 찜, 볶음, 김치, 녹즙, 절임, 쌈, 주스 등으로 이용하며 과음한 후에 먹는 서양식 해장국인 러시안 수프에도 쓰인다. 또한 양배추를 젖산 발효시킨 사워크라우트(sauerkraut)를 만들어 병조림, 통조림으로 가공하며 소시지 요리와 곁들여 먹는다. 사워크라우트로 만들었을 때에 양배추의 비타민 C가 보존되며 특유한 냄새가 없어진다.

(4) 고르는 법

- 잎이 두껍고 무거우며 속이 단단하면서 꽉 찬 것
- 광택이 나고 완전히 포개진 것으로 녹색부분이 많은 것
- 겉껍질이 벗겨지지 않으며 신선하고 절단 시 속에 심이 없는 것

3 자색양배추(red cabbage)

(1) 성상

자색양배추는 유럽이 원산지로 알려졌으며, 영국, 이탈리아 등지에서 많이 생산되고, 우리나라에서는 평창, 태백 등지에서 재배된다.

(2) 성분

잎의 표면은 적자색을 띠어 적채라고도 하며, 안토시안계 색소를 지니고 있다. 수분이 91%로, 수분 함량은 붉은 색이 진할수록 적고 비타민 C와 B_1이 풍부하다.

그림 5-11 자색양배추

(3) 저장 및 용도

냉장고 온도인 4~5℃에서 비닐 랩을 씌워 저장하면 오랫동안 저장할 수 있다. 자색양배추를 생식할 때는 샐러드에 가늘게 썰어 넣고 기름 식초드레싱(vinegar oil dressing)을 이용하면 산뜻한 맛을 느낄 수 있다. 삶아서 이용할 때는 물에 소량의 식초나 레몬즙을 넣어 색을 아름답게 유지한다.

4 방울다다기양배추(brussels sprouts)

(1) 성상

방울다다기양배추는 스위스, 영국 등의 유럽과 미국 등지에 분포하며 일본에서도 많이 재배하고 있다. 우리나라에서는 제주도, 강원도에서 재배되고 있으며 10월~12월경에 출하된다. 양배추의 원줄기에 달린 아기 양배추방울을 식용하며 잎은 쌈 재료로 이용한다.

방울다다기양배추는 싹양배추, 방울양배추, 아기양배추라고 하며 자주색과 녹색
두 가지 품종이 있다.

그림 5-12 방울다다기양배추

(2) 성분

방울다다기양배추의 성분은 수분 함량이 약 84%이며 비타민 A와 C가 다량 함유
되어 있고, 특히 비타민 U가 들어 있어 위장병 예방 치료 효과가 있다.

방울다다기양배추는 겨자유(아이소티오사이아네이트, isothiocyanate)를 함유하
고 있어 열을 가하면 냄새가 나는 다양한 황화합물이 나오게 되는데, 이러한 현상
은 알루미늄 냄비에서 더욱 강렬해진다. 오래 조리할수록 화합물의 냄새는 더욱 증
가하나, 조리수에 빵 조각을 넣으면 나쁜 냄새를 줄일 수 있으며, 냄비 뚜껑을 덮
지 않고 조리하면 공기 중으로 냄새가 날아간다.

방울다다기양배추, 브로콜리와 같은 겨자류 채소는 갑상선호르몬의 형성을 저해하
는 화합물인 고이트린(goitrin), 티오사이아네이트(thiocyanate), 아이소티오사이아
네이트를 가지고 있어 갑상선의 비대를 야기시킨다. 이러한 고이트로젠(goitrogen)
의 화학작용이 겨자류 채소를 적당량 섭취하는 건강한 사람에게는 위험하지 않으나
갑상선에 문제를 가진 사람이나 갑상선 치료제를 복용하는 사람에게는 좋지 않은 영
향을 준다.

(3) 저장 및 용도

방울다다기양배추는 냉장보관을 한다. 수확 후 가장 영양적으로 우수할 때 바로

냉장 보관하면 수 주 동안 비타민을 유지할 수 있으며, 플라스틱 백이나 뚜껑이 있는 그릇에 저장하면 수분의 손실을 막을 수 있다.

잎은 쌈의 재료, 샐러드로 이용하며, 방울은 주로 둥근 모양으로 살짝 데쳐 초장에 찍어 먹거나 버터를 발라 구워서 이용하고, 스튜 등의 조림, 볶음으로 요리하면 좋다. 방울다다기양배추는 일반적으로 양배추보다 진한 맛과 느끼한 맛이 난다.

(4) 고르는 법

· 속이 단단하고 꽉 차 있는 것
· 밝고 진한 녹색을 띠는 것으로 벌레가 먹지 않은 것

5 콜리플라워(꽃양배추, cauliflower)

원산지는 유럽지중해 연안이며, 우리나라에서는 서울 근교, 평창, 태백, 남제주 등에서 생산되고 있다. 보통 양배추의 일종으로 줄기가 자라서 주걱형의 외엽이 커지고, 줄기의 꼭대기에 꽃봉오리의 집합체가 생기는데 이를 식용한다.

콜리플라워는 연중 생산이 가능하고 꽃봉오리는 백색, 오렌지색, 자색이 있으며, 백색이 대표적인 품종이다.

꽃봉오리에는 비타민 A, C와 Ca, Fe이 많으며, 쌀뜨물이나 밀가루를 넣은 물에 넣고 삶으면 유황이 휘발되므로 고소하고 맛있어진다.

그림 5-13 콜리플라워

콜리플라워는 꽃이 완전히 피지 않고, 색상은 아이보리 색으로 흑점이 있어서는 안 되며, 꽃이 갈라지지 않은 탐스러운 형태로 신선해야 한다.

(1) 성상

브로콜리의 원산지는 지중해 연안으로 양배추과에 속하는 녹색채소이다. 주로 이탈리아에서 많이 식용하였으며, 20세기에는 미국에서 급속히 재배지를 늘렸고, 우리나라는 남제주, 평창, 태백에서 많이 재배한다. 브로콜리는 모란채라고도 하며 꽃봉오리와 줄기를 식용하는 것으로 양배추의 일종이다. 꽃송이들이 많이 피지 않은 것일수록 품질이 좋고, 또한 꽃송이들이 진녹색으로 싱싱하며 입자가 균일하고 깨알처럼 작은 것이 좋다.

그림 5-14　브로콜리

(2) 성분

꽃봉오리에는 카로틴, 비타민 B_1, B_2, C와 무기질 중 Fe과 Ca이 풍부하게 함유되어 있으며, 비타민 C가 많아 피부미용에 좋다. 그 밖에 위암, 위궤양의 원인인 헬리코박터 파이로리균을 죽이는 설포라페인(sulforaphane)이 들어 있어 위장관련 질환에 좋은 식품이다. 따라서 미국 암협회에서는 대장암, 식도암, 위암을 줄이기 위해 1주일에 여러 번 먹는 것을 권장하고 있다. 또한 브로콜리는 수용성 식이섬유소와 K이 많이 들어 있어 혈중 콜레스테롤을 줄이고 Ca이 많아 뼈와 잇몸에 좋다.

(3) 저장 및 용도

냉장고에 보관 시 4~5℃에서 15일 이내에 사용해야 하고, 다른 과일과 저장 시에는 과일에서 나오는 에틸렌가스로 인하여 단시간 내에 황화하고 변질되므로 피하여야 한다.

브로콜리는 꽃봉오리와 줄기를 샐러드나 수프에 넣어 이용하고 튀김, 볶음, 고기요리에 곁들여 먹기도 한다. 날로 먹지 않을 때는 살짝 데쳐 초고추장에 찍어 먹든지 살짝 데쳐서 두부와 혼합하여 샐러드로 이용하면 좋다.

(1) 성상

파의 원산지는 중국의 서부로 알려졌으며, 내한성과 내서성이 강하다. 우리나라는 중국을 거쳐 고려 이전에 유입된 것으로 알려져 있다.

온대지방에서 많이 재배되던 파는 세계 전역으로 퍼져서 한대지방은 굵은 파, 열대지방은 잎파 그리고 온대지방은 겸용종이 발달하였다. 우리나라에서는 진도, 김해, 남해 등지에서 많이 재배된다.

(2) 성분

파의 성분은 수분이 91.6%이고 탄수화물 6.7%, 단백질 1.1%이며 비타민과 무기질이 많이 함유되어 있다. 특히 파의 녹색부분에는 비타민 A가 많고 파의 백색부분에는 비타민 C가 많이 들어 있다.

파의 자극성 냄새와 매운맛은 함황휘발성물질로, 생식하면 소화액의 분비를 촉진시키고 발한작용과 진정제 작용을 한다.

파는 가열에 의해 감미가 증가하게 되는데 이는 자극성 매운 성분의 프로페닐다이설파이드(prophenyldisulfide)류가 프로필메르캅탄(propylmercaptan)으로 환원되어 설탕의 약 50배 되는 단맛을 생성하기 때문이다. 파의 향기 성분인 알린(allin)은 알리네이스(allinase)에 의해서 알라이신(allicin)으로 분해되며, 알라이신은 체내에 흡수되어 비타민 B_1의 이용률을 높여준다.

(3) 저장 및 용도

파는 물로 잘 씻은 후 세로로 세워서 4~5℃의 냉장고에 보관한다. 파는 조리 시 다른 식품의 좋지 않은 냄새나 생선의 비린내, 육류의 누린내 등을 없애주며 양념으로 많이 쓰인다. 또한 파는 수프, 국, 탕, 전, 찌개, 볶음, 찜, 꼬치구이, 김치 등의 각종 음식에 이용된다.

(4) 고르는 법

① 대파 고르는 법

- 꽃이 피어 있지 않고, 특유의 향기가 있는 것
- 파의 잎 부분이 신선하며 뻣뻣하지 않고 짙은 초록색을 띤 것
- 흰 부분과 푸른 부분이 구별되며 흰 부분이 굵고 길고 곧은 것
- 뿌리 부분에 흙이 없고 신선한 것

② 쪽파 고르는 법

- 잎이 깨끗하고 연하며 짙은 초록색을 띤 것
- 뿌리 부분에 흙이 없고 신선한 것
- 줄기 부분이 가늘게 여러 갈래로 나뉘지 않은 것

8 시금치(spinach)

(1) 성상

시금치의 원산지는 페르시아 지역으로 알려져 있으며, 우리나라는 중국을 통하여 도입되었다. 시금치는 명주과에 속하는 일년생 또는 이년생 초본으로 적근채라고도 하며 동양종과 서양종이 있다. 동양종(재래종)은 뿌리 부분이 진한 적색으로 잎사귀가 작고 봄에 수확하며 씹히는 맛이 좋으면서 담백하다. 서양종은 가을에 수확하면서 잎사귀가 크고 두꺼우며, 뿌리의 색은 연하다. 시금치는 한랭성 작물로 서늘한 기후를 좋아하며, 더위에 견디는 힘이 약할 뿐 아니라 비가 많이 오면 병해가 심하다. 시금치의 생육적기는 3~5월, 9~11월이지만 3~5월에 가장 많이 생산된다. 우리나라의 주산지로는 경기, 전남, 경남, 경북지방이다.

(2) 성분

시금치의 성분은 수분이 90.4%이며, 단백질은 3%나 함유되어 있는데, 단백질은

질이 우수한 동물성 단백질과 비슷하며, 라이신(lysine), 트립토판(tryptophan) 등과 같은 아미노산이 풍부하다.

카로틴(carotene)이 채소 중 가장 많이 함유되어 있으며, 그 밖에 비타민 B_1, B_2, C가 다량 함유되어 있고, Ca, Fe 등도 다른 엽채류에 비해 많은 양을 함유하고 있다. 또한 풍부한 섬유질을 함유하여 변비에 효과가 좋으며, 결장, 직장, 후두나 자궁내막증에 좋고 폐암으로 인한 사망률을 낮춘다는 연구보고가 있다. 시금치의 엽산과 Fe은 빈혈을 예방하며, 분홍색 뿌리부분에 함유된 Mn은 조혈과정에서 매우 유용하게 쓰인다.

시금치 중에 옥살산(oxalic acid, 수산)은 Ca과 결합하여 체내에 결석을 만들 수 있으나 이는 시금치를 하루에 1kg 이상 섭취 시 나타나는 현상이므로 현 식생활에서는 별 문제가 없다.

궁금합니다!

Q: 시금치(또는 녹색 채소)를 데칠 때 냄비 뚜껑을 덮지 않고 데치는 이유는?

A: 녹색 채소에는 푸른 색소인 클로로필(chlorophyll)이 들어 있고, 클로로필의 중심 원자인 마그네슘은 산의 존재 하에서 두 개의 수소원자에 의하여 쉽게 치환되어 페오피틴(pheophytin)이라는 물질로 변하게 되며, 색이 누렇게 변색된다. 녹색 채소에는 여러 종류의 유기산이 들어있기 때문에 데치는 동안 유기산이 흘러나와 클로로필 색소와 반응하여 녹색의 채소가 누렇게 변색되기 때문에 냄비 뚜껑을 열어 유기산을 휘발시켜야 한다. 데치는 물의 양을 채소 무게의 5배 정도로 다량 사용하여 비휘발성 유기산을 희석시켜 클로로필과 반응하는 것을 막을 수도 있다.

궁금합니다!

Q: 녹색 채소의 클로로필 색소는 지용성인데 데치는 물은 왜 푸른색으로 되는가?

A: 녹색 채소를 물에 데치면 조리수가 푸른색으로 변하게 되는데, 이는 지용성인 클로로필이 조직 속에 존재하는 효소 클로로필레이스에 의해 수용성인 클로로필라이드(chloro-phylide)를 형성하면서 물에 용출되기 때문이다.

(3) 저장 및 용도

젖은 종이에 싸서 5℃의 냉장고에 보관한다. 서양에서는 주로 날것이나 샐러드로 이용하며 데쳐서 사용하기도 한다.

소화가 잘되고 부드럽기 때문에 환자식, 노인, 어린이, 임산부 등의 식사에 적합하며, 샐러드용, 통조림용, 죽, 나물, 국, 찌개 등에 이용할 수 있다.

(4) 고르는 법

· 진한 녹색을 띠며 줄기가 부드럽고 도톰한 것
· 뿌리에 붉은빛이 진하고 한 뿌리에 잎이 많이 달려 있는 것
· 잎의 길이가 짧고 얇으며 싱싱한 것

9 상추(lettuce)

(1) 성상

상추는 유럽이 원산지로 전 세계적으로 널리 재배되고 있다. 우리나라는 오래전 중국에서 줄기상추가 도입되어 재배되었으나, 1890년경 잎상추가 일본에서 들어 와서 널리 재배되었다. 상추는 서늘한 기온에서 잘 자라며 내한성이 강하고 생육기간이 짧아 연중 생산이 가능하다. 상추의 종류에는 자른 상추(cutting lettuce), 크리스프형(crisp tipe), 버터형(butter type), 리프 래터스(leaf lettuce), 코스 래터스(cos lettuce), 줄기상추(stem lettuce)가 있다. 자른 상추는 상추가 자람에 따라 잎을 순차적으로 따서 먹는 줄기상추의 일종으로, 특유의 쓴맛이 나며, 잎면에 주름이 있고, 잎이 거칠다. 이는 주로 불고기쌈 등에 이용한다. 크리스프형은 잎이 연한 녹색을 띠는 결구형 상추로 사각사각하는 소리가 나며, 서양음식에 주로 사용하는 양상추이다. 버터형은 잎의 색이 자색 또는 녹색으로 윤기가 있다. 버터향이 나는 연한 잎을 가지고 있으며 부드럽고 매끄러워 버터형이라고 하는데 사라다채라고도 한다. 리프 래터스는 잎의 굴곡이 심하고 주름이 많으며 꽃상추 또는 잎상추

라고 한다. 잎이 매우 연하며, 겨울에 온실에서 재배하여 생산한다. 꽃상추는 주로 샐러드, 불고기쌈 등에 이용한다. 코스 래터스는 단맛과 쓴맛을 지닌 배추류와 유사한 품종으로 어린잎은 매우 부드러워 많이 사용하며, 잎의 모양이 긴 타원형으로 가늘고 연한 녹색을 띤다. 고급 샐러드에 주로 이용하며 나물 무침이나 볶음에 적합하다. 줄기상추는 중국요리 등에 사용하며, 길게 뻗은 줄기의 껍질을 벗겨 사용한다. 조림, 볶음 이외에 생식도 가능하다.

(2) 성분

상추의 성분은 수분이 약 95%로, 날것으로 주로 생식하며, 녹황색채소로 비타민 A가 많고, 비타민 E 그리고 무기질 중 Fe과 Ca이 비교적 많이 함유되어 있다. 그러나 비타민 C와 무기질 중 K과 Na함량은 낮은 편이다. 또한 사과산과 구연산 등을 함유하고 있어 상큼한 맛을 내며, 페놀(phenol) 성분이 있어 갈변을 일으키기도 한다. 상추는 다른 채소보다 아미노산 중 루신(leucine)과 발린(valine)이 많이 들어 있으며, 당류는 대부분 포도당으로 구성되어 있다. 상추 줄기를 자르면 쓴맛을 내는 우유빛 유액이 나오는데 일종의 알칼로이드(alkaloid)성분으로 신경안정 작용을 하며, 불면증에 효과가 있다.

(3) 용도

상추는 쌈, 겉절이, 샐러드, 샌드위치, 생선무침, 화채용, 시루떡의 재료 등으로 이용된다.

(4) 고르는 법

① 상추 고르는 법
· 크기가 일정하고 물기가 없는 것으로 녹색을 띠는 것
· 잎이 두껍고 부드러우며 연한 것
· 잎이 썩거나 짓무르지 않은 신선한 것

② 양상추 고르는 법
· 연한 녹색이며 두꺼운 것

·같은 크기인 경우 무겁고 결구 상태가 좋은 것

·잎의 주름이 일정하고 줄기가 짧은 것

·잎의 주름이 균일하고 수가 많은 것

·속을 잘랐을 때 속대가 없는 것

Q: 상추를 먹으면 졸린 이유가 무엇인가?

A: 상추는 식욕을 돋우는 식품이며, 많이 먹으면 잠이 온다고 한다. 그 이유는 상추 속에 락튜카리룸으로 알려진 성분이 들어 있는데, 이 성분이 진정, 최면의 효과가 있어 수면제 역할을 하는 것이다. 줄기를 자르면 흰 즙이 나오는데 그 안에 있는 성분이다.

10 쑥갓(crown daisy)

(1) 성상

쑥갓의 원산지는 지중해 연안으로 알려졌고, 유럽에서는 관상식물로 이용하며, 동아시아 지역에서는 채소로 식용하고 있다. 쑥갓은 더위에 강하고 병충해가 적어 생육이 빠르며 추위에도 비교적 강하다.

우리나라에서는 봄채소로 널리 재배되고 있지만 최근에는 하우스 재배에 의해서 사철 이용하고 있다. 쑥갓은 잎의 크기에 따라 대엽종, 중엽종, 소엽종이 있으며 우리나라에는 중엽종이 대부분을 차지한다.

그림 5-15 쑥갓

(2) 성분

쑥갓은 알칼리성 식품으로 비타민 A가 많이 함유되어 있으며, 비타민 B_1, B_2, C

도 많이 함유되어 있는 편이다. 그러나 쑥갓에는 비타민 C를 파괴하는 효소 아스코르비네이스(ascorbinase)가 함유되어 있어 비타민 C의 파괴량이 많다.

무기질에는 Ca과 Fe이 다른 경엽채류보다 많은 편이다. 쑥갓은 섬유소로 인해서 변비에 효과가 있으며, 몸속의 기운을 순환시켜 위와 장을 따뜻하게 하고, 소화기관을 튼튼하게 한다.

(3) 용도

쑥갓은 향이 독특하고 맛이 산뜻해서 어린순이나 잎을 육류와 함께 쌈을 싸서 먹기도 하며, 데쳐서 나물이나 쑥갓강회 등으로 먹기도 한다. 매운탕, 국, 샐러드, 튀김 등에 이용하기도 하며, 일식 냄비요리에는 위에 얹어 향을 내는 재료로도 쓰인다.

(4) 고르는 법

- 잎이 광택이 있으며 푸르고 신선한 것
- 줄기가 짧고 너무 굵지 않으며 꽃대가 올라오지 않은 것

11 셀러리(celery)

(1) 성상

셀러리의 원산지는 남부 유럽과 서남아시아, 스페인 등으로 알려져 있으며, 미나리과에 속하는 1~2년생 초본이다. 우리나라에서도 식생활의 서구화로 점차 생산량이 증가되고 있으며, 미국에서 도입되어 '서양미나리'라고도 불린다. 셀러리는 15~16℃의 비교적 서늘한 곳에서 재배해야 잘 자란다. 봄철재배는 6~7월, 고랭지는 8~9월, 여름재배는 11~12월, 가을재배는 4~5월 출하된

그림 5-16 셀러리

다. 셀러리 잎의 색은 백색, 황색, 적색, 녹색 등이 있다.

(2) 성분

셀러리의 성분은 수분이 87~95%이며, 당질 8.8%, 단백질 0.8%, 지질 0.2%, 섬유 1.5%, 회분 1.3%를 함유하고 있다. 특히 비타민 B_1과 B_2가 다른 채소보다 거의 10배 이상 들어 있으며, 무기질 중에는 Na과 Ca이 풍부하다. 푸른 잎에는 특유의 방향성분인 세다놀(sedanol)이 들어 있어 약간 쌉싸래한 맛을 내며 생선, 육류의 비린내 등을 제거한다. 셀러리는 이뇨작용이 있고, 신경안정을 돕는 스태미너 식품으로, 위의 활동을 원활하게 해주면서, 피로회복과 피부미용 효과가 있으며 몸의 열을 내려주는 작용을 한다. 또한 셀러리에는 프탈라이드라는 물질이 들어 있어 혈압을 낮추어 주며 지속적으로 매일 섭취하면 혈압을 저하시키고, 당뇨치료에 효과가 있다. 셀러리에는 리그닌, 셀룰로오스 등과 같은 식이섬유소가 많이 들어 있어 아삭아삭한 느낌을 주기 때문에 스트레스 해소 효과도 있다.

(3) 저장 및 용도

셀러리는 4~5℃에서 저온 저장하며 충분히 물을 뿌려주어야 한다.

셀러리는 서양요리에서 빼놓을 수 없는 중요한 향신채로 쓰이며 주로 줄기부분을 사용하지만 잎부분을 육수 끓일 때 넣으면 고기나 뼈의 누린내를 제거하는 데 탁월한 효과를 보인다. 샐러드, 소스, 피클, 튀김, 볶음, 무침, 수프스톡, 김치, 주스, 애피타이저의 재료로 이용된다. 또한 양배추와 함께 가늘게 채 썰어 소금, 식초에 재어두었다가 마요네즈, 플레인 요구르트, 설탕, 핫소스에 버무린 콜슬로(coleslaw)를 조리할 수 있으며, 카레라이스를 만들 때 당근과 함께 사용하면 셀러리의 향을 감소시켜줘 어린이도 쉽게 섭취할 수 있다.

(4) 고르는 법

·줄기가 연하며 굵고 긴 것으로 절단면이 누렇지 않은 것
·잎은 녹색이고 줄기는 연녹색인 것으로 굵기가 일정한 것
·줄기가 오목한 모양을 하며 요철모양이 확실한 것

(1) 성상

파슬리의 원산지는 유럽 남부와 아프리카 북부로 알려졌으며 미나리과에 속하는 2년생 초본으로 향이 강하여 식용으로 사용되었다.

습기가 알맞은 땅에서 잘 자라며 품종은 2가지로 구분할 수 있는데 이탈리안 파슬리는 평엽 품종으로 주름이 없으며 일반 파슬리는 잎면에 주름이 많은 축면엽종(縮面葉種)이 있다. 일반 파슬리는 양식에서 무침, 샐러드, 향신료로 많이 사용되고 있다.

그림 5-17 파슬리

(2) 성분과 용도

파슬리는 비타민 C가 약 150mg으로 채소 중 가장 많이 함유되어 있으며 비타민 A와 카로틴, Ca, Fe의 함량이 많은 알칼리성 식품이다. 파슬리에는 독특한 향기의 주성분인 에피올(apiol)을 함유하고 있어 식욕증진 및 발한, 보온, 피로회복 작용을 하며 이것은 휘발성 물질로 알려져 있다.

파슬리는 샐러드, 튀김, 주스, 소스, 수프 및 양식요리와 일식요리에 장식용으로 많이 사용되고 있다.

(3) 고르는 법

- 잎의 가장자리에 주름이 밀집해 있는 것으로 진한 녹색을 띠는 것
- 잎이나 줄기가 억세지 않는 것

13 부추(leek)

(1) 성상

부추의 원산지는 동남아시아와 중국의 서북부로 알려졌으며, 중국에서 기원전부터 재배한 것으로 파류의 일종이다. 우리나라는 중국에서 전해진 것으로 추측이 되며, 지방에 따라 부초, 부채, 정구지, 솔, 졸이라 부르기도 한다. 부추는 연중 7~8회 수확이 가능하며, 추위와 더위에 잘 견디므로 전국 어느 곳에서나 잘 재배된다.

부추의 품종은 대엽(大葉)부추와 소엽(小葉)부추로 구분할 수 있는데, 대엽부추는 더위와 건조한 날씨에 매우 약하며 잎이 크고 납작하다. 소엽부추는 더위와 추위에 잘 견디고, 잎이 가늘면서 작으며 둥근 편이다.

(2) 성분

부추는 우리나라 사람들이 가장 좋아하는 향채 중의 하나로 다른 채소에 비해 비타민 A, B_1, B_2, C와 무기질 중 Fe과 Ca이 많이 함유되어 있어 식품으로 중요하게 사용해 왔다. 방향성분인 알릴설파이드(allylsulfide)는 위나 장을 자극해 소화효소의 분비를 촉진하여 소화를 돕고, 살균작용을 하며, 항암작용이 있어 암을 억제하고, 콜레스테롤을 저하시켜 관상동맥질환을 예방한다. 또한 부추는 기양초, 장양초라 이름을 붙일 정도로 기운이 없고 체력이 떨어져 허한 사람에게 효과가 있는 강장 채소로 알려졌다. 그 밖에 당뇨병과 대소장을 보하며 설사나 복통을 낫게 하는데 효과가 있다.

(3) 저장 및 용도

신문지나 랩에 싸서 5℃에서 냉장보관 한다. 어육류의 냄새를 없애기 위해 사용하며, 생식, 무침류, 김치의 부재료, 부추김치, 부침류, 부추잡채 등의 재료로 이용된다.

(4) 고르는 법

· 고유한 향취가 강하고 색이 뚜렷한 것
· 몸통에 흰 부분이 길며 줄기와 잎이 통통하고 연한 것
· 잎이 싱싱하고 윤기가 있는 것

14 아스파라거스(asparagus)

(1) 성상

아스파라거스의 원산지는 동부지중해 및 서아시아 지방으로 백합과에 속하는 다년생 초본이다. 아스파라거스는 300여 품종이 알려져 있으나 먹을 수 있는 것은 20여 품종 정도 된다. 재배 조건으로 서늘한 기후를 좋아하고 내한성이 강하며 생육 온도는 15~20℃로 알려져 있다. 색깔에 따라 녹색 아스파라거스, 흰색 아스파라거스로 분리되며 가장

그림 5-18 아스파라거스

대중적인 것은 녹색 아스파라거스이다. 흰색 아스파라거스는 변질이 빨라 쓴맛이 생기고, 변질하면 섬유질화가 나타나므로 냉장하든지 가공해야 한다.

(2) 성분

아스파라거스는 수분이 93.1%, 단백질이 1.9%, 탄수화물이 4.2%, 지질이 0.1% 함유되어 있다.

아스파라거스는 가지나 잎이 나오기 전에 어린 줄기를 식용한다. 대지의 양분과 태양빛을 받고 자란 녹색 아스파라거스는 흰색 아스파라거스보다 영양가가 높고 향기가 좋다. 녹색 아스파라거스는 비타민 B_1과 B_2가 다량 함유되어 있고, 단백질, 당질, 무기질 중에 Ca, K, Fe을 함유하고 있다.

아스파라거스에는 아스파라젠산(asparagenic acid)이 있는데 신진대사를 촉진하

므로 피로회복 및 자양강장제 역할을 하며, 루틴(rutin)을 다량 함유하고 있고 혈관을 강화하여 혈압 및 동맥경화 예방에 효과가 있다. 엽산이 많이 함유되어 있어 대장암이나 자궁암의 위험을 줄여주고, 항암작용을 하는 비타민 A와 C, 셀레늄이 풍부하다. 또한 섬유질을 많이 가지고 있어 변비 예방효과 및 이뇨작용을 한다. 아스파라거스의 싹 부분에는 아스파라젠산과 비타민 E가 풍부하며, 흰색 아스파라거스는 사포닌(saponin)을 함유하여 쓴 맛이 난다.

(3) 저장 및 용도

아스파라거스는 수확 후 빨리 상하므로 즉시 통조림 가공이나 냉장 저장이 필요하다. 바로 이용할 것은 젖은 종이로 말아 랩으로 싸서 냉장고에 보관한다.

살짝 익혀 샐러드로 이용하며, 적당히 삶아 녹인 버터나 소스를 발라 먹는다.

(4) 고르는 법

- 잎이 싱싱하고 녹색이 진한 것
- 줄기가 굵고 연한 것으로 수염뿌리가 없는 것
- 자른 면이 길지 않은 것
- 이삭 끝이 단단하고 녹색인 것

15 죽순(bamboo shoot)

(1) 성상

죽순은 동남아시아에서 오래전부터 흔하게 먹었던 채소로 대나무의 지하줄기에서 줄기가 갈라져 나온 어린 것을 식용한다. 식용죽순으로 맹종죽(孟宗竹, moso bamboo)이 가장 유명하며, 그 외에 왕대, 마죽, 고죽(苦竹), 섬대, 담죽(淡竹) 등이 있다. 죽순은 심은 후 4~5년 후 수확하며, 어린 순은 3~5월에 출하한다.

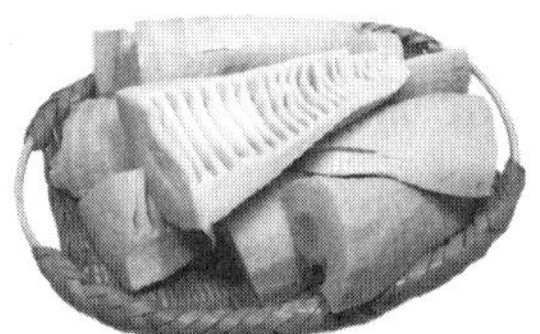

그림 5-19 죽순

(2) 성분

죽순의 주성분은 수분이 약 90%이고, 당질, 단백질, 섬유질이 많으며, 비타민 B군과 C, 아스파라긴(asparagine), 타이로신(tyrosine), 베타인(betaine) 등도 많다. 죽순 고유의 맛은 글루타민산(glutamic acid) 등의 아미노산과 당류, 유기산, 아데닐산 등에 의한 것이며, 죽순의 아린 맛은 아미노산인 타이로신의 산화물질과 수산 때문인 것으로 알려져 있다. 따라서 죽순을 조리할 때 쌀겨나 쌀뜨물을 이용하면 수산이 잘 녹아나오고, 쌀겨에 있는 효소가 죽순을 부드럽게 하며 죽순 성분의 산화를 막아준다. 죽순 통조림을 따보면 허옇게 앙금이 생긴 경우가 있는데, 이는 부패된 것이 아니고 죽순의 수산염, 전분, 단백질, 아미노산이 타이로신과 결합해서 흰 앙금이 생긴 것이다. 죽순은 식물성 섬유가 풍부하여 혈청 중 콜레스테롤을 강하시키고, 대장암 예방 및 고혈압, 비만증에 효과가 있다.

(3) 저장 및 용도

죽순은 저장하기 힘들기 때문에 보통 통조림으로 많이 이용하며, 죽순채, 죽순탕, 죽순밥, 죽순나물, 죽순찜, 잡채, 죽순정과 또는 삶아서 먹거나 중국요리에 많이 이용한다.

(4) 고르는 법

- 외피가 담갈색이고 윤이 나는 것
- 같은 부피일 때 비교적 무거운 것
- 뿌리에 붉은 반점이 적은 것

궁금합니다!

Q: 생 죽순에는 아린 맛이 있다. 이것을 어떻게 하면 없앨 수 있을까?

A: 죽순은 아린 맛이 약간 있기 때문에 제거하지 않고 조리하면 음식의 맛을 저하시킬 수 있다. 죽순을 삶을 때 쌀뜨물에 넣고 삶으면 여기에 존재하는 진분 성분이 나쁜 맛을 흡착하여 제거해주고, 전분 입자가 표면을 둘러싸게 되어 산화를 방지하여 준다.

16 미나리(watercress)

(1) 성상

한국, 중국에서 동남아시아, 오세아니아까지 널리 분포되어 있으며, 우리나라는 고려시대부터 식용하였다. 우리나라 전역의 습한 땅에서 돌미나리로 자생하고 있으며, 물이 많은 밭이나 논에서 재배하는데 미나리 줄기를 잘라 싹을 내어 이용하고 있다.

그림 5-20 미나리

물속에서 자라기 때문에 '수근'이라고도 한다. 보통 11월 중순부터 3월 하순에 걸쳐 수확하며 고랭지 재배에서는 8~9월에 출하한다. 봄에 수확하는 것은 상등품이라 한다. 독미나리는 식용미나리와 달리 키가 90cm 정도 커서 구별할 수 있으며 독성분은 치쿠톡신으로 구토, 경련, 현기증 등을 심하게 일으킨다.

(2) 성분

미나리의 성분은 수분이 94.9%이고, 비타민 A의 전구체인 β-carotene이 풍부하며 그 밖에 비타민 B_1, B_2, C가 다량 함유되어 있는 알칼리성 식품이다.

무기질 중에는 Ca, Fe, P이 많이 들어 있다. 미나리는 수분 함량이 많고 식물성 섬유가 많아 변통촉진 효과가 있으며 스트레스 해소에도 도움이 된다. 서늘한 성질이 있어 체내에서 열이 나는 경우에 열을 내리는 해열작용을 하며 혈압강하작용이 있다. 미나리는 해독작용이 있어 생선요리에 같이 넣어 이용하면 비린내 제거 및 물고기의 독을 분해한다. 또한 술을 마신 후 술독을 다스리고 신진대사를 촉진한다.

미나리는 중금속을 흡수하는 능력이 있어 생활 폐수가 유입되는 곳에서 잘 자란다. 따라서 이런 지역에서 생산되는 것은 해로울 수 있으므로 청정지역에서 생산되는 산물을 섭취해야 한다.

(3) 용도

미나리강회, 미나리볶음, 나물류, 찌개, 쌈채소, 탕평채의 부재료, 김치류의 부재료, 복요리 등의 부재료로 사용되고 있다.

(4) 고르는 법

- 줄기가 연하고 굵은 것으로 쉽게 부러지는 것
- 잎의 수는 적고 녹색을 나타내는 것
- 단이 흐트러지지 않고 뿌리에 잔털이 없는 것
- 물에 담그지 않은 상태의 것

17 갓(leaf mustard)

(1) 성상

갓의 원산지는 중앙아시아로 알려져 있으며, 우리나라에서는 여수(돌산)에서 많이 재배하고 있다. 갓은 엽개체군, 갓군, 중국갓, 다육갓군으로 나눌 수 있으며, 엽개체군은 가장 원형에 가까운 종류로 진한 녹색 또는 자녹색을 띠며 털이 있는 것이 많다.

그림 5-21 갓

갓군은 중국 화남지방에서 재배하며 녹색의 것을 청갓, 안토시아닌 색소의 작용에 의해 자홍색을 띠는 것은 자색갓이라 한다. 다육갓군은 갓 중에서 포기가 크며 중앙의 엽맥이 넓고 질이 좋은 것이다. 갓은 추위에 잘 견디며, 우리나라에서는 11~2월에 출하되는 겨울 채소이다.

(2) 성분

갓은 수분이 83.5%, 단백질이 3.6%, 당질이 9.8%, 지방이 0.55%로 채소 중에서는 단백질 함량이 많으며 무기질 중 Na과 비타민 A, C가 많다. 갓의 종자에 들어 있는 시니그린(sinigrin)은 매운 성분으로 겨자분으로 이용되며 갓은 폐기능 강화와 가래를 삭이는 작용을 한다.

(3) 용도

갓은 배추나 무와 함께 김치를 담그고 종자는 향신료로 쓴다. 그 밖에 나물, 갓김치, 조림, 볶음, 찌개 또는 즙으로 먹기도 한다. 또한 갓씨와 겨자씨를 개자과라 하여 개자유를 제조하기도 한다.

(4) 고르는 법

- 잎이 싱싱하고 크기가 적당한 것
- 줄기가 질기지 않고 연하며 가는 것

18 근대(chard)

(1) 성상

근대의 원산지는 유럽 남부 지중해 연안이고, 전 세계 어디에서나 재배가 가능하며 생명력이 강한 채소이다. 줄기와 잎을 자르면 곧 새순이 돋아나 사철 언제나 식용할 수 있는 식품이다. 줄기에서 나오는 잎은 긴 타원형으로 끝이 뾰족하다.

(2) 성분

근대의 성분은 수분 90.2%, 당질 4.3%, 단백질 2.0%, 지방 0.7%, 섬유질 1.2%이며, Ca과 Fe 등의 무기질과 비타민 A의 함량이 높다.

(3) 효능

위와 장을 튼튼하게 해주는 식품으로 전해지고 있으며 소화기능이 약하여 잘 체하거나 설사가 잦은 사람에게 효과가 좋고 위장의 소화기능을 도와준다. 또한 비타민 A의 함량이 많아 어린이 성장발육에 특히 좋다.

그림 5-22 근대

(4) 용도

근대는 잡맛이 조금 강한 편이므로 반드시 끓는 물에 소금을 넣어 살짝 데친 후 각종 요리에 이용한다. 무침, 국, 조림 등에 사용할 수 있다.

19 라디치오(radicchio)

(1) 성상

라디치오의 주산지는 이탈리아 및 유럽 중부지방으로 우리나라에는 1980년대에 수입된 채소로 치커리의 일종이다. 특징은 분결구, 반결구의 결구성이 있으며, 잎은 자색으로 양상추와 같은 구조로 속이 차 있고, 진홍색 잎에 하얀 결이 전체적으로 그물처럼 싸고 있다. 구형인 것이 '트레비스'라는 이름으로 유통되고 있는데 이탈리아의 산지명이다.

그림 5-23 라디치오

(2) 용도

특유의 쌉쌀하고 독특한 맛을 가지고 있을 뿐만 아니라 색이 곱고 감촉이 부드러워 샐러드에 많이 쓰이며 쌈용으로도 사용하고 있다. 특히 가열하면 쓴맛이 증가되므로 생으로 먹는 것이 좋고 이탈리아, 유럽, 미국에서는 독특한 맛 때문에 인기가 매우 높다.

(3) 보관

마른 신문지나 종이에 싸서 냉장고에 보관한다.

20 치커리(chicory)

(1) 성상

지중해 연안, 유럽, 러시아 등이 원산지이고, 국내에서는 특용작물로 재배되고 있으며 수경재배의 발달로 연중 출하되고 있다. 국화과의 1~2년생 초본으로 생육이 왕성하고 환경에 적응성이 높기 때문에 어디서나 재배가 가능하지만, 원래 한랭한 지역에서 자라던 것이라서 주로 중부지방과 강원도 대관령에서 재배되고 있다.

그림 5-24 치커리

(2) 성분

치커리에는 이눌린(inulin) 58%, 타닌(tannin), 과당, 불휘발성 기름, 알칼로이드 등이 함유되어 있어서 담즙의 분비를 증가시키므로 담석 등의 특효약이며, 간장 질환의 치료제로도 쓰인다.

우리나라에서 재배되는 치커리는 쓴맛과 고소한 맛이 절반쯤 된다. 유럽에서 치커리의 뿌리는 이뇨, 강장, 건위, 피를 맑게 하는 등 효과가 있어 민간에서 널리 이용하고 꽃은 중추신경계의 흥분제 및 심장 활동을 증가시키는 데 쓰이기도 한다.

중국에서는 포기 전체를 간염이나 황달, 급성신염, 기관지염 등의 약재로 쓴다고
한다. 치커리는 인티빈(intybin) 성분 때문에 쓴맛을 내는데, 이는 소화촉진과 혈관
계를 강하게 하는 효과가 있다.

(3) 저장 및 용도

구멍을 낸 비닐봉지에 싸서 냉장고에 보관한다. 잎은 샐러드로 이용하고 독일과
프랑스에서는 커피대용 음료로 이용하거나 첨가제로 사용한다. 뿌리는 차로 쓰이고
잎은 쌈으로 많이 이용한다.

21 청경채(bok choy)

(1) 성상

중국 화중지방이 원산지이며, 우리나라에서도 재배하
고 있다. 봄에서 여름이 제철이지만 현재는 일년 내내
출하된다.

마나리과에 속하는 초본식물로 잎이 둥그렇고 엷은
초록색을 띠고 있으며, 아래 끝부분은 두껍고 단단하여
포기식으로 열리되 끝은 바깥으로 살짝 벌려져 있다.

그림 5-25 청경채

(2) 성분

비타민 A, B₁, B₂, C와 Ca, Fe 같은 무기질 등이 풍부하게 들어 있다. 비타민 A
는 피망의 6배 정도 많고, 데치면 8배가 된다.

녹황색 채소가 부족한 겨울철에도 구할 수 있으므로 비타민의 공급원으로 좋은
식품이다. 살이 두껍기 때문에 데쳐도 부피가 줄거나 잎의 모양이 잘 흐트러지지
않고 그대로 유지된다. 데칠 때 기름을 약간 치면 녹색이 산뜻해져서 식욕이 난다.

감기 초기에 먹으면 좋고, 변통을 원활히 해주며, 열을 식히거나 위장의 상태를

조절하는 작용을 하므로 속이 매슥거릴 때나 숙취에도 좋다. 그러나 속이 냉해서 위장의 상태가 좋지 않을 때는 섭취를 피하는 것이 좋다.

(3) 저장 및 용도

신문지에 공기가 잘 통하도록 말아서 냉장고에 보관한다.

겉절이, 국거리, 생식에 많이 이용되며, 특히 볶음 요리를 많이 하며 육류와 같이 조리하면 맛과 식욕을 돋우어 준다. 중국음식에 많이 이용되는 채소이다.

(4) 고르는 법

· 잎이 시들지 않은 것
· 잎이 진한 녹색이고 싱싱하며 탄력이 있는 것

22 케일(kale)

(1) 성상

양배추의 야생종이 개량된 것으로 지중해가 원산지이며, 우리나라에서도 시설재배를 하고 있다. 2000년 전부터 로마, 그리스 지방에서 자생했다고 하는데 지금은 녹즙의 재료로 재배하고 있다. 결구가 되지 않고 오글거리는 잎을 갖는데 키가 작은 것은 30cm, 큰 것은 120cm이며,

그림 5-26 케일

이년생 또는 다년생 초본으로 잎을 채소로 이용한다. 저온과 고온에 견디는 힘이 강하고, 비교적 토질을 가리지 않으므로 재배하기가 쉽다.

(2) 성분

비타민 A, B, C를 많이 함유하고 있으며 무기질도 풍부한 장수식품이다. 또한

섬유질도 많이 함유하고 있어 포만감을 주는 특징이 있다. 흡수가 잘되는 Fe이 많으며 티오사이아네이트(thiocyanate) 성분을 함유하여 독특한 쏘는 맛이 난다. 빈속에 케일즙을 많이 마시면 위가 쓰릴 수 있다.

녹즙으로 할 때는 식초나 신맛이 나는 과일을 섞어 산성조건으로 하면 비타민 C가 안정화되어 비타민 C의 손실을 막을 수 있다.

(3) 용도

녹즙에 가장 많이 이용하며, 쌈으로 먹을 수가 있다.

23 아욱(mallow)

(1) 성상

아욱과에 속하는 일년초로 잎은 넓은 달걀 모양을 하고 있고 전 세계에 900여 종이나 있다. 수분이 많은 밭에서 잘 자라며, 한국 각지와 온대 및 아열대에 분포한다.

그림 5-27 아욱

(2) 성분

채소 중에서 영양가가 높은 편으로 시금치보다 단백질은 거의 2배, 지질은 3배나 더 많이 들어 있고, 특히 어린이의 성장 발육에 꼭 필요한 Ca도 시금치의 2배나 더 많다.

(3) 용도

연한 줄기와 잎을 식용하는데 억센 것은 풋내가 나기 때문에 주물러 치대서 풋내를 빼고 이용한다. 된장, 고추장과 함께 보리새우를 넣어 끓인 아욱죽, 아욱쌈, 아욱국 등이 있다.

5-3. 과채류

표 5-5 과채류의 영양성분(100g 중)

종류	열량 (kcal)	수분 (%)	단백질 (g)	지질 (g)	탄수화물		회분 (g)	무기질					비타민					폐기율
					당질 (g)	섬유 (g)		Ca (mg)	P (mg)	Fe (mg)	Na (mg)	K (mg)	A (R.E)	B₁ (mg)	B₂ (mg)	niacin (mg)	C (mg)	
오이	13	95.5	0.9	0.1	2.4	0.5	0.6	24	19	0.2	2	140	18	0.05	0.04	0.2	11	2
호박	32	90.0	1.3	0.3	6.6	0.8	0.5	23	42	0.8	4	340	84	0.09	0.07	0.5	38	0
가지	28	93.2	1.2	0.1	5.9	0.9	0.3	26	45	0.4	3	210	2	0.42	0.38	0.2	8	5
토마토	28	92.0	1.1	0.3	5.3	1.0	0.8	4	29	0.6	3	210	47	0.10	0.03	0.8	21	1
고추(풋고추)	29	91.3	1.3	0.3	0.8	5.6	0.7	13	32	1.0	3	235	101	0.09	0.20	1.3	84	6
고추(홍고추)	53	85.3	2.5	1.1	6.3	4.2	0.7	16	22	1.0	12	227	81	0.10	0.05	0.6	30	6
피망(푸른 것)	23	93.0	1.0	0.4	4.3	0.5	0.5	10	27	0.2	8	200	140	0.10	0.07	0.6	101	17
피망(붉은 것)	29	91.8	0.8	0.4	5.8	0.7	0.5	17	25	2.5	2	198	571	0.09	0.09	0.4	84	19
수박	19	94.5	0.4	0.1	4.7	0.1	0.2	14	11	0.2	1	110	4	0.02	0.02	0.0	5	42
딸기	27	92.2	0.8	0.2	5.2	1.2	0.4	20	26	0.6	1	190	5	0.03	0.03	0.4	77	4
참외	35	89.8	0.9	0.3	7.3	0.9	0.8	14	12	0.3	1.5	200	9	0.05	0.05	0.6	22	22

1 오이(cucumber)

(1) 성상

오이의 원산지는 인도의 북서부로 알려져 있으며, 박과에 속하는 1년생 넝쿨성 초본이다. 오이는 과채류 중 재배기간이 비교적 짧고 노화 속도가 빠른 특성이 있다. 오이에는 많은 품종이 있지만 주로 피클형, 화북형, 화남형 등 세 종류가 재배되고 있다.

오이의 쓴맛은 큐커바이타신(cucurbitacins)으로, 짙은 청록부분에 많은데, 이것은 재배기간 중 질소를 많이 주거나 이상저온이나 이상고온으로 발육이 불완전할 때 나타나며, 쓴맛은 열에 안정하므로 익혀도 파괴되지 않는다.

(2) 성분

　오이는 주로 미숙과를 이용하는 것으로 오이의 성분은 수분이 95%이며 차가운 성질을 가진 알칼리성 식품이다. 또한 당질, 단백질, 지질 함량이 낮아 에너지가 매우 낮으며, 비타민 A와 C가 함유되어 있다.

　비타민 C는 어린 과실에 많고 과실이 커짐에 따라 감소하며, 또한 비타민 C 산화효소(ascorbic acid oxidase)가 존재하므로 비타민 C를 파괴한다. K의 함량이 높아 체내의 노폐물을 체외로 배출하는 작용을 하여 피를 맑게 하므로 고혈압환자에게 좋으며, 이뇨작용을 촉진하여 몸이 붓고 비만증이 있는 사람, 신장병 환자에게 좋다. 또한 오이는 보습효과와 미백효과, 열을 진정시키는 효과가 있어 미용에 이용된다. 비타민 C와 엽록소가 풍부하여 얇게 잘라 피부에 붙이면 모세혈관을 튼튼하게 해주어 건강한 피부로 만든다.

(3) 저장 및 용도

　오이는 젖은 종이나 비닐봉지에 구멍을 내고 싸서 5℃의 냉장고에서 보관한다.

　생식을 주로 하며 양파, 토마토와 함께 샐러드로 이용한다. 김치류, 냉채류, 피클류, 볶음, 조림, 장아찌, 찌개 등에 이용한다.

(4) 고르는 법

- 껍질의 색이 일정하며 가시가 날카롭게 돋은 것
- 위아래의 굵기가 균일하며 매끄럽고 윤기가 있는 것
- 육질이 단단하고 부드러우며 수분 함량이 많은 것
- 꼭지가 마르지 않고 꽃이 달려 있는 것
- 절단했을 때 성숙한 씨가 없는 것

2 호박(pumpkin)

(1) 성상

호박은 1년생 초본의 덩굴식물로서 건조한 기후라면 어느 곳에서나 잘 자라므로 세계적으로 널리 보급되었다. 원산지는 중앙아메리카이며, 호박의 품종으로는 동양계 호박, 서양계 호박, 페포계 호박의 3종류로 나뉜다.

동양계 호박은 독특한 향미와 조직감으로 오래전부터 우리에게 친숙하며, 우리나라 기후풍토에 알맞다. 육질은 점성을 띠며 과육은 황색으로, 고온다습한 지역에서 적응하여 재배해 왔다. 종류에는 애호박, 늙은 호박이 있다.

서양계 호박은 우리나라에 18세기 말에 전래되었으며, 종류에는 단호박이 있다. 고온 다습한 환경을 싫어하여, 한랭 건조한 지역에서 재배되어 왔으며, 분질형으로 방추형이 많다. 주로 페루, 볼리비아, 칠레 북구에서 많이 재배한다.

페포계 호박은 둥글게 썰어서 삶으면 과육이 국수모양으로 벗겨지므로 생채로 이용하여 먹으며, 사각사각한 느낌이 좋고, 무침 등으로 쓰인다. 종류에는 주키니 호박이 있으며 주로 멕시코 북부와 북아메리카가 원산지이다.

(2) 성분

호박은 박과식물 중 영양가가 가장 높으며 품종과 성숙도에 따라 영양성분도 많이 달라진다. 호박의 성분은 수분이 약 90%를 차지하고, 잘 익을수록 단맛이 증가하여 보통 당질의 양이 5~13%로 채소 중 전분의 양이 풍부한 식품이다. 단백질은 2%, 지방 0.3%, 섬유 1%, 무기질 0.7%, 카로틴 2~6mg, 비타민 C가 10mg, 비타민 B_1이 0.05mg 정도 함유되어 있다. 카로틴(carotene)이 많이 함유되어 있어 항산화작용, 항암작용을 하며 기름과 함께 조리하면 비타민 A를 효율적으로 흡수할 수 있다.

호박씨에는 단백질과 지방이 풍부하며 불포화지방산인 리놀레산(linoleic acid)이 많은데 이것은 혈중 콜레스테롤을 낮추어 고혈압 및 동맥경화 예방, 노화방지에 효과적이다. 또한 호박씨에는 메싸이오닌과 같은 필수아미노산이 함유되어 간장

보호작용을 하며 술안주로도 적격이다. 레시틴이 함유되어 있어 두뇌개발을 촉진시켜 건뇌작용을 하며 혈액순환을 촉진시킨다. 그 밖에 호박을 달여서 상식하면 임신부종, 전신부종, 천식으로 인한 부종을 빼주며, 이뇨효과가 높다. 호박에는 비타민 C를 파괴하는 아스코르비네이스라는 효소가 있어 가열처리하는 것이 이상적이다.

(3) 용도

호박의 연한 잎은 나물로, 애호박은 국, 찌개, 호박볶음 등에 이용하며, 썰어 건조시켜 호박고지로도 쓴다. 또한 호박김치, 호박전, 호박선, 호박죽, 호박떡, 호박엿에 이용되며, 서양요리에서 수프, 퓌레, 제과·제빵 등에 사용하기도 한다.

(4) 고르는 법

- 표면에 윤기가 나며 형태가 곧은 것
- 애호박은 크기가 작으면서 연두색인 것
- 위아래의 굵기가 균일하고 같은 크기일 때 무거운 것
- 씨가 성숙되지 않고 껍질이 연한 것
- 조직이 단단하며 속이 꽉 찬 것

3 가지(eggplant)

(1) 성상

가지의 원산지는 인도동남부로 알려져 있으며, 가지과 가지속으로 다년생 초본이다. 우리나라에서는 오래전부터 재배되었으며, 6월에서 9월에 많이 출하되는 여름철 채소이다. 가지는 생긴 모양에 따라 대장형, 장형, 중장형, 난형, 구형 등이 있으며 우리나라에서 식용하는 것은 대부분 짙은 청자색이고, 중장형과 장형이다.

(2) 성분

가지의 성분은 수분이 94~95%, 당질은 5.9%, 식이섬유소 0.9%가 들어 있으며 비타민은 적은 편으로 비타민 C가 8mg 정도 함유되어 있고, 무기질류는 K이 210mg 함유되어 있어 영양적 가치가 적다.

가지의 색소는 안토시안(anthocyan)의 일종으로 산성에서 적변하나 명반을 넣으면 가지의 고유 빛을 유지할 수 있다.

가지는 진정효과 및 항균작용을 하며, 티눈, 땀띠, 사마귀, 기미, 주근깨 등에 생가지를 문지르면 효과가 있다고 한다.

(3) 저장 및 용도

가지는 차가운 바람이 없는 상온에서 저장해야만 광택과 색상을 유지할 수 있다. 가지요리는 약 20여 가지가 있으며, 튀김, 조림, 구이, 볶음, 절임 등에 이용된다.

(4) 고르는 법

· 표면이 매끄럽고 윤기가 있으며 색이 선명한 것
· 성숙된 씨가 없고 속이 치밀한 것
· 육질이 연하고 껍질이 얇으며 단맛이 나는 것
· 모양이 바르고 곧은 것
· 갓이 검고 가시가 날카로운 것

4 토마토(tomato)

(1) 성상

토마토의 원산지는 남미의 페루, 안데스지방 등으로 열대지방이 원산지인 다년생 초본이다. 토마토는 스페인 사람들에 의해 1523년에 유럽으로 전파되었다. 한때 유럽에서는 토마토를 '러브애플'이라 부르기도 했다. 우리나라는 1614년에 이수광이

지은 「지봉유설」에 '남만시'란 이름으로 소개되었으나, 그 이전에 도입된 것으로 추정한다.

우리나라에서 소비되는 토마토는 외형의 크기에 따라 3가지로 분류된다. 종류로는 일반 토마토(무게 150g 이상), 포도송이처럼 송이채로 수확하는 송이토마토(무게 100g 내외), 방울토마토(무게 20g 전후)가 있다. 수확숙기 정도에 따라 완숙토마토는 겉표면이 70% 이상 착색된 것이고, 미숙토마토는 20% 이하로 착색된 것이다.

(2) 성분

토마토의 주요성분은 수분이 94%이고, 당질은 2.9%로 주로 포도당과 과당으로 이루어졌으며, 펙틴이 3% 정도로 함량이 많다. 단백질도 2% 정도로 많으며, 비타민 C는 20mg 정도, 그 밖에 비타민 B_1, B_2가 고루 들어 있고 무기질 함량이 많아 알칼리성 식품이다. 구연산, 주석산, 능금산, 호박산을 함유하고 있어 특유의 향기와 산미를 낸다.

토마토의 색소는 황적색을 띠는 카로틴(carotene)과 적색을 이루는 라이코펜(lycopene)으로 구성되어 있으며, 라이코펜은 성숙 시 온도가 20~30℃의 맑은 날씨와 서늘한 곳, 또는 낮과 밤의 온도차가 심한 곳에서 많이 생긴다.

라이코펜은 강한 항산화 작용을 하고 있으며, LDL콜레스테롤이 산화되는 것을 방해하여 동맥경화를 막고, 면역력을 강화하면서, 전립선암, 위암, 폐암, 췌장암 등을 예방하는 효과가 있다. 생식용 토마토는 라이코펜의 함량이 2~4mg 정도이고, 가공용 토마토는 7~12mg 정도 함유되어야 하며, 가공품이 될 수 있는 최저량은 5mg 이상이어야 한다.

토마토에 함유된 루틴(rutin)은 비타민 P의 일종으로 혈관을 튼튼하게 하고 혈압을 내리는 작용을 하므로 고혈압인 사람에게 좋고, 위장기능을 강화시켜 소화에 도움을 준다.

토마토가 피로회복에 효과가 있는 것은 아미노산의 일종인 글루타메이트(glutamate)성분이 많아 근육피로의 주원인인 젖산의 생성을 막기 때문이다. 또한 토마토는 기침을 멎게 하고 가래를 삭이는 작용을 하고 허약체질, 빈혈에 좋다.

(3) 저장 및 용도

잘 익은 토마토는 4~5℃에서 저온저장하며, 미숙한 것은 상온에서 보관하여 성숙시킨다.

생식을 주로 하고 페이스트, 퓌레, 케첩, 주스 등으로 쓰이며, 양상추, 오이 등과 함께 샐러드, 수프나 소스로 이용한다. 미숙과는 절임용으로 사용된다.

(4) 고르는 법

- 모양이 둥글고 골이 지지 않으며 잘 익은 것
- 꼭지가 초록색이고 시들지 않은 것
- 껍질이 윤기가 나고 색이 짙은 것
- 크기가 크며 신선하고 붉은 빛이 균일하고 선명한 것
- 깨지거나 짓무르지 않고 완전히 익어서 물렁거리지 않는 것

5 고추(red pepper)

(1) 성상

고추는 가지과에 속하는 다년생 초본으로 우리나라에는 17세기 초에 전래되어 중요한 향신료로 사용하고 있다.

고추는 고온에서 잘 자라므로 추운 지역에서는 재배되기 어렵다. 일교차가 크며 일조량이 많고, 물 빠짐이 좋은 지역이 고추 재배에 유리하다. 우리나라에서는 청양, 밀양, 영양, 보은, 음성이 고추의 주요 산지이다. 고추의 매운맛 성분은 캡사이신(capsaicin)으로 함량에 따라 sweet, mild 및 hot pepper로 구분한다. 고추는 과피가 얇으면 독특한 맛을 지니고, 과피가 두꺼우면 씨가 적다. 일반적으로 과실의 크기는 1~30cm로 차이가 많고, 형태와 크기에 따라 수백 종으로 구분할 수 있다.

(2) 성분

고추의 주요 성분은 수분이 90~93%이며, 비타민 A, B₁, B₂, C가 많이 들어 있고, 무기질 중에는 K, P, Ca도 함유되어 있다. 고추의 비타민 C는 마른고추 100g에 200mg 정도 함유되어 있으며 이것은 사과의 50배, 귤의 2~3배에 해당되는 많은 양이다. 또한 비타민 E가 풍부하며, 혈액 속의 LDL-콜레스테롤의 수치를 낮추고, 관상동맥질환과 암을 예방하면서, 면역증강 효과가 있다.

고추의 매운맛은 열매 속에 있는 태좌 부분에 많은데 손질할 때 그것을 버려서는 안 되며, 고춧가루의 매운맛을 돋우는 감칠맛은 베타인(betain)과 아데닌(adenine) 성분에 의한 것이다.

고추의 매운 성분은 캅사이신(capsaicin)이고, 빨간색은 캅산틴(capsanthin)과 카로틴(carotene)에 기인한다. 고추의 캅사이신은 항산화작용으로 염증을 억제시켜 암을 예방하며 산패방지, 젖산균의 발육 증진, 마취, 진정효과가 있다. 또한 캅사이신은 혈전 용해력이 있어 혈관을 확장시켜 주며 혈중 콜레스테롤의 수치를 감소시켜 주고 체지방을 줄여 비만의 예방과 치료에 도움이 된다는 연구도 있다.

그 밖에 고추는 위액의 분비가 활발하게 하여 식욕 및 소화를 촉진시키고, 만성 기관지염의 예방 및 거담제로 사용된다. 생선이나 육류의 비린내와 누린내를 제거해주고, 지방의 산화 및 방부효과를 지니고 있다. 그러나 고추의 과잉섭취는 오히려 위 점막을 상하게 하므로 적당히 먹는 것이 바람직하다.

(3) 저장 및 용도

풋고추는 저장 시 신선도를 유지하기 위해 온도의 변화가 없어야 한다. 자연 건조시킨 태양초가 가열 건조한 고추보다 맛과 빛깔이 좋다.

생식을 주로 하고, 김치, 조림, 장아찌 등의 요리에 다양하게 이용되며, 고춧가루, 실고추, 된장, 막장, 고추장 등의 제조에 쓰인다. 서양에서는 육류, 소스, 카레, 소시지 등에 사용하고 있지만 자체를 이용하는 것보다 용매를 써서 매운맛을 우려낸 것을 많이 쓴다.

(4) 고르는 법

- 씨가 적고 과피가 두꺼운 것으로 조직이 질기지 않은 것
- 풋고추는 모양이 곧고 약간 단단한 것
- 홍고추는 빨간색을 띠고 선명한 것
- 꼭지가 단단하게 붙어 있고 윤기가 나면서 싱싱한 것
- 벌레 먹지 않고 짓무르지 않은 것

6 피망(sweet pepper)

(1) 성상

피망은 가지과에 속하는 맵지 않으면서 감미로운 서양고추를 말한다. 피망의 원산지는 열대 아메리카로 알려졌으며 우리나라에서는 평창, 진해, 광양, 순천, 인제 등지에서 생산된다.

피망은 1년생이며 열매는 짧은 타원형으로 꽈리와 비슷하다. 피망은 미국에서 스위트 페퍼(sweet pepper)라고 하며, 매운맛이 없고 다 익으면 붉은 색이 된다. 미숙한 피망의 색은 담녹색, 녹색, 진녹색, 자주색, 진한 자주색, 흑색, 갈색, 흰색을 띠며, 익어갈수록 황색이나 적색이 되고 단맛이 강해진다.

(2) 성분

피망은 여름채소 중의 왕자로 여름철 식욕저하 방지에 좋으며, 여름이 제철이지만 일년 내내 공급되는 온난성 채소이다.

피망의 성분은 수분이 90~95%, 단백질이 약 1%, 당질이 4.3~6%, 섬유소는 약 0.5% 함유되어 있다. 청피망은 비타민 A, B_1, C의 함량이 많으며 익어갈수록 비타민 C의 함량은 감소하고 A의 함량은 증가된다. 피망은 알칼리성 식품으로 신진대사촉진 및 정혈작용을 하며, 저항력을 향상시켜주고 강장식품으로 손색이 없다. 또한 혈관 내에 지방이 침착되는 것을 방지하여 고혈압 및 동맥경화에 도움을 준다.

(3) 저장 및 용도

피망은 8℃를 유지해주고 다른 채소에 비해 저장성이 좋아 랩이나 비닐 팩에 담아 보관한다. 단맛을 지니고 있어 샐러드에 넣어 생식한다. 피망은 가열 조리하면 조직이 부드러워지고 풍미가 좋아진다. 볶음, 꼬치구이, 바비큐, 전, 조림 및 기타 서양요리에 많이 이용하며, 각종 요리의 가니쉬로 이용한다.

(4) 고르는 법

- ·표피가 단단하고 두꺼운 것
- ·굵고 크며 씨가 적은 것
- ·표피에 윤기가 흐르고, 짙은 녹색을 띤 것
- ·꼭지가 신선하고 모양이 기형이 아닌 것
- ·깨지거나 짓무르지 않고 흠집이 없는 것

7 　수박(watermelon)

(1) 성상

수박의 원산지는 열대 아프리카로 알려졌으며, 우리나라에는 지중해를 거쳐 인도, 중국을 통하여 전래되었을 것으로 추정한다. 국내 수박 산지로는 중부 이남지역으로 무등산수박과 고창수박이 유명하다. 보통 4월에 파종하여 7~8월에 수확하며, 하우스 수박은 연중 생산이 가능하다. 수박은 과육의 색에 따라서 적색계, 황색계, 백색계로 분류하며 일반적으로 적색, 황색이 많고, 형태에 따라 타원형과 원형으로 나눈다.

(2) 성분

수박의 주요성분은 수분이 91~95%, 기타 대부분이 당질로 구성되어 과당이 70%와 포도당이 20% 정도 들어 있다. 이들 당은 체내에서 흡수, 이용이 빨라 피로회복에 좋다. 수박은 씨 주변과 태양빛을 많이 받은 부분이 당도가 높다. 그 외에 무기질 중 K이 많이 함유되어 있다. 또한 수박에는 시트룰린(citrulline)이라는 성분이 있어 이뇨작용이 크므로 신장병에 효과가 있다고 알려져 있다.

수박씨는 단백질 19%, 지방 27%, 당질 42%, 무기질 및 비타민 B군 등이 함유된 영양이 풍부한 식품이다. 중국에서는 수박씨를 기름 친 철판에 소금과 오향을 섞고 볶아 즐겨먹는데, 식욕 증진 효과 및 기생충을 죽이는 성분이 있어 구충효과가 크다고 한다. 수박은 껍질이 두꺼워 가식부위가 약 60%이며 수박을 얼음물에 오랫동안 담가두면 수용성 당분과 영양분이 용출되므로 맛을 저하시킨다.

(3) 저장 및 용도

수박은 저온을 피하고 10℃ 이상에서 보관하며, 일반적으로 상온에서 직사광선을 피하는 것이 좋다. 생식을 주로 하며 속껍질은 생채, 깍두기, 정과, 절임 등에 이용된다.

(4) 고르는 법

- 색이 진하고 줄무늬가 뚜렷한 것
- 꼭지가 마르지 않고 꼭지부분이 움푹 들어갔으며 줄기가 싱싱한 것
- 두드리면 탁음이 나고 부피에 비하여 가벼운 느낌이 나는 것

8 딸기(strawberry)

(1) 성상

딸기의 원산지는 남미지역으로 알려졌으며, 세계 여러 나라에 분포되어 있다. 우리나라는 20세기 초에 일본에서 도입되었으며, 일반적으로 일년 내내 공급되지만 제철은 5월에서 6월이다. 딸기의 주요 품종은 온도, 일조량, 휴면의 정도에 따라 촉성형, 난지형, 중간형, 한지형으로 구분된다. 열매는 적색이고 열매 표면에 흑색

의 작은 씨가 산재해 있는 것이 특징이다.

(2) 성분

딸기의 주성분은 수분이 90~92%이고, 당질이 약 6.2~7.5%, 섬유소가 약1% 가량 들어 있으며, 비타민 C가 약 80mg 정도로 다량 함유되어 있다. 특히 다른 과일류에 비하여 유기산인 사과산(malic acid), 구연산(citric acid), 주석산(tartaric acid)이 다량 함유되어 있다.

딸기의 빨간색인 안토시안(anthocyan) 색소는 35~55mg로 다량 들어 있으며, 열에 약해서 가공하면 쉽게 퇴색된다.

(3) 저장 및 용도

딸기는 저장성이 낮아 가능하면 곧바로 사용하며 저장 시에는 꼭지를 떼지 말고 랩을 씌워 냉장고에 보관한다. 장기간 저장 시에는 표면에 물을 분사하여 얼린 후 표면에 골고루 얼음이 얼게 되면 −0.8 ~ −1℃ 이하에서 저장하도록 한다. 딸기에는 펙틴(pectin) 함량이 적어, 잼 제조 시 펙틴의 양이 많은 사과를 첨가하면 젤리화가 잘 된다.

딸기는 생식용으로 대부분 쓰이고, 잼, 젤리, 아이스크림, 양조 통조림, 넥타 등 여러 가지 가공품으로 많이 이용된다.

(4) 고르는 법

· 꼭지가 녹색이고 싱싱하며 색이 선명한 것
· 타원형이고 크기가 적당한 것
· 붉은 색으로 착색이 잘 된 것

9 참외(oriental melon)

(1) 성상

참외의 원산지는 인도로 알려졌으며 야생종을 개량한 것이다. 참외는 만주를 거쳐 삼국시대에 들어 왔으며, 외피는 백색 또는 황색, 녹색으로 매끈하며, 과육은 흰색, 엷은 노란색으로 육질이 연하고 맛이 달면서, 시원한 맛과 독특한 향기를 지니고 있다.

품종에는 재래종참외, 은천참외, 신은천참외, 금싸라기 은천참외, 금싸라기가 있다. 우리나라에서 주로 재배하는 것은 은천 계통이 가장 많으며 그 중 은천참외는 80년대 중반에 개발된 품종으로 당도가 높고, 육질이 아삭아삭하며 단맛이 강하여 기호도가 높다.

(2) 성분

참외의 주성분은 수분이 약 92%이고, 당질이 약 6~8% 함유되어 있으며, 씨가 있는 곳이 과육보다 더 달다. 그 밖에 비타민 A와 C의 함량이 높으며, 꼭지부분에 엘라테린(elaterin)이라는 쓴맛 성분이 있어 유독하다.

참외는 수분이 많아 여름철 더위 먹은 경우나 갈증해소에 좋으며, 피로회복 효과 및 이뇨작용이 있고, 가래와 담을 제거하는 작용도 한다.

(3) 저장 및 용도

참외의 보존방법은 4℃ 내외, 습도 85~90%에서 냉장 저장한다.

참외는 생식으로 많이 이용하며, 후식으로 화채를 만들어 먹는다. 또한 미숙과는 된장에 넣어 장아찌로도 사용한다.

(4) 고르는 법

- 골이 선명하고 껍질이 윤이 나며 색이 짙은 것
- 꽃자리 부분에서 향기로운 향이 나는 것이 좋으며 향이 너무 강하면 상한 것임
- 조직이 연하고 아삭아삭한 맛이 나는 것

5-4. 산채류

산채류는 우리나라 전역에 자생하고 있으며, 산뜻한 미각과 더불어 무공해식품으로 일반 채소류에 비해 영양가가 높을 뿐만 아니라 무기질과 비타민 그리고 섬유질 원으로 우수하다. 항암효과, 장기의 기능강화, 노화방지 및 피로회복 효과를 통해 신체를 건강하게 하는 식품이라 할 수 있다.

표 5-6 산채류의 영양성분(100g 중)

| 종류 | 열량 (kcal) | 수분 (%) | 단백질 (g) | 지질 (g) | 탄수화물 | | 회분 (g) | 무기질 | | | | | 비타민 | | | | | 폐기율 |
					당질 (g)	섬유 (g)		Ca (mg)	P (mg)	Fe (mg)	Na (mg)	K (mg)	A (R.E)	B₁ (mg)	B₂ (mg)	niacin (mg)	C (mg)	
쑥	57	81.4	5.2	0.8	6.9	3.7	2.0	93	55	10.9	13	527	695	0.44	0.16	4.5	20	5
냉이	52	81.5	7.3	0.9	5.6	2.0	2.7	116	104	2.2	8	446	203	0.51	0.06	0.5	40	14
달래	38	87.9	3.3	0.4	5.9	1.5	0.9	169	64	2.2	12	284	71	0.06	0.1	4.0	40	14
두릅	45	85.8	5.6	1.2	3.4	2.5	1.5	30	150	5.2	66	564	284	0.09	0.42	0.8	1	0
취	37	87.5	2.3	0.1	6.3	2.3	1.5	8	80	0.5	24	279	307	0.03	0.27	0.2	1	0
고사리	23	92.2	2.6	0.1	3.0	1.3	0.8	17	50	0.7	1	390	25	0.02	0.1	0.9	11	0
고비	24	92.2	1.7	0.1	4.1	1.3	0.6	9	32	0.5	2	290	50	0.02	0.08	1.2	10	30
씀바귀	48	82.7	3.0	0.6	8.4	1.7	3.6	79	34	3.7	8	222	1018	0.35	0.19	0.1	8	0
참나물	35	87.3	3.1	0.1	5.7	1.8	2.0	46	14	0.9	6	562	205	0.04	0.03	0.2	6	0
질경이	61	80.0	3.3	0.2	12.4	2.1	2.0	117	62	2.5	36	774	114.8	0.41	1.42	0.2	9	0
원추리	38	87.1	5.2	0.3	4.4	2.1	0.9	27	72	2.3	12	326	298	0.11	0.13	2.2	37	8

1 쑥(mugwort)

(1) 성상

쑥은 우리나라의 봄철에 산야에서 많이 자라며, 한국과 일본이 원산지로 식용과 약용으로 요긴하게 쓰이는 식품이다. 쑥의 줄기 엽병은 약용으로 사용하고, 어린

잎은 식용으로 쓰이고 있다. 어린 잎일수록 맛과 향이 좋으며 쑥잎 표면은 푸르고 뒷면은 젖빛의 솜털로 덮여 있다.

(2) 성분

쑥의 성분은 수분이 93.5% 정도이고, 비타민 A와 C가 풍부하며, 쑥은 시네올 (cineol)이라는 독특한 향이 있다. 쑥은 여성의 냉증, 자궁출혈 등 부인병에 효과가 높으며, 변비, 피부미용에 좋다. 특히 쑥의 향기성분은 중추신경을 자극하여 장기를 정상화시키고, 쑥뜸의 재료로 사용되어 약효를 내며, 쑥즙을 마시면 해열, 진통, 해독, 구충, 소염작용 등이 있다.

쑥은 약용뿐 아니라 어린 잎은 애탕국으로 끓여 먹고, 개피떡, 쑥 버무리, 튀김, 쑥차, 쑥주, 쑥생즙, 쑥주스, 쑥뿌리주, 쑥엿, 쑥발효음료, 쑥식초, 건조쑥 등으로 쓰인다.

(3) 고르는 법

· 잎이 연하고 향이 강한 것
· 줄기가 가늘고 짧은 것

그림 5-28 쑥

(1) 성상

우리나라 전 지역의 논, 밭, 들과 산에 널리 분포하고 있는 십자화과에 속하는 2년생 초본식물로 높이가 3~4cm 정도로 자란 잎, 줄기, 뿌리를 식용하며, 내한성이 강하여 월동 후 봄에 수확한다. 겨울에는 잎이 자색이고, 봄에는 녹색으로 변한다.

그림 5-29 냉이

(2) 성분

냉이의 주성분은 수분이 81.5%, 단백질이 7.3%로 다른 나물류에 비해 많고, Ca, Fe, 비타민 A, B_2, C의 함량이 많으며, 섬유질, 지질이 함유되어 있다. 냉이는 춘곤증을 없애주고 입맛을 돋우어 주는 나물로, 생리불순이나 출혈환자에게 좋으며, 소화기관을 강하게 하면서 이뇨작용이 있다. 또한 냉이 속에 있는 콜린성분(choline)은 간장활동을 촉진시키고 내장운동을 도와주어 간염, 간경화, 간장쇠약 등의 간질환이 있을 때 냉이를 뿌리째 씻어 말린 것을 가루로 내어 먹으면 좋다.

(3) 고르는 법

- 잎은 진한 녹색이고 너무 피지 않은 것
- 향이 진하고 잎과 줄기가 작은 것
- 뿌리가 질기거나 굵지 않고 매끄러운 것

3 달래(wild garlic)

(1) 성상

달래는 한국, 일본, 중국 동북부지역에 분포하며 산과 들에서 자란다. 마늘과 비슷한 냄새와 매운맛을 가지고 있어 예부터 작은 마늘이라 불러왔으며, 직경 1cm 이하의 작은 알뿌리가 있는 식물이다. 달래는 잎 부분과 뿌리를 식용하므로 수확 시 뿌리가 손상되지 않아야 하며, 20℃ 전후의 서늘한 기후에서 재배할 때 생육이 잘 되고, 25℃ 이상의 고온에서는 생육이 잘 되지 않으므로 온도관리가 중요하다.

그림 5-30 달래

(2) 성분과 용도

달래의 주요성분은 수분이 87.9%이고, 단백질, 당질, 섬유질, 회분, 지질을 함유하며 무기질 중에는 Ca, P, Fe이 많은 알칼리성 식품이다. 비타민 A, B_1, B_2, C도 함유되어 있는데, 특히 비타민 C가 많이 함유되어 있어 인체세포 사이를 잇는 결합조직의 생성에 중요한 역할을 하며, 부신피질호르몬의 분비와 조절에 관여하고, 빈혈예방에 효과가 있다. 또한 달래는 양기를 보강해줘 정력에 좋고, 불면증 및 동맥질환 예방에 도움이 된다. 달래 뿌리는 여름철 복통을 치료하고, 벌레에 물렸을 때 효과가 있으며, 종기에 붙이면 부기가 빠지고 통증이 그친다고 한다.

달래는 김치 제조 시 양념으로 이용하며, 초장에 무치거나 장아찌, 국, 찌개에 넣어 먹든지, 술을 담가 먹기도 한다.

(3) 고르는 법

- 뿌리가 마르지 않고 윤기가 나며 매끄러운 것
- 잎이 신선하고 짙은 녹색인 것
- 향이 진하고 이물질이 없는 것

(1) 성상

　　두릅은 두릅나무과에 속하는 낙엽관목으로 목말채, 모두채라고도 하며, 중국, 일본, 러시아 및 우리나라의 전 지역에 분포되고 있다. 두릅에는 땅두릅과 나무두릅이 있으며 땅두릅은 4~5월에 돋아나는 새순을 땅을 파서 잘라낸 것이고 나무두릅은 나무에서 나는 새순을 말한다. 나무두릅은 주로 강원도에서 자라고 땅두릅은 강원도와 충북지역에서 많이 재

그림 5-31　두릅

배 한다. 일반적으로는 나무두릅이 많이 알려졌으며 자연산 두릅은 4월 초순부터 5월 상순경에 어린 순을 따서 식용하며, 비닐을 씌워 노지에서 재배한 경우는 이보다 1개월 먼저 수확할 수 있다.

(2) 성분과 용도

　　두릅의 성분은 수분이 85.8%이고, 단백질이 5.6%로 아미노산 조성이 우수하다. 당질이 3.4%, 섬유질이 2.5% 함유되어 있고, 무기질이 풍부하며 비타민 B_1, B_2, C도 함유되어 있다. 두릅은 봄철 산나물의 왕자라 불릴 정도로 고급나물이며 당뇨병, 건위작용, 정신적 스트레스, 신경쇠약에 약효가 있다. 나무껍질은 '총목피'라고 하는데 진통제 효과가 있으며 신장병, 당뇨병의 약재로 쓰인다.

　　두릅을 데쳐서 무치거나 두릅 강회를 만들어 초고추장에 찍어 먹기도 하며 두릅적, 두릅물김치, 두릅튀김, 두릅전골, 두릅밀전병 및 약술로 이용하기도 한다.

(3) 고르는 법

- 향기가 강하고 껍질이 마르지 않은 것
- 두릅 순이 굵고 연한 것
- 잎은 연두색을 띠며 완전히 피지 않은 것

5 취(chwi)

(1) 성상

취는 국화과에 속하는 다년생 초본으로 일본, 중국 등에 분포하고, 우리나라 전국의 산야에서 자생하며 어린잎을 식용한다. 채취 시기는 울릉도산은 5월 말에서 6월 초순, 강원도산은 7~8월경, 전라도산은 9월경이며 하우스 재배는 11월~12월경에 출하된다.

이용부위는 나물로 이용할 때는 잎을 사용하고, 약용으로 쓸 때는 뿌리를 이용한다. 취나물은 향소(香蔬)라고도 하며 향긋한 냄새가 입맛을 당긴다. 옛날에는 구황식물로 쓰였다.

취의 종류에는 참취, 곰취, 개미취, 미역취, 수리취 등이 있다. 그 중 많이 알려진 것이 참취와 곰취이며 참취는 맛과 향이 가장 좋다고 할 수 있다.

(2) 성분과 용도

취의 성분은 수분이 89%이며, 섬유질이 2.3% 함유되었다. 또한 무기질이 0.8%이며 알칼리성 식품으로 K의 함량이 높고, 비타민 A의 함량이 높다. 취는 가래를 없애고, 기침을 멈추게 하며, 숨이 차고 피를 토하는 증상을 완화시킨다. 또한 혈액순환을 촉진하여 근육통, 요통, 두통, 관절염 등에 효과가 있으며 고혈압, 신장병, 동맥경화에도 좋다.

취나물은 예부터 길한 음식으로, 정월대보름날 아침에 오곡밥을 김이나 취잎에 쌈을 싸먹는 민속전통이 있는데 이 쌈을 '복쌈'이라 한다. 취는 나물, 녹즙, 달여 마시기, 약주 등 다양하게 쓰이며, 약용으로 쓸 때는 장기간 복용해야 효과가 있다.

(3) 고르는 법

- 부드러우면서 연한 것
- 생것은 특유의 푸른색을 띠는 것
- 삶은 취는 짙은 갈색으로 질기지 않고 짓무르지 않은 것

(1) 성상

고사리는 고사리과에 속하는 다년생의 양치류이다. 전국의 양지바른 산과 들에서 자생하는 구황식품으로, 제사상에 올리는 나물이나 사찰 음식으로 가장 애용되는 산채이며 한명으로는 궐채(蕨菜)라고 한다. 이른 봄 뿌리에서 싹이 돋으면 끝이 말려 있고 솜털이 덮여 있는데, 이 어린순을 먹게 된다. 고사리는 습기가 많은 땅에서 잘 자라며, 북반구의 온대에서 아한대에 걸쳐 넓게 분포하고 있다.

그림 5-32 고사리

(2) 성분

생고사리에는 비타민 B_1을 분해하는 싸이아미네이스(thiaminase)가 존재하므로 충분히 삶아 먹어야 한다. 최근 발암성 물질이 검출되었으나 삶으면 대부분 제거되므로 인체에 유해하지는 않다. 또한 아린맛의 주성분으로 청산 배당체인 프루나신(prunasin)이 함유되어 있으나 물에 담갔다가 삶으면 제거되므로 문제가 되지 않는다.

고사리는 유해 성분만 있는 것이 아니고 한방에서는 어린순을 약재로 쓰는데, 위와 장에 있는 열독을 풀어 주고 이뇨제로 이용한다. 설사에는 고사리 가루를 물에 타 먹기도 한다. 또한 Ca, K과 Fe 등의 무기질 성분이 풍부하며, 머리와 피를 맑게 해주어 공해에 시달리는 현대인에게 매우 좋다. 나른한 봄철에 고사리국이나 고사리나물로 정신을 가다듬었던 조상들의 지혜를 알 수 있었다.

고사리는 섬유질을 많이 함유하여 변비예방에 효과가 있다.

(3) 저장 및 용도

어린잎과 줄기를 채취하여 냉장고에 4~5일 정도 보관하거나 삶아서 찬물에 담가 두면 쓴맛과 떫은맛을 우려낼 수 있다. 삶아서 그늘진 곳에서 말리면 장기간 보관하며 사용할 수 있다.

고사리의 뿌리는 편충구충제로 쓰이며, 어린잎은 삶아서 나물로 먹거나 국의 재료로 사용한다. 9월경 고사리 뿌리에서 얻은 전분은 칡전분보다 더 찰기가 있어 전을 부치거나 풀을 쑤는 데 또는 떡과 과자의 원료로 사용된다. 또한 육개장, 고사리탕, 찌개, 비빔밥의 재료로 이용한다.

(4) 고르는 법

- 생것은 부드럽고 연하며 대가 통통한 것
- 마른 것은 진한 밤색을 띤 것
- 잎이 많이 피지 않은 것
- 삶은 고사리는 밝은 갈색인 것

7 고비(royal fern)

(1) 성상

고비는 양치식물의 다년생 초본으로 우리나라 전 지역의 습한 들판이나 산기슭에서 자생한다. 고사리와 비슷하나 잎이 동그랗게 돌돌 말려 있고 연갈색의 솜털을 뒤집어쓰듯 돋아나 있다. 고사리보다 더 통통하며 부드럽고 연하여 고사리보다 값이 비싸다. 고비는 떫고 쓴맛이 강하므로 생채로 먹지는 못하고, 잿물에 삶아 말려서 여러 번 우려낸 뒤 다시 말려 두었다가 사용한다.

그림 5-33 고비

(2) 성분

고비는 양질의 단백질과 비타민 A, B_2, C, 회분, 니코틴산, 베타카로틴 등을 함유하고 있어 영양가가 높고 맛있는 산채이다. 고비의 뿌리와 줄기는 감기로 인한 발열과 피부발진에 효과가 있으며 지혈효과 및 기생충을 제거하는 작용을 한다. 말린 줄기와 잎은 인후통에 좋고 뿌리는 이뇨제로 사용한다.

고비에도 고사리와 마찬가지로 비타민 B_1을 분해하는 싸이아미네이스(thiaminase)가 들어 있으며, 이는 내열성이 있어 보통 가열에 의해 50% 이상 잔존한다. 비타민 B_1 분해효소는 건조하여 탈수되면 없어지므로 우리나라 전통저장법에 따른 고비 및 고사리 건조 저장 보관법은 과학적이라 할 수 있다.

한방에서는 목과 등이 아프고 허리나 무릎이 저리며, 빈뇨 증세에 고비의 뿌리를 달여 마신다. 건위정장의 효과가 있고, 신경통, 각기, 수종, 복통 등에 효과가 있다. 그러나 너무 많이 먹으면 양기가 쇠약해지기도 한다.

(3) 저장 및 용도

건조시켜 보관하며, 삶아서 냉장고에 일시 보관하여 사용한다.

튀김, 나물, 잣가루와 고추장을 버무려 강회로 찍어 먹기도 하며, 고사리처럼 육개장, 비빔밥에도 이용 가능하지만 가격이 비싸 많이 이용하지는 않는다. 대표적인 음식으로 고비국, 고비찌개, 고비묵, 육개장 등이 있다.

(4) 고르는 법

· 부드럽고 어리면서 짧고 굵은 것
· 끝이 말려 있고 새싹이 돋아 있는 것
· 매끈한 모양을 지니고 통통한 것

(1) 성상

쓴바귀는 국화과의 다년생 풀로 고들빼기라고도 하며 우리나라의 산기슭, 밭둑 등에 널리 퍼져서 자생한다. 잎이 줄기와 뿌리에서 나오는 형태이며, 줄기나 잎을 잘랐을 때 쓴맛이 매우 강한 흰 액체가 나오는 것이 특징이다. 봄부터 가을까지 채취가 가능하며, 흔히 이른 봄에 뿌리째 뽑아서 사용한다. 쓴바귀는 맛이 써서 쓴나물(苦菜)이라 하기도 했으며 약용을 겸해 즐겨 먹었다.

그림 5-34 쓴바귀

(2) 성분과 용도

쓴바귀의 성분은 수분이 82.7%이며, 당질이 8.4%로 풍부하다. 또한 단백질, 지질을 함유하며 무기질이 풍부하여 Ca, P, K이 다량 들어 있고, 비타민 A, C의 함량이 매우 높다. 쓴바귀는 식욕을 증진시키는 산채로 심신을 안정시키고 진정제로 사용하며 타박상과 종기에 좋다. 또한 건위제로 쓰이며, 열, 속병, 황달기를 없애 준다.

쓴바귀는 쌉싸래하고 쓴맛이 강하여 나물, 볶음, 부침으로 사용하며, 조리 전에 강한 쓴맛을 제거하기 위해 끓는 물에 데쳐서 찬물에 오랫동안 우려낸 다음 조리하는 것이 좋다. 그 밖에 쓴바귀 김치는 쓴바귀를 쌀뜨물이나 약한 소금물에 담가 쓴맛을 제거한 후 갖은 양념을 넣어 담근다.

(3) 고르는 법

· 잎이 너무 거칠지 않고 크지 않은 것
· 잎은 짙은 녹색이고 싱싱한 것

(1) 성상

참나물은 미나리과의 다년생 초본으로 만주 일대와 우리나라를 비롯하여 일본, 유럽 등지에 분포되어 있다. 줄기가 곧고 향이 진하며 털이 있는 식물로서 깊은 산 속의 비옥한 땅에서 자란다.

참나물은 셀러리와 미나리의 향기를 합친 듯한 상쾌하고 독특한 향기가 있어 봄 철 입맛을 되찾아주는 매력적인 산나물이다.

(2) 성분

참나물의 성분은 수분이 87.5%, 당질이 5.7%, 단백질이 3.1%, 섬유질이 1.8% 함 유되어 있고 비타민 A의 함량이 매우 높으며 무기질 중에는 Ca과 K이 다량 함유 되어 있다. 참나물은 지혈과 해열제뿐만 아니라 고혈압, 중풍을 예방하고 신경통과 대하증에 좋다.

참나물은 생채, 쌈, 볶음, 국거리, 튀김, 나물, 김치를 담가 먹으면 좋다.

(3) 고르는 법

·줄기가 부드럽고 향이 강한 것
·싱싱하며 잎이 짙은 녹색을 띤 것

그림 5-35 참나물

(1) 성상

질경이는 질경이과에 속하는 다년생 초본으로 주로 인가의 주변이나 길가, 들에서 쉽게 발견되며, 양지쪽에서 자라면서 군락을 이룬다.

그림 5-36 질경이

(2) 성분

질경이의 수분은 80%이며, 당질, 단백질, 섬유질이 많고, 비타민 A, B_1, B_2가 풍부하다. 무기질 중 Ca이 117mg 함유되어 있어 함량이 많으며 Na과 K 역시 다량으로 들어있다. 질경이는 어린잎을 식용하며 한방에서는 잎을 차전(車前), 종자를 차전자(車前子)라고 부르며 약재로 쓴다. 질경이는 호흡 중추신경에 작용해서 기침을 멎게 하며, 기관이나 기관지의 점액, 소화액의 분비를 촉진시킨다. 또한 배변촉진 효과, 이뇨작용에 좋으며, 특히 간의 회복능력을 촉진하는 효과가 탁월하다. 질경이는 4~5℃로 저장하는 저장법 및 건조법, 움저장 등을 통해 보관한다.

질경이는 나물, 볶음, 튀김, 쌀, 죽 등으로 쓰이며, 어린잎은 차로도 이용된다. 씨는 기름을 짜서 메밀국수 반죽에 넣으면 국수면발이 끊어지지 않아 좋다고 한다.

(3) 고르는 법

· 잎이 너무 억세지 않고 어린 순인 것
· 잎이 짙은 녹색을 띠고 싱싱한 것

(1) 성상

원추리는 백합과에 속하는 다년생 초본으로 넘나물이라 하며 중국, 동인도, 일본, 유럽 등과 우리나라 전 지역의 산과 들의 습한 초원 등에서 자생한다. 우리나라에서는 정월대보름에 국으로 끓여먹는 귀한 식품으로, 원추리의 어린 순은 조금 두텁고 흰빛을 띤 녹색으로 맛이 달면서 연하며 매끄러워 감칠맛이 난다. 또한 뿌리는 빈혈, 황달, 변비, 폐결핵에 좋은 식품으로 자양강장제이다. 어린순은 고깃국에 넣어 먹으며, 나물 및 볶음요리에 사용된다.

그림 5-37 원추리

(2) 성분

원추리의 성분은 수분이 87.1%이며, 단백질, 당질, 섬유질이 들어 있고, 무기질 P과 K, 비타민 A, C의 함량이 상당히 많다. 원추리의 뿌리는 전분이 많아 쌀이나 보리와 섞어 떡을 해먹기도 하였다.

(3) 고르는 법

·잎과 어린 순은 연하고 가는 것

06

과일류

과일류(果實類, fruits)란 일반적으로 수목의 과실을 말하는 것으로, 경제발달과 소득수준의 향상으로 그 수요가 증가하고 있다. 과일류는 보통 수분 함량이 80% 이상으로 고형물이 적게 들어 있어 열량원이나 단백질원이라기보다는 많은 종류의 비타민, 무기질의 공급원이며 사람의 생체성분과 친화력이 좋아 건강에 도움이 되는 육각수도 많이 포함되어 있다. 또한 사과산, 구연산, 주석산과 같은 유기산을 다량 함유하고 있어 산뜻한 맛과 향기를 풍기는 알칼리성 식품이다. 과실은 K의 함량이 많아서 체내 노폐물을 배설하고 지속적으로 섭취 시 고혈압 등 성인병을 예방할 수 있다.

또한 아름다운 색깔로 식욕을 증진시키고, 소화를 촉진시켜주며 피로회복에 도움을 주는 기호식품이다. 기타 펙틴질을 많이 함유하고 있어 잼이나 젤리 제조에도 쓰인다.

과실의 저장 온도는 종류에 따라 다르지만 일반적으로 10℃ 전후가 가장 맛있는 온도이다.

과실은 과육이 발달된 형태에 따라 인과류, 핵과류, 장과류, 견과류 등으로 구분된다.

6-1. 인과류(kernel fruits)

표 6-1 인과류 영양성분표(100g 중)

종류	열량 (kcal)	수분 (%)	단백질 (g)	지질 (g)	탄수화물		회분 (g)	무기질					비타민					폐기율
					당질 (g)	섬유 (g)		Ca (mg)	P (mg)	Fe (mg)	Na (mg)	K (mg)	A (R.E)	B₁ (mg)	B₂ (mg)	niacin (mg)	C (mg)	
사과	49	86.8	0.3	0.5	11.5	0.6	0.3	13	14	1.2	4	110	1	0.02	0.40	0.20	6	10
배	51	85.8	0.5	0.2	12.3	0.8	0.4	4	35	0.2	3	175	0	0.04	0.03	0.30	3	19
감(단감)	58	82.6	0.4	0.2	14.1	1.2	0.5	13	36	0.1	8	190	42	0.03	0.03	0.40	16	1
감(연시)	57	83.8	0.5	0.1	14.8	0.3	0.5	15	11	0.3	5	140	15	0.03	0.02	0.02	20	2
감(곶감)	198	42.9	6.5	1.2	43.6	3.0	1.4	32	107	1.5	18	490	692	0.04	0.01	2.90	0	5
감귤	78	78.7	1.6	0.8	16.2	2.0	0.7	89	25	0.4	6	203	65	0.08	0.05	0.60	55	7
오렌지	46	86.8	0.9	0.1	11.3	0.4	0.4	40	14	0.1	0	181	2	0.09	0.04	0.30	53	27
레몬	31	90.4	1.4	0.8	6.4	0.9	0.4	55	15	0.4	4	12	0	0.05	0.02	0.20	70	3
자몽	35	90.0	0.7	0.1	8.5	0.2	0.2	15	17	0.2	1	131	28	0.06	0.04	0.04	36	32
유자	48	85.8	0.9	0.8	10.5	1.4	0.6	49	15	0.4	11	194	0	0.10	0.04	0.20	105	13

1 사과(apple)

(1) 성상

사과의 원산지는 코카서스 지방에서 서아시아 지역으로, 장미목 장미과에 속하는 낙엽활엽 교목이다. 한랭한 지역에서 잘 자라며 우리나라에서는 황주와 대구가 명산지로 알려져 있고, 충주와 예산 등 새로운 산지가 등장하였다.

우리나라는 옛날에는 사과의 일종인 능금을 재배하였으나 1901년 미국인 선교사에 의해 개량종이 도입되었다. 대개 12월에 품종과 양이 가장 풍부하고 맛이 좋다. 예전에는 홍옥과 국광이 대부분이었으나 근래에는 후지 등 새로운 품종이 개발되어 많은 부분을 차지한다.

사과의 품종으로는 부사, 국광, 홍옥, 홍월, 축, 인도, 딜리셔스, 골덴 딜리셔스, 스타킹 딜리셔스, 쓰가루 등이 있다.

부사는 전체 사과 생산량의 반 이상을 차지하는 품종으로 국광과 딜리셔스의 교잡종이며, 먹을 때 촉감이 부드러운 최상품이다. 당도가 높고 신맛이 적으며 육질이 단단하면서, 씹히는 맛이 좋다. 또한 과즙이 많고 저장성이 아주 뛰어난 것이 장점이다.

국광은 60년대 국내 사과의 대표적인 품종으로 부사가 재배되면서 사라졌으나, 저장성이 뛰어나 늦봄까지도 저장할 수 있었다.

홍옥은 생것도 맛이 좋으나 가공용, 요리용으로 가장 많이 쓰인다. 향기와 상큼한 신맛이 강하며, 껍질이 새빨갛고 과즙이 많아 맛은 우수한 편이나, 수요에 비하여 생산량이 부족한 편이다.

홍월은 당도가 높고 산미가 적으며, 향기가 많아 맛은 아주 우수하나 봉지를 씌우지 않으며 까만 점이 무수히 생기는 단점이 있다.

딜리셔스는 홍옥의 자연교잡으로 생긴 종이며, 색은 진홍색으로 껍질에 작고 흰 반점이 많고, 향과 맛이 달콤하다. 미국의 사과 품평회에서 사과의 맛을 본 상인이 "Delicious!"라고 감탄한 것이 사과의 이름이 되었다고 한다.

골덴 딜리셔스는 껍질이 황색인 대표적인 품종으로 육질이 치밀하며 과즙이 많아, 달고 신맛이 조화를 이루어 품질이 우수하다. 또한 특이한 향이 나는 것이 특징이다. 보관성이 약간 떨어지나 세계에서 생산량이 가장 많은 품종이다.

스타킹 딜리셔스는 딜리셔스의 돌연변이로 생긴 것인데, 각이 져 있고 향과 단맛이 더 강한 것이 특징이다.

쓰가루는 골덴 딜리셔스의 모체이며, 다른 사과보다 조기 수확되는 조생종이다. 맛은 좋으나 수확 전 낙화가 심하기 때문에 재배가 힘든 품종이고 저장성이 약한 단점이 있다.

(2) 성분

유럽에서는 예전부터 '사과를 먹으면 의사가 필요 없다'라고 할 정도로 사과가 건강에 아주 좋다고 알려져 있다. 사과는 신맛이 강하여 산성식품으로 아는 사람이 많으나 알칼리성 식품이다. 사과의 중요한 성분은 당분, 펙틴과 유기산이다. 당질은 약 10~15% 들어 있으며 대부분 과당, 포도당, 자당으로 흡수가 잘 되는 형태이고, 미숙할 때는 전분이 대부분이며 숙성됨에 따라 당분으로 변하게 된다. 무기질 중 K이 많은 편이며 K은 펙틴 성분과 결합하여 체내의 Na을 배출하므로 K과 Na의 평형을 이루어 혈압을 낮추어주어 고혈압의 치료와 예방에 효과가 있다. 사과에는 비타민이 많은 것으로 알려져 있지만 비타민 C가 조금 들어 있고, 비타민 A, B_1, B_2가 아주 미량으로 들어 있을 뿐 사실은 그렇지 않다. 특히 껍질에 대부분 존재하므로 껍질을 제거하고 먹을 경우 비타민의 섭취는 할 수 없게 된다.

사과의 섬유질은 체내 콜레스테롤 함량을 감소시키고, 혈당을 낮추어주며, 장의 노폐물을 체외로 배출시켜주므로 변비 및 비만 예방에 좋다. 사과는 펙틴이 많이 함유되어 있다. 펙틴은 수용성 식이섬유로 몸속에서 부피가 부풀어 포만감이 오래가기 때문에 체중조절에 유리하고, 장을 자극하여 변비를 예방하며 유독성분을 흡수해 장속에서 가스가 생기는 것을 막아 피부를 깨끗하게 해준다. 또한 펙틴은 잼이나 젤리 제조에 있어 중요한 역할을 한다.

사과는 변비 치료뿐만 아니라 설사를 멎게 하는 작용도 하고, 동맥경화 예방 및 소염작용을 하기도 한다. 사과의 유기산은 대부분 사과산으로 0.5%를 차지하며 사과의 방향성분은 개미산, 초산, 낙산, 카프로산(caproic acid) 등에 의한 것이다.

사과의 껍질에는 항산화 작용이 큰 카프로산(caproic acid)이나 클로로젠산(chlo-

Q: 사과잼이나 딸기잼을 만들 때 과숙한 과일을 이용하는 경우가 많다. 좋은 방법일까?

A: 펙틴 물질은 세 가지 형태로 존재한다. 미숙 과일에서는 프로토펙틴, 적당하게 완숙한 과일에서는 펙틴, 그리고 과숙한 과일에서는 펙트산의 형태로 많이 존재한다. 잼을 형성하는 데 중요한 펙틴 물질은 펙틴 상태일 때 가장 좋은 질감의 잼을 형성한다. 흔히 과숙한 과일을 이용해 잼을 만들고 있으나, 이는 잘못된 것으로 완숙하고 신선한 과일을 이용하는 것이 좋은 질감의 잼을 형성할 수 있다.

Q: 사과, 포도, 딸기, 자두, 감귤류 등이 왜 잼을 만드는 데 많이 이용되는가?

A: 잼을 만들기 위해서 필요한 것이 펙틴, 산, 설탕이다. 사과, 포도, 딸기 등에는 펙틴과 유기산 함량 비율이 잼을 만들기 적당하게 존재하므로 알맞은 양의 당을 가하고 가열하면 좋은 제품의 잼을 만들 수 있기 때문에 많이 이용된다. 펙틴이 없거나 적은 과일은 잼을 만들기가 힘이 들며, 잼을 만들고자 할 때에는 과일즙에 펙틴가루나 액체 펙틴을 첨가하여 잼을 만들게 된다. 과일 잼을 만들 때 펙틴 함량 1%, pH 3.5, 설탕량 65% 정도가 가장 적당한 조건이다.

roginic acid)이 다량 함유되어 있어 암을 억제하는 작용을 한다.

밀병(蜜病, water core)은 꿀사과라고 지칭하는 것으로 딜리셔스계, 부사, 홍옥, 인도 등의 품종에서 발생하며 과육의 일부가 투명해지는 것이다. 이것은 과실 내 당의 일종인 소르비톨(sorbitol)의 축적이 많아지면서 세포에 축적된 것이다. 이 현상이 심하면 과육이 무르고 썩는 수가 있다.

(3) 저장 및 용도

사과는 0℃ 전후의 온도, 85% 정도의 습도에서는 4~5개월까지 저장이 가능하며, 장기저장하기 위해서는 수확 후 5시간 이내에 급속 냉동시켜 냉동저장하거나 CA저장법을 한다. CA저장법은 저장창고에 질소 92%, 탄소 5%, 산소 3%가 되게 하여 0~4℃로 저장하는 방법이다. 보관 시 다른 과일이나 채소와 같이 두면 에틸렌 작용으로 상하거나 질이 떨어지므로 단독으로 보관하는 것이 좋다.

생식 외에 샐러드, 주스, 술, 식초, 잼, 젤리, 소스, 파이, 무스, 통조림, 건조사과 등의 원료로 쓰인다.

(4) 고르는 법

- 색깔이 선명하고 껍질에 윤기가 있는 것
- 싱싱하고 단단한 것
- 통통하고 둥근 느낌이 드는 것

2 배(pear)

(1) 성상

배의 원산지는 중국, 중앙아시아로 알려졌으며, 전 세계적으로 20여 종이 있고, 서늘한 온대지역에서 잘 재배되고 있다. 배는 장미과 배나무속에 속하는 과수로 야생종이 있고 개량 품종으로 크게 일본종, 중국종, 서양종이 있다.

일본종은 일본의 중부이남, 한국의 남부, 중국의 양쯔강 부근에 분포되어 있으며, 돌배를 개량한 것이다. 우리나라의 배는 일본배에 속하는데, 일본배의 특징은 과실의 향기가 부족하고, 육질이 서양배에 비해 떨어진다는 것이다. 과육이 단단하면서 질감이 매우 아삭아삭하고 과즙이 많으며, 당도가 높고, 저장성이 뛰어나다는 장점이 있다.

중국종은 과일이 크며 녹색을 띠고, 약간 떫은맛을 내며, 잎은 타원형으로 서양배 보다 딱딱하다. 중국의 허베이지방과 동북부, 한국 북부에 분포되어 있고 돌배를 기본종으로 중국에서 개량한 것이다.

서양종은 모양이 약간 표주박과 비슷하게 생겼다. 성숙한 것을 따서 1주일 정도 후숙시켜야 향과 맛이 더욱 좋아지고 껍질이 부드러워져서 껍질째 먹을 수도 있게 된다. 유럽 중부에서 터키 일대에 야생되고 있는 배를 기본으로 하는 품종이다. 다른 품종에 비해 수분과 비타민 함량이 적으나, 당질과 K이 많으며, 석세포가 적고 맛과 향기가 매우 좋다.

한국에서 주로 재배하는 품종으로는 장십랑, 만삼길, 신고가 있으며, 장십랑은 추석에, 신고는 10월 상순에 그리고 만삼길은 11월 상순에 생산되는데, 이것들은 저장해 두었다가 출하된다. 만삼길 품종은 기온이 높은 남부지방에서, 그 밖의 지방에서는 장십랑, 신고를 많이 재배한다. 그 밖에 신흥, 행수, 신수, 풍수 등 신품종의 재배가 확대될 것으로 본다.

(2) 성분

배의 성분으로 수분이 84~88%, 당질이 10~14%로 서당, 포도당, 과당이 들어 있으며, 사과와는 달리 사과산, 구연산, 주석산 등의 유기산이 적어 신맛이 약하고, 비타민류는 전체적으로 사과보다 적게 들어 있다. 섬유소와 석세포가 많이 들어 있어 변비 및 비만예방에 좋으며, 배에는 효소가 많아 소화를 도와준다. 특히 K 함량이 풍부하여 체내의 노폐물을 제거해주며 체내의 생리 대사를 원활히 해준다.

배는 한방에서 수분이 많기 때문에 갈증을 해소해 줄 뿐 아니라, 소화제와, 숙취 해소의 효과, 열을 다스리는 효과가 있고, 알부민 성분이 많아 피부미용에도 좋다. 또한 기침에 효과가 있다고 알려져 있다. 그러나 지나치게 많이 섭취하면 몸이 냉해져 오히려 소화불량이 생길 수도 있다.

(3) 저장 및 용도

배는 일반적으로 10월 이후에 수확하는 것이 저장성이 좋고, 2~5℃에서 85%의 습도를 유지하면 3개월 정도 저장이 가능하다. 일반적으로 폴리에틸렌 봉지에 담아 냉장고 보관을 하는 것이 좋고, 냉장고에 넣을 때는 완숙한 것을 넣어야 한다. 30℃ 이상의 고온에서는 흑변현상이 생긴다.

배에는 단백질을 분해하는 효소가 많이 들어 있어 육회나 불고기를 잴 때 배를 넣어주면 소화성도 높아지고 효소의 작용으로 고기가 연해진다. 생강과 배를 원료로 한 이강주(梨薑酒)가 있고, 소주에 배즙, 생강즙, 꿀 등을 넣고 중탕해서 만든 이강고(梨薑膏)가 있다. 또한 배는 생과일, 배숙, 주스, 잼, 넥타, 통조림, 설탕절임, 과자, 셔벗 등으로 이용된다.

(4) 고르는 법

- 껍질이 팽팽하며 무게가 묵직한 것
- 껍질에 상처가 없으며 표면에 윤기가 있고 매끄러운 것
- 수분이 많고 모양이 둥근 것

Q: 사과, 배, 바나나 등의 껍질을 벗겨 공기 중에 두면 색이 갈변하게 된다. 그 이유는 무엇이며, 갈변 현상을 막을 수 있는 방법은?

A: 과일 중에 있는 폴리페놀옥시데이스(polyphenol oxidase)라는 효소가 산소를 만나게 되면 활성화되어 페놀물질의 산화를 촉진시켜 멜라닌 형성을 도와 갈변을 촉진시킨다.
갈변현상을 방지하기 위해서는 효소의 최적 pH 6.5를 벗어나게 pH를 낮추는 방법으로 신맛이 나는 레몬주스나 오렌지주스 등에 담가 두면 된다. 산소의 접촉을 막기 위해 물에 담가 두는 방법도 좋으나 그냥 물에 담가 두는 것보다 설탕물이나 소금물에 담그는 것이 더 효과적이다. 설탕은 과일 표면이 공기 중의 산소와 만나지 않도록 차단하여 주고, 소금의 염소이온은 폴리페놀옥시데이스의 활성을 억제하므로 갈변을 방지할 수 있다.

3 감(persimmon)

(1) 성상

감의 원산지는 한국, 중국, 일본 등 동아시아 지역으로 알려졌으며, 감나무과에 속하는 낙엽교목이다. 감은 약 190여 종으로 열대, 아열대에 분포되어 있고, 온대에는 비교적 적으며, 9~11월에 주로 생산된다. 식용감에는 떫은감과 단감이 있는데 우리나라 재배종은 대개 떫은감이고, 남부지방에서 외래종 단감이 재배되고 있다.

(2) 성분

감의 성분은 수분이 86.5%이고, 주성분은 당질로서 약 14% 정도이며, 조성은 포도당이 6%, 자당이 5%, 과당이 2~3% 정도이다. 비타민 A와 C가 풍부하며, 비타민 C는 30~50mg 정도로 많이 들어 있다. 특히 감잎 100g에는 비타민 C가 200mg 정도로 들어 있어 귤보다 2~3배나 많다. 곶감은 연시나 단감에 비해 당질, Ca, P, K의 함량이 월등히 높게 나타났다. 곶감을 만들 때 감 표면에 나타나는 흰 분말은 만니트(mannit)로 과당과 포도당이 건조되는 과정에서 나타나는 것이다. 감의 색은 카로틴(carotene), 크립토산틴(cryptoxanthin) 등의 카로티노이드(carotenoid)류에 의한 것이다.

감의 떫은맛은 타닌(tannin)의 일종인 쉬부올(shibuol)에 의한 것으로 간혹 단감의 속이나 껍질에서 검은 반점이 나타난 것을 볼 수 있는데, 이는 불용화된 타닌세포의 변형에 따른 것이다. 또한 감의 타닌성분은 Fe의 흡수를 방해하여 빈혈을 초래하고, 지방질과 작용해 변을 단단하게 하므로 변비를 초래하기도 하지만 모세혈관을 튼튼하게 해서 고혈압에 효과가 있다. 곶감은 이질, 해소, 토혈, 객혈에 좋고, 감의 꼭지는 유산 방지, 야뇨증, 구토, 딸꾹질에 효과가 있다. 감잎은 위궤양, 십이지장궤양 등에 좋으며, 말린 감잎은 운동부족과 혈액순환장애에 의한 비만에 좋다. 감잎은 차처럼 달여 마시는데 감잎차는 이뇨작용이 있어 몸의 부기를 빼주고 지방의 분해를 촉진하므로 비만 치료효과가 있다.

(3) 저장 및 용도

연시는 급속 동결 저장하며 곶감은 비닐봉지에 넣어 냉장 저장한다.

단감은 생식하고, 떫은 감은 떫은맛을 제거한 후 곶감, 통조림, 장아찌, 감식초, 감잼, 소스 등에 이용하며, 잎은 차로 사용한다.

(4) 고르는 법

- 얼룩이 없고, 색이 변색되지 않은 것
- 껍질은 주홍색이며 겉이 깨끗한 것
- 떫은맛이 없고 육질이 부드러운 것

궁금합니다!

Q: 곶감의 겉에 있는 하얀 가루는 무엇이며, 먹어도 되는 것일까?

A: 곶감을 만들기 위해 감을 꼬치에 꽂아 말리는 동안 표면에 하얀 가루가 생기는데 이것은 곶감 내의 포도당과 과당이 수분이 건조되면서 밖으로 나와 하얀 가루가 된 것으로 가루를 닦아내거나 물에 씻어서 제거할 필요 없이 먹어도 된다.

4 감귤(mandarin, tangerine)

(1) 성상

감귤은 중국과 인도차이나 등의 동남아시아가 원산지로 알려졌으며 아열대성 상록과수이다. 1911년경 일본인이 서귀포에 온주밀감, 하(夏)밀감을 심으면서 우리나라에서 본격적으로 감귤이 재배되었으며 전체 생산량의 99%를 제주도에서 출하한다.

보통 감귤이라 하면 온주밀감을 말하는 것이며 온주밀감은 연평균 기온이 15℃ 이상이고 연간 최저기온이 -5℃ 이하로 내려가지 않아야 생산성이 높다고 한다. 특히 서귀포지역은 낮과 밤의 기온차가 크고 해풍이 맑으며 배수가 잘 되어 이곳에서 생산되는 온주밀감이 당도가 높고 감촉이 부드럽다.

(2) 성분

귤의 성분은 수분이 86~88%이고, 비타민 C는 완숙함에 따라 40~50mg으로 늘어나 1일 귤을 2개 정도 먹으면 비타민 C 권장량을 충족할 수 있으며 과피에는 200mg 정도 들어 있다. 당분이 많이 들어 있는데 대부분 과당, 포도당 및 서당이 주성분이며 유기산으로는 구연산(citric acid)을 많이 함유한다. 그 밖에 사과산(malic acid), 호박산(succinic acid)도 소량 함유되어 있다. 산과 당의 함량은 성숙도에 따라 달라지는데, 미숙과에는 산이 많고 당분이 적으며, 숙성되면 산은 적어지고 당분이 많아진다. 또한 귤은 헤스페리딘(hesperdin, 비타민 P)을 함유하여 혈관의 저항성을 증가시켜 고혈압 예방 효과가 있다. 귤의 저장은 온도 3~4℃, 습도 85~90%로 유지하는 것이 좋다.

귤은 생식을 주로 하고 주스, 통조림, 넥타, 젤리, 마멀레이드(marmalade), 밀감주, 과자류 제조에 이용되며, 과피를 건조하여 청피 및 진피를 만들어 한약제조 및 조리재료로 사용한다.

(3) 고르는 법

- ·껍질이 얇고 탄력이 있는 것
- ·껍질이 황등색을 띠는 것
- ·수분이 많고 단것

5　오렌지(orange)

(1) 성상

오렌지의 원산지는 인도로서 주산지는 미국 캘리포니아주이다. 세계에서 가장 많이 재배하는 품종인 발렌시아오렌지는, 즙이 풍부하여 주스로 가공하거나 생과일로 이용되며, 향기가 풍부하고 당도가 높아 품질이 좋다. 캘리포니아에서 주로 재배하는 네이블오렌지는 껍질이 얇고 씨가 없으며, 과육이 부드럽고 즙이 많다. 밑 부분에 배꼽처럼 생긴 꼭지가 있는 것이 특징이다. 이탈리아와 스페인에서 재배되는 블러드오렌지는 과육의 색이 붉고 독특한 맛과 풍미가 있다.

(2) 성분

오렌지의 성분은 당분이 7~11%, 유기산은 0.7~1.2%로 시원하고 상쾌한 맛이 강하다. 과육 중에 비타민 C가 40~60mg으로 다량 함유되어 있으며 비타민 A와 섬유질도 풍부하여 피로회복, 감기예방, 피부미용 등에 효과가 있다.

(3) 용도

오렌지를 이용한 요리는 다양하며, 과즙을 내어 오렌지 주스로 쓰일 뿐만 아니라 각종 요리의 재료, 과자의 재료, 마멀레이드, 오렌지 소스, 오렌지 무스, 오렌지 스플레 등으로 쓰인다. 또한 가금류의 요리, 양상추 샐러드 등에 곁들여 내기도 하며 껍질에서 짜낸 정유는 요리와 술의 향료나 방향제로 쓰인다.

(1) 성상

레몬의 원산지는 인도로 알려져 있으며, 주산지는 미국의 캘리포니아, 이탈리아, 스페인 등지이다. 레몬은 비교적 시원하고 기후의 변화가 없는 곳에서 잘 자란다. 열매는 6~10번 수확하며 10월부터 다음해 봄까지 수확하는데 11~12월에 가장 많이 수확한다.

열매는 타원 모양이고, 겉껍질은 녹색이지만 익으면 노란색으로 변하며 향기가 강하다. 레몬은 레몬나무에 달려있는 상태로 착색되면 향기가 감퇴하므로 완전히 익기 전 껍질이 녹색일 때 수확하여 익힌다.

(2) 성분

과실은 80~150g 정도로 비타민 C, P, Ca이 풍부하다. 과즙이 많고 향기가 좋으며 유기산이 5~6% 정도 포함되어 있다. 그 중 구연산이 풍부하며 산미가 강하여 감귤류 중 산의 함량이 가장 높다. 과즙의 pH는 2.1~2.5이고 당분의 함량은 2.4%로 과일류 중에서 적은 편이다. 비타민 C는 과육 중에 45mg이 다량 들어 있어 기미, 주근깨 예방에 효능이 있다.

(3) 용도

튀김요리에 즙을 내어 뿌리면 향기와 맛이 한층 더 감미로워지며 생선회 등에 과즙을 뿌리면 생선의 비린내를 감소시킬 수 있다.

7 유자(citron)

(1) 성상

유자의 원산지는 중국의 양쯔강 상류지역으로, 종류에는 청유자, 황유자, 실유자가 있다. 주로 한국, 중국, 일본 등에서 생산되는데 한국산이 가장 향이 진하고 껍질이 두껍다. 국내 주요 산지는 전라남도 고흥, 장흥과 경상남도 통영, 남해 등이다.

그림 6-1 유자

(2) 성분

유자의 수분 함량은 과육에 83~84%, 과피에 77~80% 들어 있으며 무게가 130g 정도이다. 비타민류는 비타민 C가 바나나의 10배, 참다래의 3배, 레몬의 3배, 단감의 2배 정도 더 많이 함유되어 있으며, 특히 오렌지나 온주밀감보다 많이 들어 있어서 피로회복, 감기예방, 식욕촉진 등의 효능을 가지고 있다. 비타민 B_1은 사과, 복숭아의 10배, 단감이나 바나나의 3배 정도 더 많이 들어 있으며 비타민 B_2도 사과, 복숭아, 포도 등에 비해 많은 편이다.

Ca은 레몬과 비슷한 49mg 함유되어 있어 사과나 바나나보다 10배 이상 많다. 따라서 어린이의 골격형성과 성인의 골다공증 예방에 유익한 식품이다. 또한 유자는 껍질도 함께 먹기 때문에 다른 과일에 비하여 섬유소 함량이 많은 편이다.

유기산은 구연산이 주가 되며, 다른 감귤류에 비하여 사과산, 호박산 등이 많은 편이고, 과피보다 과육에 더 많이 함유되어 있다. 과육은 신맛이 강하며 다른 감귤류보다 껍질이 두껍다. 그 밖에 특수성분으로는 헤스페리딘(hesperidin)이 있는데 플라보노이드계의 일종으로서 과피의 70% 이상 분포되어 있으며 항암, 항균작용, 항염증, 항알레르기, 고혈압 예방, 간의 해독작용을 한다.

유자의 쓴맛 성분인 리모노이드(limonoid)는 가공 시에 장애 요인이 되고 있으나 항암작용이 있는 것으로 알려져 있다. 유자의 주된 향기 성분은 리모넨(limonene)으로 72.5%를 차지하며 과피 부분에 주로 함유되어 있는 방향성의 정유(精油)성분이다.

유자의 효능으로 신경통에는 씨를 빻아 달여 먹고, 티눈과 사마귀에는 씨를 태운 후 밥에 버무려 환부에 붙인다.

(3) 용도

유자는 일반적으로 가늘게 채 썰어 화채를 만들거나 꿀에 재워 유자청을 만들어 차를 끓여 마시기도 한다. 그 밖에 유자잼, 유자두부, 유자요구르트, 유자식혜, 유자분말 등으로 이용한다.

8 자몽(grape fruits, pomelo)

(1) 성상

감귤류에 속하는 나무 열매로, 원래는 왕귤나무에서 파생된 과일이다. 세계 각지에서 널리 재배되나 전 세계 생산량의 60% 가량이 미국의 플로리다에서 생산되며, 그 외에 캘리포니아, 텍사스 지방에서도 생산된다. 우리나라에는 1985년 수입 개방으로 자몽이 수입되기 시작하였다.

껍질은 가죽질이며 표면이 매끄럽고 노란색을 띤다. 과육은 옅은 노란색으로 즙액이 풍부하고 맛이 시면서도 단맛이 강하며 쓴맛이 조금 있다. 포도와 비슷한 향이 있고

그림 6-2 자몽

열매가 포도송이처럼 달린다고 하여 grape fruits라고 한다. 최근에는 과육이 분홍색인 품종이 개발되었다. 추위에 약하므로 우리나라에서 재배하기는 어려운 실정이다.

(2) 성분

자당, 과당, 포도당 등의 당류가 주성분이며, 상큼한 맛을 주는 유기산인 구연산이 들어 있고, 비타민 C가 많은 편이다. 또한 K, 식이섬유도 많이 함유되어 있다. 자몽을 먹으면 피임약이나 항히스타민제와 같은 일상적 내복약의 약효가 9배나 증

가한다는 새로운 연구결과도 있다.

(3) 저장 및 용도

10℃에서 냉장 보관하는 것이 좋으며, 장기 보관 시에는 −30℃ 이하에서 급냉시켜 −15℃ 이하에서 저장한다. 생식으로 먹을 수 있으며 주로 주스용으로 가공한다.

6-2. 핵과류(stone fruits)

표 6-2 핵과류의 영양성분(100g 중)

종류	열량 (kcal)	수분 (%)	단백질 (g)	지질 (g)	탄수화물		회분 (g)	무기질					비타민					폐기율
					당질 (g)	섬유 (g)		Ca (mg)	P (mg)	Fe (mg)	Na (mg)	K (mg)	A (R.E)	B$_1$ (mg)	B$_2$ (mg)	niacin (mg)	C (mg)	
복숭아(백도)	39	88.4	0.8	0.1	9.5	0.4	0.4	12	19	0.6	2	190	104	0.03	0.01	0.7	5	12
복숭아(황도)	33	90.8	0.9	0.4	7.0	0.4	0.5	15	19	0.5	2	235	117	0.02	0.03	0.8	5	13
매실	29	90.1	0.7	0.5	7.6	0.6	0.5	12	14	0.6	2	240	18	0.03	0.05	0.4	6	13
살구	30	91.4	1.0	0.3	6.0	0.8	0.6	9	23	0.3	3	210	204	0.02	0.04	0.3	9	10
자두	60	84.7	0.8	0.9	12.6	1.1	0.2	8	11	1.3	3	155	10	0.02	0.03	0.8	5	6
대추	86	76.9	1.6	0.4	20.5	1.1	0.6	37	49	0.8	3	250	2	0.03	0.03	0.4	46	6
버찌	79	78.8	1.4	0.7	18.6	0.4	0.8	22	56	0.4	3	180	11	0.04	0.03	0.2	15	12
앵두	45	88.1	0.6	0.8	8.3	1.7	0.5	22	17	0.9	2	196	10	0.02	0.03	0.6	14	30

1 복숭아(peach)

(1) 성상

복숭아의 원산지는 중국의 서부지역으로, 우리나라에서는 오래전부터 재배되었으며, 우리나라의 기후풍토에 적합하여 전국적으로 재배하고 있다. 복숭아는 고온 다습한 7월 상순에서 8월 하순 사이에 수확되며, 과실 자체가 저장력이 없으므로 가공 저장하여 오래 이용할 수 있다.

복숭아의 분류는 열매에 솜털이 있는 것과 털이 없는 것으로 분류하고, 과육의 빛깔에 따라 백색종, 황색종으로 구분한다. 또는 핵이 잘 분리되는 이핵종과 잘 분리되지 않는 점핵종으로 나뉜다. 우리나라에서는 둥글며 열매 표면에 부드러운 털이 있는 것이 많이 생산되고 있다.

(2) 성분

복숭아의 성분은 수분이 약 89% 들어 있으며, 당이 7~19% 정도 함유되어 있는데, 주로 서당, 과당, 포도당으로 구성되어 있고, 복숭아의 씨 주위와 꼭지부위가 가장 달다. 복숭아는 과육의 색에 따라 백도와 황도로 나눌 수 있는데, 백도에는 수분이 88.4%, 당질이 9.5%, 유기산은 사과산으로 0.15~0.21% 들어 있으며, 황도는 수분이 90.8%, 당질이 7.0%, 사과산이 0.65~0.83% 함유되어 있다. 복숭아에는 체내의 흡수가 빠른 각종 당류 및 비타민과 무기질이 풍부하여 피로회복에 효과가 크며 활성산소를 제거하는 능력이 매우 뛰어나다.

(3) 저장 및 용도

서양에서는 황도가 대부분 생산되어, 통조림 가공에 주로 이용되며, 백도는 부드럽고 싱싱한 과즙이 많아 생식을 주로 한다.

복숭아의 씨는 도인이라 하며, 여성의 생리불순, 두통, 어깨 결림, 진해 효과 등의 민간요법으로 이용된다. 복숭아는 주로 생으로 먹으며, 그 밖에 주스, 넥타, 통조림, 잼, 아이스크림, 브랜디 등으로 제조되고 있다.

(4) 고르는 법

- •향기가 강하고 즙이 많으며 과육이 부드러운 것
- •표면에 상처가 없고 알이 크며 고른 것

(1) 성상

매실은 중국과 일본이 원산지이며, 매화나무의 열매를 말한다. 우리나라에서는 전국적으로 재배하고 있고, 수확시기는 6월 초순에서 7월 상순 경이며, 매실은 저장성이 약하여 과육이 누렇게 변해 물러지기 전에 수확하여야 한다. 매실은 지름이 2~3cm이고, 녹색을 띠며, 익으면 노란색으로 변한다. 털이 촘촘히 나 있는 것이 특징이다.

그림 6-3 매실

(2) 성분

매실의 성분은 수분이 약 85~90%이며, 당질은 약 7~10% 정도이다. 유기산으로 구연산이 4.8~6.8% 정도 들어 있으며, 그 밖에 사과산(malic acid), 주석산(tartaric acid), 호박산(succinic acid) 등이 많이 들어 있어 체내 노폐물을 배출하고 신진대사를 촉진시키며, 피로회복에 효과가 있다. 또한 강한 살균성이 있어 해독작용, 식중독 예방, 세균성 설사 등에 효력을 나타낸다. 무기질에는 K의 함량이 많으며, 비타민의 함량이 적은 편이다. 미숙한 매실의 종자에는 아미그달린(amygdalin)이라는 청산배당체가 함유되어 있어 중독성을 일으키므로 생식하기에 부적당하다. 매실의 향기는 벤즈알데히드(benzaldehyde)에 의한 것이다.

매실을 훈제한 것을 오매(烏梅)라 하는데, 이것은 미숙과인 매실의 껍질을 벗기고 짚불 연기에 그을려서 말린 것을 말하며, 한방에서 지혈, 해열, 수렴, 진통, 갈증 방지, 구충제, 혈변, 이질, 설사 등의 치료에 사용되고 있다.

(3) 저장 및 용도

매실은 저장 시 저온 보관해야 한다.

매실은 매실주, 매실장아찌, 매실정과, 매실차, 매실잼 등으로 쓰이며, 일본에서는 매실절임(우메보시) 등의 용도로 이용된다. 설탕절임이나 매실주는 짙은 녹색을

띠며 단단한 미숙과를 주로 이용하고, 매실장아찌는 노란색을 띠기 시작하는 완숙
기의 것이 좋다.

(4) 고르는 법

- 알이 단단하고 고른 것
- 색이 선명하고 흠이 없는 것

3 살구(apricot)

(1) 성상

살구는 장미과에 속하는 낙엽 활엽의 교목이며 중국
동부지역이 원산지로, 미국 캘리포니아가 최대 생산지이
다. 우리나라에서는 전국적으로 재배되며 충남과 경북지
역에서 70~80%를 생산하고 있다. 살구는 구형으로 황색
또는 황적색을 띠며, 표면에 잔털이 있고, 6월에서 7월
이 성숙기이다. 우리나라의 재래종은 일명 떡살구로 단
맛이 강하고 척박한 토질에서도 잘 자라는 장점이 있다.

그림 6-4 살구

(2) 성분

살구의 성분은 수분이 91.4%, 당질이 6.5%, 포도당, 과당, 자당 등의 당분이 많
으며, 유기산은 구연산과 사과산이 1.5~3.5%로 비교적 많이 들어 있다. 비타민 A
는 다른 과실에 비해 20~30배 많이 들어 있고, 비타민 C는 5mg으로 적게 들어
있다. 과육은 황색 색소인 카로틴과 라이코펜이 들어 있고, 또한 Ca과 Fe이 다량
함유되어 있다. 살구씨는 행인(杏仁)이라 하며 청산배당체인 아미그달린(amyg-
dalin)이 함유되어 있다. 한방에서 살구씨는 거담, 진해, 천식 및 기관지 계통 질환
에 치료효과가 있다. 중국의 고급요리인 '행인탕'을 장기 복용하면 위암, 장암, 폐

암을 예방해 준다고 한다.

(3) 저장 및 용도

살구를 장기보관 할 때는 비닐랩에 싸서 냉장 보관하며, 건조저장방법은 살구를 살짝 찐 후 말려서 보관한다.

살구는 통조림, 넥타, 건살구, 잼으로도 이용한다.

(4) 고르는 법

- 껍질이 깨끗하고 상처가 없는 것
- 색이 선명한 것

4 자두(plum)

(1) 성상

자두는 중국이 원산지로 유럽종, 미국종, 일본종이 있다. 우리나라에서는 초여름에 출하되며 살구와 비슷하지만 표면에 털이 없다. 유럽종은 신맛이 강해서 생식하기보다는 말리거나 통조림, 잼, 젤리 등으로 많이 이용한다. 원모양으로 길쭉하며 껍질은 자색이고 과육이 노란색이다. 미국종은 향이 좋고 신맛이 강하고 과즙이 많다. 과피는 황색, 홍색, 황백색이며 과육은 노란색이다. 일본종은 물기가 많고 달콤하여 생식에 좋고, 과피는 녹색, 적색이 있다. 과육은 노란색과 적색이 있다.

(2) 성분

자두의 성분은 수분이 84.7~88.2%이며, 당질은 포도당, 과당, 서당이 주성분으로 6~14% 정도 들어 있다. 유기산은 주로 사과산이 1~2% 들어 있으며, 펙틴이 많아 잼, 젤리 제조에 사용된다. 카로틴이 많아 비타민 A의 효력이 크며, 비타민 C는 비교적 적게 함유되어 있다. 말린 자두는 보통 자두보다 비타민 A, Ca과 Fe이 더 많으며, 말린 자두를 프룬(prune)이라 한다. 자두에는 완화작용을 하는 물질이 함유되어 있으며 미국의 노인들은 변비 예방 음식으로 건과를 휴대하고 다니면서 간식으로 먹기도 한다.

(3) 저장 및 용도

자두는 비닐봉지에 넣어 냉장 저장하는 것이 좋으며, 상온에서는 4~5일 정도 가능하다.

자두는 주로 생식으로 이용하지만 건과, 넥타, 잼, 젤리, 술 등으로 사용하고 있다.

(4) 고르는 법

·껍질에 상처가 없고 모양이 좋은 것
·꼭지부분까지 색이 골고루 퍼져 있는 것

5 대추(jujube)

(1) 성상

대추는 약 40여 종에 300~400품종이 재배되고 있는데, 주로 열대, 아열대, 온대지방에 분포되어 있다. 조(棗) 또는 목밀(木蜜)이라고도 하며, 특히 중국에서 많이 재배하고 있다. 특별한 재배기술 없이도 재배할 수 있고 수익성이 높아 재배가 용이하다. 수확 후 생산물의 저장이 간편하다.

우리나라의 대추는 충청도의 보은대추, 경기도의 경대추, 논산의 연산대추, 경남 밀양의 고례대추, 경북의 동곡대추 등으로 분류된다. 보통 8월 하순~9월 중순에 수확하며 이듬해 4월까지 출하한다.

(2) 성분

대추는 수분함량이 낮으며, 당질이 주성분으로 포도당과 과당이 주 당류이고, 글

그림 6-5 대추

라이신(glycine) 260mg, 프롤린(proline) 205mg으로 아미노산이 구성되어 있다. 그 밖에 라이신(lysine), 루신(leucine) 등의 필수아미노산이 포함되어 있다. Fe과 Ca의 좋은 급원이고, K과 나이아신(niacin), 비타민 B_1, B_2가 풍부하며, 비타민 C도 함유되어 있다. 대추는 노화를 예방하며, 내장기능을 강화시키고, 정신 안정제로 쓰인다. 또한 이뇨, 강장, 건위, 진해, 진통, 해독 등의 효능이 있어 기력부족, 전신통증, 불면증, 근육경련, 약물중독, 빈혈 예방 등에 이용되고 있다.

(3) 저장 및 용도

0~4℃의 온도와 습도 85~90%가 유지되도록 저온냉장고에서 저장한다. 또한 차, 떡, 약식, 과자 등에 이용한다.

(4) 고르는 법

· 껍질이 윤이 나고 벌레 먹은 것 없이 깨끗한 것
· 살이 연한 황갈색일 것

6 버찌(cherry)

(1) 성상

버찌의 원산지는 페르시아 지역으로 담홍색과 홍색을 띠는 것, 흑적색을 띠는 것 등이 있다. 종류에는 맛과 질이 우수한 유럽계와 과실로서 가치가 낮은 동양계가 있다.

우리나라에서도 유럽계가 재배되고 있으며, 유럽계는 스위트 체리와 샤워체리가 있다. 스위트 체리는 감과로 달콤한 단맛이 많아 생과용, 디저트 장식용으로 쓰이며 또는 통조림을 만들어 냉동하거나 양주에 넣기도 한다. 새큼한 맛을 내는 샤워체리는 즙이 많고 당분이 적어 신맛이 강하므로 건과를 만들거나 냉동저장한다. 그 밖에 과자, 아이스크림, 잼, 젤리 등 가공재료 및 각종 과일 칵테일이나 프루트펀치 등에 쓰인다. 우리나라 재배종은 색깔이 검고 과즙이 적어 버찌소주를 만드는 데 쓴다.

그림 6-6 버찌(체리)

(2) 성분

주성분은 과당이 당질의 60% 이상을 차지하고 포도당, 설탕으로 구성되어 있다. 그 밖에 유기산은 0.4%로 말산이 대부분을 차지한다. 비타민 C의 함량은 풍부하며 아미노산은 아스파라긴이 많이 함유되어 있다. 또한 스테이크를 먹을 때 체리와 함께 먹으면 고기를 구울 때 생기는 발암물질을 90%나 감소시켜준다.

그 밖에 체리 속의 붉은 색소인 안토시아닌이 아스피린보다 10배나 높은 효과를 가지고 있으며 진통제 복용이 잦은 관절염 환자들의 약물 부작용을 막아준다.

7 앵두(nanking cherry)

(1) 성상

중국의 동북부 지역이 원산지이며, 우리나라는 충청 이남지방에 주로 분포한다. 장미과에 속하고, 4월에 흰 꽃이 피며, 핵과는 구형인데 속씨가 과육에 비해 큰 편이다. 과육은 상쾌한 신맛이 있다. 열매의 지름은 1cm 가량으로 둥글며 모양은 버찌와 흡사하다. 관상용으로 심기도 한다. 양지바른 곳이면 어느 곳에서나 잘 자라며 씨를 뿌려도 5~6년이면 열매를 맺는다.

(2) 성분

앵두의 주성분은 당질로 8.3% 함유하고 있으며, 새큼한 맛의 성분은 사과산과 구연산 등의 유기산으로 약 1.5% 가량 들어 있다. 이러한 유기산은 체내에서 신진대사를 도와주며 피로회복의 효과가 있다. 펙틴 성분도 많이 들어 있다. 앵두씨 안에는 특수한 배당체로서 아미그달린(amygdalin)이라는 성분이 들어 있고 그 중 만데로니트릴이 분해되면 청산이 된다.

그림 6-7 앵두

앵두는 정장효과, 체내에 흡수되면 비위와 심기에 좋고, 원기 회복에 효과가 있으며 모양이 예쁜 만큼 식욕증진에도 효과가 있다.

(3) 용도

앵두편, 앵두화채, 앵두정과, 앵두주와 잼, 젤리 등으로 이용된다.

6-3. 장과류(berries)

표 6-3 장과류의 영양성분(100g 중)

종류	열량 (kcal)	수분 (%)	단백질 (g)	지질 (g)	탄수화물 당질 (g)	탄수화물 섬유 (g)	회분 (g)	무기질 Ca (mg)	무기질 P (mg)	무기질 Fe (mg)	무기질 Na (mg)	무기질 K (mg)	비타민 A (R.E)	비타민 B₁ (mg)	비타민 B₂ (mg)	비타민 niacin (mg)	비타민 C (mg)	폐기율
포도	60	86.4	0.4	0.8	14.1	0.4	0.3	12	20	0.2	1	136	0	0.40	0.25	0.3	5	29
무화과	43	87.7	0.6	0.1	10.4	0.7	0.5	26	16	0.3	5	191	2	0.03	0.03	0.2	2	8
블루베리	56	84.6	0.7	12.8	12.8	1.3	0.2	6	10	0.2	6	89	1	0.05	0.05	0.4	13	2
석류	67	81.1	0.6	16.8	16.8	0.8	0.5	8	15	0.1	5	260	0	0.03	0.03	0.3	10	80
크랜베리	49	86.5	0.4	0.1	12.2	4.6	0.2	8	13	0.3	2	85	0	0.01	0.02	0.1	13	5

(1) 성상

포도의 원산지는 지중해와 서아시아 등지로 알려져 있으며, 우리나라는 고려시대 이전부터 중국에서 도입되어 재배되었다고 하지만 확실하지 않다. 그러나 조선시대의 백자기에 포도의 그림이 많이 나오고, 산림경제(山林經濟)에 여러 가지 포도 품종이 기록된 것으로 보아 우리나라에서도 오래전부터 재배되었음을 알 수 있다. 포도의 대표적인 품종으로는 유럽종, 미국종, 유럽종과 미국종이 혼합된 잡종이 있다. 유럽종중 현재 가장 많이 재배되고 있는 품종은 머스켓 오브 알렉산드리아로 매우 오래된 것이다. 또한 톰슨 시들레스라는 품종은 캘리포니아산 건포도의 제조에 이용되는 씨 없는 포도의 품종이다. 미국종과 유럽종의 잡종성 포도가 세계 여러 곳에 재배되고 있는데, 그 중 델라웨어와 캠벌리가 대표적이다. 포도의 양조가 시작된 것은 B.C. 2000~1500년경부터 서아시아와 메소포타미아지방 중앙아시아에서 시작되었고 B.C. 3000년경 이집트에서 포도주에 대한 기록이 발견되었다.

(2) 성분

포도의 성분은 수분이 약 85%이고, 단맛 성분은 포도당과 과당으로 10~18% 함유되어 있다. 유기산으로는 주석산(tartaric acid)과 사과산(malic acid)이 1% 내외 들어 있으며, 타닌(tannin)에 의한 떫은맛도 약간 나타난다. 포도의 적색은 안토시안(anthocyan)계이다. 비타민 C가 적게 들어 있어, 포도주스에도 비타민 C가 적은 양(0~4mg)이 들어 있다. 무기질로는 K, Ca, Fe이 특히 많다. 그 밖에 펙틴(pectin)과 이노시톨(inositol)이 함유되어 있어 혈중 콜레스테롤을 저하시키고, 장의 활동을 촉진시킨다.

포도 씨에는 지방이 약 20% 정도 함유되어 있으며 강장제 및 이뇨효과가 있다. 포도 씨에는 카테킨 성분이 있어 살균, 해독, 방부의 작용이 있으며, 그 밖에 산화를 방지하고 돌연변이를 막아서 혈중 콜레스테롤의 함량을 낮추는 생리 활성 작용을 한다. 또한 강력한 항산화제인 안토시안 색소와 비타민 E가 있어 피부를 보호하고 피부미용에 효과적이다. 포도 씨 기름은 튀김이나 볶음 등의 요리에 사용하여도 잘 타지 않는다.

(3) 저장 및 용도

포도는 비닐봉지에 담아 냉장보관하고 장기간 보관할 때는 알갱이를 떼어 냉동한다.

총생산량의 80%를 포도주로 이용하고, 그 외에는 생식, 주스, 젤리, 건포도, 잼 등으로 이용된다.

(4) 고르는 법

- 알맹이가 꽉 차고 줄기가 파란 것
- 포도알의 색과 크기가 균일한 것
- 표면에 과분이 덮여 있고 탄력성이 좋은 것

2 무화과(fig)

(1) 성상

무화과의 원산지는 지중해이며 한국의 전남 남해안, 제주도, 일본, 중국 등지에 분포하고 있다. 무화과는 꺾어서 땅에 꽂아 심어도 번식하며 외부에서는 꽃이 보이지 않고 과일이 발육하기 때문에 무화과라고 한다. 8~10월에 검은 자주색, 황록색으로 열매가 익으며 손으로 껍질을 쉽게 벗길 수 있다.

그림 6-8 무화과

(2) 성분

무화과에는 수분이 87.7%, 당분이 10% 정도 들어 있으며 포도당과 과당이 대부분을 차지한다. 유기산과 비타민이 적게 들어 있고, 피신(ficin)이라는 단백질 분해 효소를 함유하고 있어 고기를 연하게 하는 연육제(軟肉劑)로 사용하거나 고기 먹은 후에 후식으로 먹으면 소화가 잘 된다. 예로부터 무화과는 변비에 좋고 해독작용, 치질치료에 효과가 좋은 것으로 알려져 있다.

(3) 저장 및 용도

무화과는 건조저장이 가능하며 냉장고에서 약 1주일 정도, 실온에서는 1~2일 정도 저장이 가능하다.

(4) 고르는 법

· 적당하게 익고 부드러운 것으로 모양이 고른 것
· 고유한 향기가 있고 단맛이 있는 것

3 크랜베리(cranberry)

그림 6-9 크랜베리

크랜베리는 유럽, 북미, 아시아지역이 원산지로 알려졌으며 캐나다 등에서 많이 재배되고 있다. 기후가 서늘하고 습지와 같이 풍부한 수량을 지닌 수원과 가까운 곳에서 재배가 잘 된다. 색깔은 선홍색에서 검은색까지 다양하며 맛은 신맛이 강하고 상큼하다. 미국산의 열매가 가장 크고 우수하다.

크랜베리는 세균이 치주나 방광점막에 부착하는 것을 억제하여 세균감염을 막아주며, 방광염, 신우염, 전립선염의 예방적 효과를 지녀서 비뇨기계통에 탁월한 효능이 있다. 또한 치주염, 위궤양, 노화방지제로서 효능을 나타낸다.

크랜베리는 주스, 잼, 젤리, 케이크, 아이스크림, 샐러드 등에 많이 쓰이며, 특히 북아메리카의 추수감사절에는 반드시 사용하는 재료인 칠면조요리에 크랜베리소스 (cranberry sauce)를 만들어 뿌려 먹는다. 캐나다에서는 와인중독자들이 와인을 끊기 위해 크랜베리주스를 마신다고 하는데, 그 이유는 와인의 빛깔과 향을 알코올 농도가 없는 크랜베리의 자극적인 색과 향미가 대신하기 때문이다.

4 구스베리(gooseberry)

원산지는 유럽, 북아프리카, 서남아시아 지역으로 알려졌으며 세계 각 지역에서 재배하고 있다. 구스베리는 서양까치밥나무라고도 하며, 4~5월경에 흰 꽃이 피고 10월에 열매가 성숙된다. 열매는 액과(液果)로 구형 또는 긴 타원형으로 익으면 적갈색이 된다. 열매의 종류는 약 500종으로 색깔에 따라 붉은색, 녹색, 노란색, 흰색으로 분류된다.

민간에서는 잎과 열매를 관상용 및 식용뿐 아니라 위장, 요통, 장출혈 등의 약으로 쓰기도 한다. 열매는 날로 먹거나 잼을 만들어 먹기도 하며, 익지 않은 열매는 과일의 설탕절임(compote)용으로 쓰이기도 한다.

그림 6-10 구스베리

5 블랙베리(blackberry)

그림 6-11 블랙베리

블랙베리는 아시아, 유럽, 아메리카, 아프리카 등지에 널리 분포하고 있으며, 추위에 비교적 약하여 양지바른 숲 속에서 잘 자란다. 품종으로는 하이부시베리, 무점하이부시베리, 블랙베리 등으로 나뉘며 재배품종의 대부분은 미국산 종류들이다. 우리나라에서는 중부 이남지역에서 재배가 가능하며 열매의 형태는 일정치가 않다. 모양은 복분자와 비슷하게 생겼으나, 복분자보다 크기가 크고 수명이 길다. 여름부터 가을에 걸쳐서 성숙하면 검은 빛이 돌아서 검은 딸기라는 이름이 생겼다.

일반적으로 신맛이 강하고 신선한 느낌이 들며 잼, 젤리, 과일의 설탕절임(compote), 요구르트, 디저트, 시럽, 셔벗 등으로 이용하고 있다. 특히 블랙베리와인은 맛이 약간 드라이해서 치즈 케이크, 바비큐 치킨이나 돼지고기와 잘 어울린다.

6 블루베리(blueberry)

블루베리의 원산지는 북아메리카로 20여 종이 알려져 있으며 월귤나무 관목의 총칭이다. 품종으로는 높이가 5m 내외로 자라는 하이부시베리(high bush berry)와 높이가 30cm 내외로 자라는 로부시베리(low bush berry)로 구분되며, 주로 산성토양에서 잘 자란다. 4~5월에 흰색의 작은 종 모양의 꽃이 피며, 열매는 구형 또는 편평한 원형으로 1개의 무게가 1~1.5g 정도이다. 여름부터

그림 6-12 블루베리

가을에 걸쳐 진한 흑청색, 보라색, 적갈색, 붉은색 등으로 익으며 열매 표면은 회백

색의 가루로 덮여있다.

블루베리의 색소성분인 안토시아닌(anthocyanin)은 인체 내에 들어가 혈액 속으로 속히 흡수되어 항산화작용 및 노화방지기능을 나타내며, 뛰어난 항산화 효과를 얻기 위해서는 과일을 껍질째 이용하는 것이 좋다.

맛은 달고 새콤하며, 신맛이 있어 날로 먹기도 하면서 파이, 머핀, 설탕절임, 젤리, 토핑, 시럽, 아이스크림, 팬케이크 등에 사용된다.

7 라즈베리(raspberry)

라즈베리는 장미과 나무딸기속 여러 종의 총칭으로 '나무딸기'라고도 하며, 봄에 흰색의 꽃이 피고 열매는 여름에 익는다. 익은 열매의 빛깔에 따라 레드 라즈베리, 블랙 라즈베리, 퍼플 라즈베리의 3종류로 나뉘며, 대부분 붉은색 열매가 맺히는 라즈베리를 재배한다. 열매는 딸기와 비슷하게 생겼으나 씨가 없는 것이 특징이다.

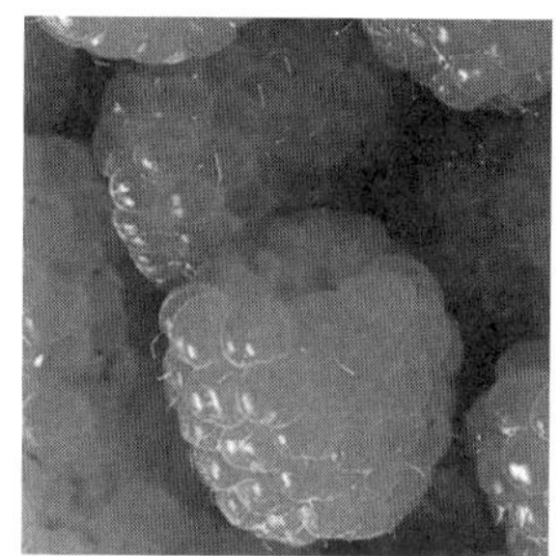

그림 6-13 라즈베리

열매는 생으로 먹거나 각종 젤리, 잼, 시럽으로 만들기도 하며 펀치, 브랜디, 바바리안 크림(bavarian cream), 파이무스(pie mousses)로 이용한다. 그 밖에 라즈베리 꽃과 과일을 차로 이용하기도 하는데, 건조된 과일을 잘게 썰어 차와 섞어서 만들기도 한다. 근래에 와서는 라이치차, 와일드 체리, 라즈베리 티와 같이 여러 가지 과일맛을 차와 섞는 것이 유행하고 있다. 라즈베리 와인은 미세한 딸기씨 없이 시큼하면서도 동시에 감미롭고 부드러운 맛이 느껴져 치즈를 곁들인 음식에 잘 어울린다.

(1) 성상

　석류의 원산지는 페르시아로서, 이란에서 전 세계로 퍼졌다. 이란에는 80여 종류의 석류나무가 있다. 석류의 열매는 핑크, 자주색, 황색, 녹색, 빨간색이며 가장 대표적인 것이 빨간색이다. 우리나라의 주산지는 경북, 전남 이남지역이며 9~10월 사이에 수확한다. 열매는 황색 또는 황홍색이며 지름 6~8cm의 둥근 모양으로 단단하고 노르스름한 껍질에 감싸여 있고, 안에는 붉은 색의 많은 종자가 있다. 과육은 새콤달콤하고 색이 무척 아름답다.

그림 6-14　석류

(2) 성분

　과즙의 주요 성분은 당질이며 포도당, 과당과 유기산이 많고 수용성 비타민 B_1, B_2, 나이아신, C가 비교적 많이 함유되어 있다. 과육의 선명한 색은 안토시아닌 색소이며 껍질에는 타닌, 종자에는 갱년기장애에 좋은 천연식물성 에스트로겐이 들어 있다. 석류꽃은 장을 편안하게 하는 정장효과가 있고 석류껍질은 알칼로이드가 들어 있어 구충제로 쓰인다.

(3) 저장 및 용도

　석류는 껍질을 벗기지 않은 상태로 냉장고에 보관한다.

　석류열매는 주로 식용하며 생과일, 설탕절임, 화채, 청량음료의 원료, 그레나딘 시럽(grenadin syrup) 제조, 디저트의 모양낼 때, 각종 음식의 색을 낼 때 이용할 수 있다.

6-4. 견과류(nuts)

표 6-4 견과류의 영양성분표(100g 중)

종류	열량 (kcal)	수분 (%)	단백질 (g)	지질 (g)	탄수화물		회분 (g)	무기질					비타민					폐기율 (%)
					당질 (g)	섬유 (g)		Ca (mg)	P (mg)	Fe (mg)	Na (mg)	K (mg)	A (R.E)	B₁ (mg)	B₂ (mg)	niacin (mg)	C (mg)	
밤	160	59.8	3.5	0.8	33.6	1.1	1.2	35	93	0.8	4	480	6	0.45	0.23	0.7	29	39
은행	182	55.2	5.1	1.7	36.3	0.5	1.2	2	124	1.0	4	510	4	0.22	0.19	6.0	18	30
호두	626	4.5	18.6	59.4	14.5	1.2	1.8	130	199	3.0	3	339	3	0.55	0.11	0.8	0	54
잣	643	5.5	18.6	64.2	9.3	0.9	1.5	13	165	4.7	4	567	4	0.33	0.10	7.0	0	10
피칸	660	1.1	8.0	64.6	20.7	1.7	4.0	35	304	2.2	1	370	2	0.32	0.11	1.6	0	0
여지	63	82.1	1.0	0.1	16.4	−	0.4	2	22	0.2	0	170	0	0.02	0.06	1.0	36	30

1 밤(chestnut)

(1) 성상

밤은 참나무과에 속하는 낙엽교목으로 동양에서는 한국, 일본, 중국 등이 밤의 주산지이다. 밤의 종류에 따라서 원산지가 다르며, 온대지역에 자생하는 종류가 13종이 있고, 과실로서 이용되는 것은 일본밤, 중국밤, 유럽밤, 미국밤, 한국밤 등이다. 우리나라에 분포된 것은 중국종과 한국종이다.

근래 우리나라에서 재배되고 있는 품종은 국내의 재래종 중에서 충해에 저항성이 큰 우량품종과 일본의 개량품종이다. 한국의 재래종 밤은 일본종에 비해 감미가 높으며, 중국종은 과립이 작고 속껍질이 잘 벗겨지면서 맛이 좋으나 해충에 약하다. 햇밤은 9~10월경에 생산되는 것이 품질과 맛이 우수하며, 저장해 두었다가 1월경까지 계속 출하된다.

(2) 성분

밤의 수분 함량이 56~66%, 당질이 약 40% 함유되어 있는데 그 중에서 전분이 50%이다. 그 밖에 설탕, 포도당, 덱스트린 등이 들어 있어 곡류에 가까운 성분이며 주식으로도 이용된다. 밤에는 자당이 많기 때문에 단맛이 강하고, 단백질은 2.3~2.8% 들어 있으며, 타닌이 약 0.4% 정도 함유되어 있다. 비타민 A, B_1, C와 무기질 중 K, P, Fe, Na, Ca 등이 풍부하게 들어 있어 자양식품이라 할 수 있다. 비타민 C는 견과류 중에서 가장 많이 들어 있고, 밤의 비타민 C는 껍질이 두꺼워서 구웠을 때도 손실되지 않는 장점이 있다. 따라서 밤은 5대 영양소를 골고루 함유하고 있는 영양식품이다.

밤은 피로회복, 감기예방, 피부미용에 효과적이며, 뼈나 근육을 튼튼하게 하기 때문에 발육기에 있는 어린이, 하체가 약한 사람에게 특히 좋다. 생밤은 소화가 잘 되지 않기 때문에 위가 약한 사람은 적게 먹는 것이 좋다.

(3) 저장 및 용도

밤의 저장 조건은 2~6℃, 상대습도는 80%가 적합하며, 저장방법은 창고저장법과 노천매장법을 이용하고 있다. 밤은 생으로 먹거나 찌거나 굽는 것, 그리고 과자, 죽, 밤다식, 통조림, 밤엿, 밤 수프 등으로 이용된다. 또한 생률은 얇게 썰어 샐러드에 곁들이며, 이유식이나 회복기 환자식으로 밤을 넣고 끓인 밤암죽이 있다.

(4) 고르는 법

· 알이 굵고 도톰한 것
· 껍질이 매끈하고 갈색인 것
· 표면에 수분이 없는 것
· 벌레 먹지 않고 깨끗한 것

2 은행(ginkgo nut)

(1) 성상

은행의 원산지는 중국으로 알려졌고 은행나무는 세계 여러 나라에 분포되어 있지만 우리나라의 것이 가장 우수하다고 한다. 중국에서는 일명 공손수(公孫樹)라 하는데 할아버지가 심으면 손자가 열매를 수확한다고 해서 붙여진 이름이다. 은행나무는 병충해가 없으면서 모양이 아름답고 수명이 길기 때문에 천연기념물로 지정된 수목이 많으며, 장수를 돕는 식품으로 생각되어 각종 병을 치료하는 데 이용되어 왔다. 은행의 열매는 고약한 냄새가 나는 외피에 싸여 있고 속에 단단한 껍질이 있다. 피부에 닿으면 옻이 오르는데 일종의 알레르기 증세이다. 내종피는 딱딱하고 흰색이며 그 속에 씨가 들어 있는데 씨의 배유부를 먹는다. 은행은 5월에 꽃이 개화하여 10월경에 열매가 익어 수확한다.

(2) 성분

은행의 수분은 54.2%이고, 당질이 풍부하며, 주로 전분이 31.5% 함유되어 있다. 단백질은 5.4%, 지질은 1.7%로 적게 함유되어 있으며 단백질 중 트립토판(tryptophane)이 많고, 지방은 신경조직의 성분이 되는 레시틴(lecithin)과 비타민 D의 모체가 되는 에르고스테린(ergosterin)이 함유되어 있다. 은행에는 청산배당체가 함유되어 있어 많이 먹으면 중독증상이 나타난다. 은행은 진해, 거담 등의 효능이 있어 기침, 천식, 빈뇨 등의 치료, 폐결핵, 폐를 튼튼히 하는 효과가 있다. 또한 은행잎에서는 심장병 치료약 성분을 추출하여 이용하며 어린이의 야뇨증 치료에는 은행을 1일 5~6알씩 지속적으로 먹이면 효과가 있다고 한다.

(3) 저장 및 용도

은행은 외피의 육질을 제거하고 깨끗이 씻어 충분히 말린 후 수분 함량이 55%가 되도록 상온 저장한다. 은행은 한국요리의 신선로, 전골, 찜 등 각종요리의 고명으로 쓰이며 구워서 간식으로 이용하기도 한다.

(4) 고르는 법

- 테두리가 뚜렷하며 알이 짧고 둥근 것
- 알이 썩은 것이 없고 가열하면 연한 초록색이 되는 것

3 호두(walnut)

(1) 성상

호두의 원산지는 유럽이며, 우리나라는 고려 때 중국을 통하여 전래되었고, 18세기경에 일본으로 전래되었다.

식용을 하는 부분은 과실의 핵으로, 핵은 황갈색이며 표면에 주름이 많고, 핵 내부는 4개의 방으로 되어 있다. 재래종은 껍질이 단단해서 깨기가 힘들고 재배종은 껍질이 얇아서 쉽게 깰 수 있다. 호두는 적은 양일 때는 천일건조를 하며, 수량이 많을 때는 화력 건조기를 사용하여 단시간에 처리한다. 호두는 9~10월경에 수확하여 출하한다. 호두의 껍질을 벗길 때는 찬물에 약 하루정도 담가두면 벗기기 쉽다.

(2) 성분

호두의 성분은 지질이 60% 이상이고, 불포화지방산을 다량 함유하고 있으며, 주성분은 리놀레산(linoleic acid)이 대부분이다. 호두의 지방산은 콜레스테롤 수치를 낮추어 주어 고혈압, 동맥경화증, 심장질환의 예방과 치료효과가 있다. 그 밖에 호두에 풍부하게 들어 있는 리놀레산은 뇌의 활동을 촉진해 머리를 좋게 하여 수험생들에게 매우 좋다. 또한 단백질의 함량은 20~30%로 트립토판(tryptophane), 라이신(lysine) 등의 아미노산이 많다. 비타민 B_1, B_2, 나이아신과 Ca이 많이노화방지 및 피부 함유되어 있어 뇌신경을 안정시키며 비타민 A와 E가 많아 노화방지 및 피부미용에도 효과적이다.

호두는 소화가 잘 안되므로 한꺼번에 많이 먹지 않는 것이 좋다. 또한 호두는 리놀레산, 리놀렌산 등의 불포화지방산이 공기와 접촉하여 산화되기 때문에 먹기 직

전에 까서 먹는 것이 좋다. 호두는 신장기능향상, 조혈작용의 효과가 있다.

(3) 저장 및 용도

호두는 온도 1.7℃, 습도 65%에서 저장한다.

날것으로 먹거나 죽, 호두엿, 호두엿강정, 술안주, 과자나 빵의 재료, 제사용, 화장품, 향료 등에 이용된다. 한식에서는 잣가루 대신 사용할 수 있다.

(4) 고르는 법

·껍질이 윤이 나며 갈색이 나는 것
·모양이 일정하고 껍질이 얇은 것

4 잣(pine nut)

(1) 성상

잣나무는 소나무에 속하는 상록교목이다. 솔잎모양의 잎이 한군데서 다섯 잎씩 나오기 때문에 오엽송(五葉松)이라고도 하며, 우리나라 전국에 분포되어 있다. 중국, 일본, 한국에 널리 분포되어 백자(柏子), 송자(松子), 해송자(海松子), 실백(實柏) 등의 한자이름을 갖는 잣은 솔방울처럼 생겼다. 종자는 난형이며, 지름이 12mm, 길이가 12~18mm이다. 국내 주요 산지는 강원도의 춘천, 홍천, 횡성, 경기도의 가평, 양평, 포천 등지이다. 출하 시기는 10~12월까지이다.

(2) 성분

잣은 수분이 약 5.5% 내외이고, 지질은 약 74%로 풍부하여 칼로리가 높으며, 단백질이 약 15%가 들어 있다. 또한 Fe, K, 비타민 B_1, B_2, E가 풍부하며, 자양강장 효과가 있다. 일반적으로 저장성은 좋으나 너무 오래 두면 기름이 산패되어 맛과 영양이 떨어진다. 특히 잣은 P이 많고 Ca이 적은 산성식품이므로 잣을 섭취할 때는 우유, 해조류, 과일, 채소류를 충분히 섭취하는 것이 이상적이다.

(3) 저장 및 용도

저장실은 서늘한 곳이 좋으며, 오래 보관하고자 할 경우에는 껍질을 벗기지 않고 저장하는 것이 좋다.

잣은 생으로 먹기도 하며, 과자나 요리에 고명으로 쓰이기도 하고, 잣죽을 끓여 먹기도 한다. 한방에서는 성격이 온후해지게 하고 영양섭취를 도와주며 대변을 부드럽게 하는 작용이 알려져 있다.

(4) 고르는 법

- 윤기가 나며 짙은 노란색인 것
- 맛이 고소하며 낱알이 일정한 것

5 피칸(pecan)

(1) 성상

피칸의 원산지는 북아메리카 남동부로 알려졌으며 버터나무, 생명의 나무라 부르기도 한다. 피칸은 가래나무과의 낙엽교목이며 열매는 견과류로서 긴 타원형태의 식물이다. 우리나라는 1910년경 미국에서 피칸나무를 들여와 광주와 전남지역에서 재배하기 시작하였다. 그러나 대부분의 품종이 추위에 약하기 때문에 우리나라 기후 풍토에 잘 적응할 수 있는 우

그림 6-15 피칸

수한 품종육성이 필요하게 되었다. 피칸은 봄에 생장이 시작되어 가을에 과실이 성숙될 때까지 긴 무상기간(서리가 없는 기간)이 필요한 수종이다. 피칸의 생육적온은 여름 평균 기온이 24~29℃ 범위이고 낮과 밤의 기온차이가 적어야 좋다.

열매의 모양은 도토리와 비슷하고, 열매의 무게는 2.5~5.9g 내외로 호두보다 과실껍질이 얇아 파쇄하기 쉬우며 과육의 주름이 적으면서 맛이 좋다.

(2) 성분

영양가는 호두와 비슷하며 호두보다 고소하고 단맛이 좋다. 주요 성분은 지방이 70%, 단백질이 12% 함유되어 있어 지방과 칼로리가 높다. 피칸에 들어 있는 지방은 단일불포화지방의 상태로 함유되어 있고, 비타민 E와 섬유질이 많이 함유되어 있어 나쁜 콜레스테롤의 수치를 낮추어 주어 심장병과 같은 심혈관 질환에 효과가 높다.

(3) 용도

피칸은 서양요리에 많이 쓰이며 껍질은 떫은맛이 있으므로 물에 불리거나 살짝 구워서 껍질을 제거하고 사용해야 고소하다. 시리얼이나 샐러드에 넣어 이용하고 아이스크림, 파운드케이크, 파이 등 제과용 디저트에 이용하고 있다.

6 여지(리치, litchi)

(1) 성상

원산지는 중국 남부에서 인도차이나반도로 알려져 있다. 냉동과일은 연중 출하되며 생과는 6~7월경에 수확된다.

우리나라에서는 여주 또는 여지라 하며, 일본에서는 여주, 중국에서는 라이치, 영어로는 리치라고 한다. 여주의 열매는 메추리알보다 조금 크다. 열매껍질은 붉은색으로 딱딱하고, 거북이 등과 같은 무늬가 있으며, 껍질이 딱딱하지만 쉽게 벗길 수 있다. 열매의 살은 유백색이고 수분이 많은데 약간

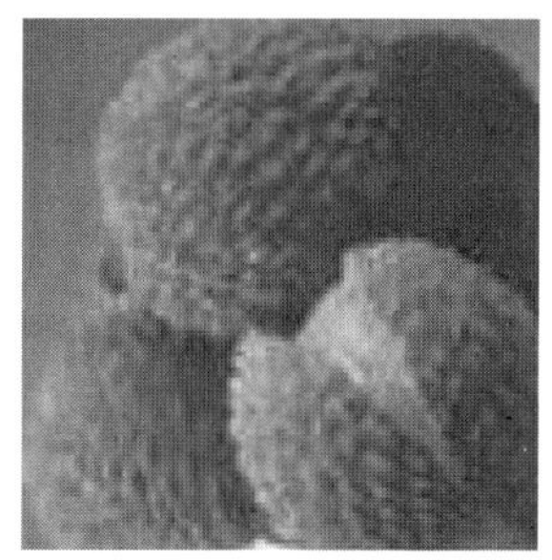

그림 6-16 여지

신맛과 단맛이 조화롭게 구성되어 맛이 좋으며 독특한 방향이 있다. 종자는 암갈색이며 광택이 있고 녹말을 함유한다. 열매를 생식하는데, 중국 남부에서는 과일의 왕이라 한다. 비타민 C는 50mg으로 풍부하다.

(2) 용도

중국요리에서는 여지의 껍질을 벗기고 씨를 뺀 과육을 닭고기, 채소 등과 함께 볶음요리에 사용하고 있다. 생 열매는 냉동저장이 가능하며 말린 열매는 통조림으로 이용한다. 우리나라에는 보통 통조림으로 수입되며 과일화채에 넣어주면 향과 맛이 좋다.

6-5. 열대과일류

표 6-5 열대과일의 영양성분표(100g 중)

종류	열량 (kcal)	수분 (%)	단백질 (g)	지질 (g)	탄수화물		회분 (g)	무기질					비타민					폐기율
					당질 (g)	섬유 (g)		Ca (mg)	P (mg)	Fe (mg)	Na (mg)	K (mg)	A (R.E)	B_1 (mg)	B_2 (mg)	niacin (mg)	C (mg)	
파인애플	16	94.3	1.3	0.2	2.4	0.7	0.6	51	29	0.3	5	230	7	0.05	0.06	0.3	46	8
바나나	25	92.4	1.5	0.2	4.7	0.7	0.5	43	43	0.3	21	190	3	0.05	0.01	0.1	44	8
키위	46	86.9	0.7	0.3	10.1	0.2	0.7	24	27	0.5	3	270	8	0.01	0.01	0.5	27	7
멜론	32	90.5	1.3	0.2	6.7	0.6	0.7	15	24	0.5	8	330	6	0.03	0.01	0.6	27	16
파파야	49	86.1	0.6	0.2	11.9	0.7	0.5	18	10	0.2	5	190	12	0.03	0.05	0.4	65	23
아보카도	191	70.1	2.5	18.7	5.2	2.1	1.4	9	55	0.7	7	720	18	0.10	0.21	2.0	15	30
망고	68	80.8	0.6	0.1	17.6	0.5	0.4	15	12	0.2	6	194	247	0.04	0.06	0.7	20	30
망고스틴	33	90.2	1.4	0.5	5.6	1.6	0.7	111	49	0.8	6	210	87	0.06	0.10	0.4	27	16
두리안	33	89.5	3	0.5	5.4	0.7	1.0	41	65	2.6	53	580	796	0.12	0.35	0.5	65	27

<table><tr><td>**1**</td><td>### 파인애플(pineapple)</td></tr></table>

(1) 성상

파인애플은 아나나스과에 속하는 상록 초본의 열매로, 아메리카 열대지방이 원산지이며 하와이, 태국, 브라질 등에서 많이 생산되고 있다. 우리나라에는 1960년대 초에 그 품종이 들어와 제주도에서 비닐하우스로 재배하기 시작하였다. 잎은 선형이고 뿌리에서 소복하게 나며, 과실의 모양은 원통형, 원뿔형, 난형 등이 있고 특유의 방향이 있으며, 익으면서 황색으로 변한다. 영어명의 파인애플은 형태가 솔방울이고 맛은 사과와 비슷하다고 해서 붙여진 이름이며, 유럽에서는 거북열매라는 뜻에서 유래한 '아나나스'라고 부르기도 한다. 파인애플은 심은 후 15~18개월 후부터 수확하기 시작하고, 수확은 6~8월, 1~3월에 2차례 한다. 국내에서는 제주도에서 재배하며, 파인애플은 과육이 백색 또는 황색으로 과즙이 많고, 감미와 산도가 적합하여 맛이 좋다.

(2) 성분

주성분은 수분이 83.6%이고, 수용성 당인 서당이 10~15%, 구연산이 80% 함유되어 있으며, 소량의 사과산이 들어 있다. 비타민 C는 50~60mg나 되고, 과육의 황색은 주로 β-carotene이며, 과육 중에는 단백질 분해효소인 브로멜린(bromelain)이 함유되어 있어서 연육제로 사용된다. 파인애플에 들어 있는 브로멜린은 통조림 및 캔 등의 가공 시 열에 의해 불활성화하므로 육류의 연화를 위해서 사용할 때는 생 파인애플이 적합하다.

(3) 저장 및 용도

파인애플은 수확 후 2~3일간 후숙시키는 과정에서 단맛이 증가하여 생식하기도 하지만, 주로 통조림으로 가공하여 사용한다. 파인애플은 충분히 실온에서 익혀서 냉장고에 저장하는 것이 좋다. 파인애플은 건과, 잼, 케이크, 디저트류, 주스, 식초, 알코올 제조에 쓰이며, 육류 섭취 시 후식 과일로 이용한다. 또한 질긴 부위의 스테이크용 고기에 파인애플 주스를 약간 발라서 구워 육질을 연화시키며 탕수육이

나 단 음식의 부재료로 쓰인다. 한식에서 고기 요리에 배처럼 갈아서 사용하기도 한다. 파인애플을 설탕에 담가 삭힌 것 및 파인애플 통조림을 모과수라 한다.

(4) 고르는 법

- 달콤한 냄새가 나며 단단한 것
- 껍질이 30% 정도 노란색인 것

Q: 덜 익은 과일을 인공적으로 완숙시키는 방법은?

A: 과일은 완숙한 신선한 것을 수확하여 즉시 먹는 것이 가장 맛있게 먹는 방법이지만 수확 후 먹을 때까지 시간이 걸리므로 완숙하지 않은 과일을 수확하여 출하하는 것이 일반적이다. 완숙하지 않은 과일은 수확 후 인공적으로 성숙시키게 되는데 인공 성숙을 위해서 에틸렌 가스(ethylene gas)를 많이 사용한다. 에틸렌 가스는 미성숙 과일의 클로로필 색소를 파괴함과 동시에 적색소 형성을 자극하여 과일을 성숙시키게 된다. 감귤류, 바나나, 토마토의 경우도 인공 성숙을 위해 에틸렌 가스를 많이 사용하고 있다.

2 바나나(banana)

(1) 성상

바나나의 원산지는 말레이시아 등의 동남아시아와 뉴기니아에서 폴리네시아까지로 알려져 있다. 주요 생산지로는 중남미가 세계 생산량의 50%를 차지하며, 그 다음은 인도, 브라질, 필리핀, 타이, 에콰도르 등이다. 생식용 바나나는 필리핀, 인도, 브라질이 주산지이고, 요리용 바나나는 우간다, 콜롬비아, 콩고민주공화국 등지가 주산지이다. 우리나라에서는 1980년대부터 제주도에서 재배하기 시작했으며 생식용은 지름이 3.5~5cm, 길이가 6~20cm, 요리용은 지름이 7cm, 길이가 30cm 되는 것이 있다. 바나나의 색은 등황색, 담황색, 회백색 등이 있다. 바나나의 종류는 400여 종이 넘으며, 레드(모라도), 플랜틴, 부로, 아마스, 라까딴, 오리또, 까르다바 등이 있다.

(2) 성분

바나나의 성분은 수분 75%, 당질 22.6%, 단백질 1.1%, 지질 0.1%가 함유되어 있으며, 당질이 많은 알칼리성 식품으로 100g당 82kcal 열량이 나온다. 바나나는 완숙함에 따라 카로틴(carotene)이 많아져서 담황색을 띠고 있으며 펙틴의 함량은 0.7~1.2% 정도이나 완숙하면 절반으로 감소된다. 그 밖에 비타민 A, B_1, B_2, C, Fe, Ca, K 등이 있으며, K은 사과의 3배나 많이 들어 있어 스트레스 해소에 좋다. 바나나 껍질에 갈색반점이 하나둘 생겨났을 때 맛이 제일 좋다. 바나나의 향기성분은 아이소아밀알코올(isoamylalcohol), 아이소아밀아세테이트(isoamylacetate)에 의한 것이다. 바나나는 면역증강, 뇌졸중 예방, 항암작용, 노화방지작용, 다이어트에 효과가 있다.

(3) 저장 및 용도

바나나는 15℃의 서늘한 상온에서 신문지에 싸서 보관하며, 장기보관을 할 때나 너무 익은 경우는 바나나의 껍질을 벗겨 비닐팩에 넣어 밀봉한 후 냉동고에 보관한다. 바나나의 조리법은 튀기기, 굽기, 껍질째 쪄서 굽는 방법이 있으며, 과자의 원료, 아이스크림, 화채, 바나나탕, 샐러드 등의 원료로 이용된다.

(4) 고르는 법

- 껍질은 노란색이며 짓무르지 않은 것
- 부드러운 맛이 나며 떫지 않은 것

Q: 덜 익은 바나나, 키위와 감을 구입하였을 때 가정에서 어떻게 하면 완숙시켜 맛있게 먹을 수 있을까?

A: 에틸렌 가스를 사용하면 인공적으로 쉽게 완숙시킬 수 있지만 가정에서 손쉽게 할 수 있는 방법은 비닐주머니에 덜 익은 과일과 함께 사과를 넣고 1주일 정도 두면 색깔, 연도가 좋아지고 감의 경우 떫은맛도 사라져서 과일을 맛있게 먹을 수 있게 된다. 그 이유는 사과가 에틸렌 가스를 발생하므로 바나나, 키위와 떫은 감을 완숙되도록 도와주기 때문이다.

(1) 성상

키위는 중국다래를 말하는 것으로 중국의 양자강 연안이 원산지이며 양도라고도 한다. 우리나라의 산에서 볼 수 있는 다래의 일종이며 뉴질랜드에서 품종개량이 되어 명성을 얻은 과일이다. 키위는 중국다래가 뉴질랜드의 국조인 키위새의 모양과 색깔이 비슷해서 붙여진 이름으로, −10℃ 이하로 온도가 내려가는 지역에서만 재배가 되는 작물이다. 키위는 국내소비량의 반 이상이 국내에서 재배된 것으로 제주지방, 경남, 전남지역에서 주로 생산한다. 키위는 8~9월에 익으며, 수확 후 3~4개월간 저장이 가능하다. 키위는 갈색의 털로 덮여 있으며, 껍질이 얇고, 바깥속살은 연한 연두색이면서, 씨앗은 검정색이다. 키위는 병충해에 강하기 때문에 농약을 치지 않은 무공해식품이다.

(2) 성분

키위의 성분은 수분이 84%, 당질이 12.5%, 섬유질이 1.2%이며, 단백질이 1%, 지질이 0.4%이다. 또한 무기질로 Ca이 24mg, Fe이 0.5mg, Na이 3mg, K이 270mg 들어 있다. 특히 비타민 C는 약 27mg 정도 풍부한 양이 함유되어 있고 Fe도 많이 함유되어 있다. Na은 소금의 성분으로 고혈압과 관계가 있고 K은 그 반대 성질로 고혈압 예방에 효능이 있는 것으로 알려졌다. 키위 과즙에는 단백질 분해효소인 액티니딘(actinidine)이 있어 고기를 먹고 난 뒤의 후식으로도 좋고 연육제로도 이용된다. 루테인이 풍부하여 암과 심장병, 특히 백내장과 같은 노인성 안질환을 예방하는 효과가 있다. 또한 섬유소가 많이 함유되어 있어 변비 예방과 다이어트 식품으로 우수하다.

(3) 저장 및 용도

키위는 반드시 후숙시켜 냉장 보관하며, 딱딱한 것은 폴리에틸렌 봉지에 담아 냉장고에 보관한다.

키위는 향이 좋아 생으로 먹으며 주스, 샐러드, 잼, 케이크, 양과자의 원료 그리고 과실주, 칵테일의 재료 및 술 만드는 데 이용한다. 단 가열조리하면 맛이 변하기 때문에 피하는 것이 좋다.

(4) 고르는 법

- 모양이 일정하고 엷은 갈색으로 윤이 나는 것
- 손으로 눌렀을 때 약간 무른 느낌이 드는 것

4 멜론(melon)

(1) 성상

멜론의 원산지는 동아프리카로 알려졌으며, 야생종이던 것을 아프리카 북부, 중동 등지에서 재배하여 동서로 전파한 것이 서양계 멜론과 동양계 참외로 정착되었다.

멜론의 종류로는 네트형 멜론과 노네트형 멜론이 있다. 네트형 멜론은 거의 원형이며, 과육은 즙이 많고 단맛이 강하다. 표면에 그물 무늬가 있으며 과피는 녹색바탕에 연한 녹색의 그물 무늬가 있다. 노네트형 멜론은 원형에 가깝고, 과육의 색은 거의 흰색이며, 표면이 매끄러우면서, 과피의 색은 아이보리색이나 노란색이 있다.

멜론 과육의 색은 초록색, 빨간색, 흰색으로 나누어지는데, 과육이 녹색인 것이 주류를 이루었지만 요즘에는 빨간색 과육의 멜론이 높은 인기를 얻고 있다.

(2) 성분

멜론의 성분은 수분이 87%이고, 주성분은 당질로서 11%를 차지하며, 비타민 A, C와 무기질 중 Ca, P, K이 많이 함유되어 있다. 수확 후 숙성되면 과육이 물러지는데, 이것은 펙틴(pectin)이 가용화하였기 때문이며 섭취 시에 부드러운 느낌을 준다. 멜론은 오장육부의 질병에 효과가 있고, 빈혈증 치료효과, 진정효과가 있다.

(3) 저장 및 용도

냉장고에 넣을 때에는 반드시 완숙된 것을 보관해야 한다. 덜 익은 멜론은 살이 단단하고 향이 좋지 않으며, 냉장고에서는 후숙이 잘 안 된다. 너무 차가워지면 단맛도 떨어지므로 실온에서 후숙시키는 것이 좋다. 멜론은 주스, 젤리, 셔벗, 무스 등에 이용한다.

(4) 고르는 법

- 모양이 일정하고 색이 고른 것
- 머스크멜론은 가지런히 줄이 그어져 있고 찌그러지지 않은 것
- 후숙되어 너무 무른 것은 상한 것임

5 파파야(papaya)

(1) 성상

파파야는 열대 아메리카가 원산지로 열대와 아열대지역에서 재배하고 있다. 파파야 열매는 호박과 비슷한 모양이며, 달걀형, 긴타원형, 원형이 있다. 표피의 색은 녹황색이고, 과육은 황색 또는 등황색으로 단맛과 특유한 향기가 있으며, 치밀하고 부드럽다. 열매의 무게는 0.2~3kg이다. 파파야는 꼭지의 반대 부위가 가장 달고 맛이 있으며 꼭지 쪽으로 갈수록 맛이 점점 떨어진다.

그림 6-17 파파야

(2) 성분

파파야의 주성분은 당분으로 과당과 서당이 주를 이루며, 유기산이 적어서 신맛보다는 단맛이 강하고, 카로틴과 비타민 C가 풍부하다. 열매의 과육에는 단백질 분해효소인 파파인(papain)이 함유되어 있어서 고기와 함께 조리하면 고기를 연하게

하며, 소화를 돕는다.

(3) 저장 및 용도

파파야는 완숙된 것을 냉장고에 보관해야 하고 미숙과를 보관 시에는 후숙이 멈추기 때문에 맛이 떨어진다. 파파야는 과육이 매우 연하므로 보관 시 껍질에 흠이 생기지 않도록 해야 한다.

파파야는 생과일로 먹기도 하며, 전채요리로 연어나 햄을 파파야 과육에 말아 조리하기도 하고, 라임과 레몬을 곁들이면 맛이 좋아지고 냄새를 제거할 수 있다. 피클, 잼, 젤리, 설탕절임, 셔벗, 주스, 단백질 소화제, 맥주, 간장의 청정제, 구충제 등으로 이용한다. 또한 씨는 맛이 좋아서 향신료로 이용되기도 한다.

6 아보카도(avocado)

(1) 성상

아보카도의 원산지는 남아메리카와 멕시코로 알려져 있으며, 미국의 캘리포니아와 플로리다 지역, 중앙아메리카, 서인도 지역에서 많이 생산된다. 아보카도는 서양배와 같이 생겼으며, 길이 10~15cm의 녹갈색 열매로 과육은 담황색을 띠며, 담백한 맛을 낸다. 이 열매 안에는 한 개의 씨가 들어 있다.

그림 6-18 아보카도

(2) 성분

아보카도는 수분이 약 70%, 단백질 2.5%, 지질 18.7%, 당질 5.2%, 비타민 A, C, E가 풍부하며 지방의 30%에는 리놀레산(linoleic acid) 등 불포화지방산이 있어서 숲의 버터라고 한다.

(3) 저장 및 용도

완숙시킨 것은 저온 보관하며 껍질이 두꺼우므로 밀봉하여 저장하지 않아도 된다. 덜 익은 것을 냉장고에 넣어 저장하면 내부 갈변현상이 나타난다.

생식 또는 샐러드용, 수프, 생선요리의 소스 등으로 이용된다.

7 망고(mango)

(1) 성상

망고의 원산지는 말레이반도, 인도, 미얀마로 알려졌으며, 기원전부터 식용되어 왔다. 열매는 5~10월에 성숙하는데, 단단하고 얇은 과피는 익으면 황록색에서 황색으로 변하고 과육은 홍황색을 띤다. 과실은 품종에 따라 원형, 타원형, 관형, 편평형 등으로 나눠진다.

그림 6-19 망고

(2) 성분

주성분이 포도당, 과당, 서당이며 구연산을 함유하고 있다. 과육은 홍황색을 띠고 β-carotene을 함유하고 있다. 과육은 특유한 향기가 나고, 단맛이 강하며, 즙이 많다.

(3) 저장 및 용도

완숙시킨 것을 비닐 랩에 싸서 냉장 보관하면 일주일 정도는 보관이 가능하다.

생으로 이용하거나 주스, 젤리, 아이스크림, 통조림, 건조과일, 피클로 이용하며, 수액은 아라비아고무 대용, 씨는 약용으로 이용한다.

그림 6-20　망고스틴

　　망고스틴의 원산지는 말레이반도이며, 주요 생산지는 인도네시아, 말레이시아, 대만, 필리핀 등이다. 모양은 탁구공보다 조금 크며 흑자주색의 딱딱한 껍질 속에 있는 하얀 과육을 식용하는데, 산뜻한 단맛과 신맛이 있다. 주성분은 당분이 많지만 비타민과 무기질류는 적은 편이다. 망고스틴은 반드시 냉장 보관해야 하며, 장기 보관 시는 −30∼−40℃로 급속 냉동시켜 보관한다. 망고스틴은 단맛이 풍부해 열대과일의 여왕이라 불려지며 세계 3대 미과의 하나이다. 보통 날것을 먹지만 후르츠 칵테일, 젤리, 셔벗의 원료로 쓰인다.

　　두리안의 원산지는 말레이시아 반도, 칼리만탄인 것으로 알려졌으며 특이한 취기를 내뿜는 식품으로 원산지의 사람들에게는 중요한 과수이다. 동남아시아의 적도 부근에서 재배되고 있으며 과실은 사람 머리만한 크기의 구형 또는 장구형으로 표면은 돌기로 덮여 있다. 껍질은 두꺼우며 열매 안은 다섯 개의 방으로 구분되어 있고, 그 안에는 종자가 2∼6개 있다. 과육은 연노란색

그림 6-21　두리안

으로 고급스러우면서 부드러우며, 단맛이 나고 신맛은 전혀 없다. 열대과일의 왕이라고 하며, 두리안은 과육만 꺼내어 랩으로 싸서 냉장고에 두면 일주일 정도 보관이 가능하다. 장기저장 시에는 급속 동결시켜 냉동 저장한다.

07

버섯류

버섯류(mushroom)는 균류계 중에서 진균류에 위치하며, 대부분의 담자균류에 속한다. 버섯류는 고등식물과 달리 엽록소가 없기 때문에 광합성을 하지 못하고, 미생물로서 다른 식물과 공생하며, 식물체나 토양 중에 있는 유기물에서 필요한 영양을 섭취한다. 버섯은 대부분 늦은 봄부터 가을까지 자연적으로 생성되는 경우가 많고, 22~32℃와 80~85%의 습도에서 가장 잘 발육한다. 우리나라에서는 삼국사기에 버섯에 대한 최초의 기록이 있고, 조선시대에 버섯에 대한 관심이 증가하여 약용법, 종류, 특징 등을 기록한 책들이 나오기 시작했다. 전 세계적으로 버섯은 약 18,000여 종이 있으며 우리나라에서도 약 100여 종이 기생하고 그 중 약 20여 종 정도만 재배하고 있다. 그 중 식용으로 이용되는 것에는 송이, 표고, 능이, 목이, 느타리, 팽나무버섯, 싸리버섯, 꾀꼬리버섯, 갓버섯, 맛버섯, 비늘버섯, 배젖버섯, 기와버섯 등이 있다. 세계적으로 가장 많이 재배되고 있는 것은 머쉬룸(mushroom, 양송이버섯)이고 다음이 느타리버섯류, 목이버섯류, 표고버섯의 순이다. 한편 이름이 밝혀진 1,100여 종의 버섯 중에서 식용버섯이 약 100여 종, 독버섯이 약 50여 종이 되는데 그 종류로는 알광대버섯, 흰알광대버섯, 광대버섯, 무당버섯, 미치광이버섯, 독깔때기버섯, 외대버섯, 화경버섯, 땀버섯 등이 있다. 버섯의 유독성분은 대부분이 아민(amine)류인 무스카린(muscarine)과 유독단백질이다. 독

표 7-1 버섯류의 영양성분(100g 중)

종류	열량 (kcal)	수분 (%)	단백질 (g)	지질 (g)	탄수화물		회분 (g)	무기질					비타민				
					당질 (g)	섬유 (g)		Ca (mg)	P (mg)	Fe (mg)	Na (mg)	K (mg)	A (R.E)	B₁ (mg)	B₂ (mg)	niacin (mg)	C (mg)
표고버섯(생것)	42	87.2	3.1	0.4	8.0	0.7	0.6	8	58	2.0	4	180	0	0.07	0.23	0.5	13
표고버섯(말린 것)	292	9.0	18.7	1.7	60.1	5.7	4.8	19	250	4.0	32	1850	0	0.64	1.23	10.5	0
양송이	26	91.0	3.6	0.2	306.0	0.8	0.8	9	112	0.6	4	400	0	0.10	0.33	4.9	3
느타리버섯	33	89.3	3.0	0.4	5.6	0.8	0.9	4	98	4.5	3	310	0	0.08	0.30	0.8	10
목이버섯	291	8.7	11.3	0.9	60.1	12.9	6.2	83	434	2.0	27	1315	0	0.30	0.60	2.7	0
석이버섯	288	13.3	8.1	3.0	59.8	9.6	6.2	32	360	0.6	32	1630	0	0.10	3.17	47.0	0
팽이버섯	33	9.7	2.7	0.5	5.4	0.9	0.8	1	80	0.9	5	320	0	0.31	0.22	8.1	0
송이버섯	37	8.3	2.0	0.3	6.7	1.8	0.9	0	40	1.3	4	415	0	0.05	0.50	8.0	0
만가닥버섯	38	7.8	2.3	0.1	8.3	0.6	0.9	2	110	1.9	5	544	0	0.17	0.52	4.3	0
영지버섯(말린 것)	133	11.9	10.9	0.8	75.3	–	1.1	77	108	25.1	15	1037	0	0.47	3.10	3.2	0

버섯의 일반적인 특징은 색이 진하고 화려하며 세로로 찢었을 때 찢어지거나 부서지지 않는다. 맛이 쓰거나 맵고 자극적이며 버섯 특유의 향이 있다. 유즙이 나오고 끈적거리며 은수저에 대보면 검붉은 반응을 보인다.

최근 건강에 대한 관심이 많아지면서 식용버섯에 대한 항암작용, 면역력 증강, 혈중 콜레스테롤 강하작용 등에 대한 연구 및 관심이 높아지고 있다.

1 표고버섯(shiitake fungus)

(1) 성상

표고버섯은 느타리과의 버섯으로 한국, 일본, 중국을 포함한 동남아시아의 대표적인 식용버섯이며 우리나라에서 생산량이 가장 많은 버섯이다. 충남의 공주, 청양 등지에서 총생산량의 36% 가량을 차지하며, 그 이외에 충북 청원, 영동, 경북 상주 등지에서 생산되고 있다.

그림 7-1 표고버섯

표고버섯은 여러 가지 활엽수, 밤나무, 졸참나무, 상수리나무 등의 마른 나무에 자라는 것으로 임야에서 생산될 뿐 아니라 인공재배법으로 다량생산이 가능하다.

표고버섯은 갓의 지름이 5~10cm 정도이면서, 원형을 유지하고, 표면은 회갈색이며, 건조하면 흑변한다. 전체가 육질로 차 있으며 두껍고 백색이다.

말린 표고는 동고, 향고, 향신으로 구분하는데, 겨울에 채취하는 동고를 상품으로 치며, 동고는 다시 갓 표면에 흰 균열이 많이 있는 최상급의 천백동고와 천백동고가 비를 한 번 맞아 흰 부분이 갈색으로 변한 다화동고로 분류한다.

(2) 성분

표고버섯은 저지방, 저칼로리, 고단백 식품으로, 한방에서는 혈액을 정화하는 데 좋은 식품으로 구분한다. 표고버섯에 들어 있는 에르고스테롤(ergosterol)은 자외선

(태양)에 노출되면 Ca의 흡수를 도와주는 비타민 D로 전환된다. 또한 비타민 B_1, B_2, 나이아신 등의 B군이 많이 함유되어 있고, Ca, P, Fe, Zn 등의 무기질 함량이 높다. 표고버섯은 식이섬유소의 함유량이 많은데 식이섬유소는 지질의 흡수를 억제하여 콜레스테롤의 상승을 억제해주고, 대장암, 당뇨병, 심장질환, 담석증의 성인병을 예방하는 효과가 있다.

건표고버섯의 독특한 향은 건조 과정에서 생성된 렌티오닌(lenthionine)에 의한 것이며, 감칠맛은 구아닐산(guanylic acid), 아데닐산(adenylic acid) 등이 함유되어 있기 때문이다. 표고버섯에는 글루타민산(glutamic acid) 등의 유리아미노산이 다른 버섯류보다 많이 함유되어 있다.

표고버섯 중에 있는 에리타데닌이라는 성분은 혈중 콜레스테롤을 억제하고, 혈압을 강하시키며, 동맥경화를 예방하는 효과가 있다. 또한 면역기능을 강화하여 암세포의 발생 및 성장을 억제하며, 몸의 저항력을 높여주어 감기를 예방하고 치료하는 효과가 있다. 표고버섯에 들어 있는 β-글루칸(β-glucan)은 강한 항종양 활성을 갖고 있어 암 억제 효과와 성인병 예방에 효과가 있다고 한다.

민간요법에 의하면 상한 음식을 먹은 후 설사를 할 때 표고버섯을 달여서 흑설탕을 넣고 식전에 마셨으며, 위가 아프거나 거북할 때 생 표고를 잘게 썰어 달여 섭취하면 효과가 있다고 한다. 감기가 들기 전에 말린 표고버섯을 달여서 먹거나, 목이 아플 때도 마시면 효과가 있다. 또한 몸의 나쁜 피를 없애주고 식욕을 돋우어 주며, 즙을 마시면 여름에 더위 타는 것을 막아주고 구토를 멈추게 하는 효과가 있다.

(3) 저장 및 용도

저장방법으로 저온저장, 건조저장 등이 있고, 장기 보관 시 방수지로 포장하여 저장한다. 생표고버섯에 비해 건조버섯은 향과 비타민 D의 함량이 증가되고 장기간 저장이 가능한 장점이 있다.

우리나라에서는 버섯전골, 튀김, 무침, 볶음, 육수 등에 다양하게 이용하며, 중식에서도 채소 볶음요리, 류산슬, 팔보채, 수프요리에 많이 사용한다. 서양요리에서도 많이 사용되는 버섯 중에 하나이다. 생표고버섯은 버터향과 잘 어울리며, 볶아서 간장과 레몬즙을 뿌리면 맛이 좋다. 식초에 무칠 때에는 삶기보다는 석쇠에 살짝 구워서 사용하면 풍미가 좋아진다. 육류는 영양적으로 우수하나 콜레스테롤의 함량이 많은 것이 결점인데, 표고버섯과 함께 섭취하면 콜레스테롤이 체내에 흡수되는 것을 억제하는 역할을 해주어 육류와 궁합이 잘 맞는 식품이다. 또한 새우와 같이 Ca이 풍부한 식품과 함께 섭취하면 Ca 흡수를 크게 도와주는 역할을 하게 된다.

마른 표고버섯은 미지근한 물에 불려 이용하는데, 불린 물은 비타민 D 외에도 비타민 B_1, B_2, 아미노산 등의 좋은 성분들이 녹아 있으므로 버리지 말고 국물 요리에 이용하면 영양과 맛을 좋게 해주는 효과가 있다.

에르고스테롤(ergosterol)은 갓의 안쪽에 많으므로, 생표고버섯과 마른 표고버섯을 사용하기 전에 반나절 정도 햇볕에 뒤집어서 말리면 비타민 D를 효과적으로 만들 수 있다.

(4) 고르는 법

① 생표고버섯

- 갓 안쪽 부분의 주름이 희고 깨끗할수록 신선한 것
- 두께가 두껍고 갓이 완전히 벌어져 있지 않으며, 균일한 것이 상품임
- 이물질이 없으며, 갓의 색깔이 품종 고유의 색을 유지하는 것

② 마른 표고버섯

- 갓의 표면이 거북이 또는 국화꽃 모양으로 균열되어 있는 것
- 갓의 크기가 균일하고 원형 또는 타원형으로 갓의 끝 둘레 전체가 고르게 오므라든 것
- 균열부위가 백색 또는 유백색이며, 고유의 향이 뛰어난 것
- 이물질이나 벌레가 생기지 않은 것

(1) 성상

양송이버섯은 향기와 맛이 우수한 주름버섯과에 속하는 식용버섯으로 일반적으로 머쉬룸이라고 불려지고 있다.

유럽에서 재배되기 시작하여 미국으로 전파되었고 우리나라는 일본을 통해 들어오게 되었으며 주요 산지로는 한국 등 동남아시아 지역이다. 양송이버섯은 인공배양으로 대량생산이 가능하며 사철 수

그림 7-2 양송이

확이 가능하지만 보통 봄과 가을에 수확한다. 양송이의 표면은 백색이며 시간이 경과되면 차츰 담황갈색으로 변하고, 상처가 나면 담홍색으로 변한다. 성숙한 버섯은 갈색이나 흑갈색이 된다. 양송이는 대부분 통조림으로 가공·이용되는데, 가공형태에 따라 버튼(button)형, 호울(whole)형, 슬라이스 호울(sliced whole)형, 피스와 스템(piece & stem) 등으로 나눈다.

(2) 성분

양송이는 단백질과 무기질이 풍부하고, 비타민 B_1, B_2, 나이아신(niacin), 에르고스테롤(ergosterol) 등이 함유되어 있으며, 타이로시네이스(tyrosinase), 아밀레이스(amylase), 말테이스(maltase), 프로테이스(protease) 등의 소화효소가 풍부하여 음식물의 소화를 돕는다. 버섯의 식이섬유소는 콜레스테롤, 담즙산을 분비해 성인병을 예방하는 효과가 있다. 특히 타이로시네이스는 빈혈치료와 혈압 강하작용이 있고, 전분이 함유되어 있지 않아서 당뇨병과 비만예방에 좋다.

(3) 저장 및 용도

양송이 재배온도는 생장온도 범위 8~27℃, 최적온도 23~25℃, 습도 90~95%를 유지한다.

양송이버섯은 젖은 수건으로 먼지나 흙을 닦아내고 겉껍질을 얇게 벗겨서 사용하며 샐러드, 스튜, 전골류, 수프, 버터 볶음 등에 이용된다. 양송이는 육류와 맛이 잘 어울리므로 쇠고기를 함께 볶아 만든 쇠고기 버섯볶음은 일미이다.

(4) 고르는 법

- ·갓의 크기가 균일하고 물기가 많지 않은 것
- ·줄기가 짧고 통통하며, 단단하고 탄력이 있는 것
- ·갓의 두께가 두껍고, 매끈하며 모양이 일정한 것
- ·갓이 완전히 피지 않고, 벌어진 정도가 일정한 것

3 느타리버섯(oyster mushroom)

(1) 성상

느타리버섯은 한국, 시베리아, 일본, 북아메리카 등에 분포하고 있다. 우리나라 사람들이 많이 섭취하는 이 버섯은 가을철에 참나무, 미루나무, 버드나무, 오리나무에서 재배하며, 또 다른 방법인 볏짚재배가 증가하고 있다. 우리나라에서 생산되는 종류는 12종 정도이며 2~5월과 9~12월에 2회 재배한다. 갓은 3~15cm 정도로 모양이 부채형 또는 우산형이며, 표면은 짙은 회색이고,

그림 7-3 느타리버섯

자루는 백색으로 살이 부드러워 맛이 좋다. 느타리버섯은 형태가 굴껍질과 유사하여 oyster mushroom이라 한다.

(2) 성분

느타리버섯은 수분 89.3%, 단백질 3.0%, 지방 0.4%, 탄수화물 5.6%가 함유되어 있으며 Fe과 비타민 C 함량이 많다. 이 밖에 프로비타민 D_2인 에르고스테롤이 많

아 항종양작용 및 항암작용, 동맥경화, 고혈압 예방치료에 효과가 있다. 또한 렌티
오닌(lenthionine)에 의해 특유의 향기가 난다.

(3) 저장 및 용도

느타리버섯은 저장성이 좋지 않아서 통조림, 건조저장, 염장저장을 하면 비교적
오래 저장할 수 있다. 또한 비닐 랩에 싸서 보관 시 약 보름 정도 저장이 가능하다.
국, 찌개, 무침, 버섯밥 등에 이용되며, 삶아서 나물로 먹기도 한다. 또한 날것을
수프에 넣어 끓여 먹기도 하며 소금을 뿌려 굽거나 튀겨 먹기도 한다. 주로 산촌지
역에서는 소금절임으로 많이 저장한다.

(4) 고르는 법

- 갓의 크기가 일정하고 윤이 나며 완전히 피지 않은 것
- 향이 좋고 육질이 부드러우며 탄력이 있는 것
- 이물질이 없고 무르지 않은 것
- 대의 길이가 일정한 것

4 목이버섯(tree ear)

(1) 성상

목이버섯은 한국, 일본, 중국 등지에서 자생하며 우리나라의 주산지는 경상북도,
강원도, 전라도 등이다. 목이버섯은 고목에서 주로 성장하는데 느릅나무, 버드나무,
뽕나무, 닥나무, 물푸레나무에서 자란 것을 5목이라 하여 최상으로 꼽는다. 목이버
섯은 짙은 갈색의 귀 모양을 하고 있고, 조직이 한천질로 이뤄져 탄력이 있으면서
부드러운데, 건조하면 딱딱해진다.

(2) 성분

목이버섯은 당질과 무기질, 특히 인이 풍부하며, 단백질이 11.3%, K, P, Fe, Ca
이 많이 들어 있다. 또한 교질상 물질 및 섬유소의 함량이 많아 혈액의 응고를 억
제 하여 심장병이나 뇌졸중 예방에 효과가 있다.

(3) 저장 및 용도

목이버섯은 생것으로도 식용되지만 건조품으로 많이 사용한다. 말린 목이는 잘
마른 것으로 갈라지지 않은 것이 좋으며, 살이 두껍고 단단한 것이 상품이다. 건조
목이는 미지근한 물에 불렸다가 더러운 곳이나 먼지를 없앤 후 사용한다. 목이버섯
은 씹는 감촉이 좋고 특유의 맛과 풍미가 있어 볶음요리, 전골, 각종 우동, 국물요
리, 탕수육, 잡채 등 중국요리에 많이 쓰이며 물에 불리면 약 10배 정도로 부피가
늘어난다.

5　석이버섯(manna lichen)

석이버섯은 석이과에 속하며, 한국을 비롯한 연해주,
일본에 분포한다. 고산지대 바위에 붙어 사는 버섯으로
석이버섯의 안쪽은 털이 있는 검은색이며, 표면은 회갈
색으로 약간 매끄럽다. 석이는 담백한 맛과 씹히는 맛
이 특징으로, 습할 때에는 부드럽지만 마르면 부서지기
쉽다. 한방에서 하혈, 각혈 등의 지혈제로 이용되며,
미감이 좋고 시력 및 기력을 회복시키는 식품이다. 석

그림 7-4 석이버섯

이버섯은 실온의 건조한 곳에 보관하며, 손질법은 뜨거운 물에 불려 손으로 비벼
뒷면의 검은 막을 제거하고 말려서 가루를 낸 다음 보관하여 사용한다. 한국요리에
서는 물에 불려서 고명으로 이용한다.

팽이버섯(velvet-stemmed agaric)

(1) 성상 및 성분

팽이버섯은 한국 및 동아시아, 중국, 북미 등 전 세계 온대지역에서 잘 자라며 팽나무버섯이라고도 한다. 팽이버섯은 대부분 생버섯이 유통되므로 신선도 유지가 중요하다. 천연 팽이버섯은 황갈색 또는 밤색을 띠며 늦은 가을부터 겨울에 걸쳐 뽕나무, 감나무, 팽나무 등에서 야생한다. 인공재배 한 팽이버섯은 콩나물 모양을 하고 있으며 어두운 곳에서 톱밥을 이용하여 재배하고 있다. 팽이버섯은 항암작용 및 위궤양예방, 고혈압 방지, 피부미용에 효과가 있으며 소화율이 높다.

그림 7-5 팽이버섯

(2) 저장 및 용도

팽이버섯은 습기가 있으면 표면에 점성이 생겨 상하므로 건조한 상태로 보관하며, 단시간 내에 처리하여야 한다.

팽이버섯은 각종 전골, 샤부샤부, 장국, 신선로, 샐러드, 야채볶음, 수프 등에 이용하며 상에 내기 전에 넣어 살짝 익히는 것이 중요하다.

(3) 고르는 법

- 살이 두껍고 뿌리부분이 짙은 갈색인 것
- 탄력이 있고 갓 특유의 색깔을 띠는 것
- 갓이 피지 않고 일정하고 작은 것

(1) 성상

　한국과 동아시아 지역에 분포되어 있으며, 주산지는 한국, 중국, 동남아시아 및 북아메리카, 유럽 등이다. 영지는 십장생의 하나로 우리나라에서는 산삼과 같다. 오래 복용하면 몸을 상쾌하게 하며 늙지 않고 수명을 연장한다고 하여 면년초, 부초, 불로초라고 한다. 갓과 색에 따라 백지, 황지, 적지, 청지, 후지로 구분한다. 영지버섯은 1년생으로 갓은 부채형 또는 신장형, 반원

그림 7-6　영지버섯

형모양을 하고 있으며, 갓과 자루에 옻칠을 한 것 같은 광택이 있다. 갓의 표면은 편평하고 처음에는 난황백색이나 차츰 황갈색, 적갈색, 밤갈색으로 변한다. 갓의 밑면이 노란색일 때 수확하면 수량도 많고 품질이 좋으나 노란색이 변질되지 않아야 상품이다. 영지버섯의 살은 코르크질이며 자루는 단단한 각피로 싸여 있다. 영지는 수십 년 묵은 매화나무 등걸에 생겨난 자연산 영지가 최고급품이다. 영지의 인공재배는 톱밥이나 참나무 원목을 이용하는데, 자연산보다 유효성분이 적고 효능 면에서도 약간 떨어진다.

(2) 성분

　영지버섯의 주성분은 다당류, 에르고스테롤, 유기산, 아미노산, 만니톨 등이 있으며 영지버섯에서 추출한 쓴맛 성분은 고분자 다당체로 각종 생리 활성을 나타낸다. 특히 콜레스테롤 억제 및 혈전제거작용, 세포보호작용, 혈압강하작용이 있어 심장병, 고혈압, 당뇨병, 신경쇠약, 위궤양, 암 등에 효능이 있다. 또한 게르마늄이 많이 함유되어 있어 우리 몸속에서 저항력을 형성하여 면역력을 증강시키며, 강정작용, 정혈작용, 체질개선작용, 항암작용, 노화방지작용 등을 한다. 영지버섯은 부작용이 없고 여러 가지 질병 치료와 예방 효과가 있어 성인병 예방 및 인간의 수명을 연장시키는 식품이라 할 수 있다. 영지를 물에 넣고 끓여서 그 추출액을 장기간 복

용하면 건강향상에 도움을 주며, 영지에 소주와 설탕을 넣어 만든 영지주로도 이용할 수 있다.

(3) 고르는 법

- ·탄력이 있는 것
- ·갓의 벌어진 정도가 일정한 것
- ·영지의 표면이 연갈색 또는 황갈색인 것

8 송이버섯(Japanese pine fungus)

(1) 성상

송이버섯의 주산지는 세계적으로 한국, 중국, 일본 등 동아시아와 캐나다지역이며, 우리나라에서는 태백산맥과 소백산맥을 중심으로 한 지역으로 양양, 고성, 인제, 강릉, 봉화, 영주, 포항 등에서 주로 9월 하순에서 10월 중순 경에 채취한다. 동의보감(東醫寶鑑)에서 송이버섯은 20~60년생 적송림에서 자라기 때문에 송기(松氣)를 받는다고 하였는데 특히 독이 없으면서 맛이 달고 향이 좋아 버섯 중 으뜸으로 꼽는다. 발생장소는 매년 10~

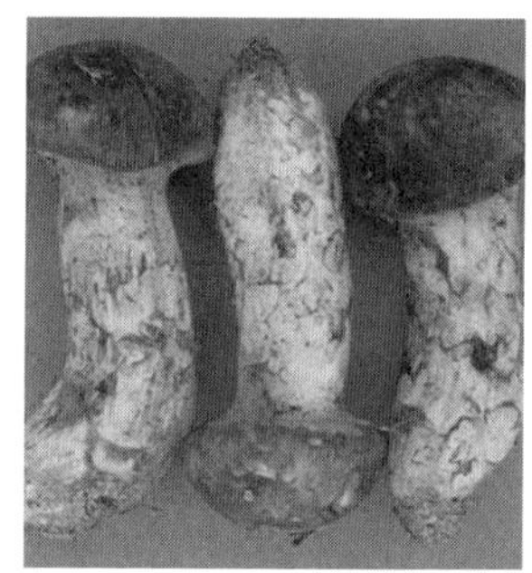

그림 7-7 송이버섯

15cm씩 이동하여 나타난다. 송이버섯이 잘 자랄 수 있는 조건은 땅속 온도가 19℃로 4~7일간 지속되어야 하며, 생장기에는 충분한 수분이 공급되어야 한다.

우리나라에서 송이버섯의 산지로 강원도 양양이 유명한데, 양양산 송이버섯은 일본산에 비해 살이 두껍고 향이 풍부하며 일본산은 수분함량이 92.7%인 데 비해 양양산은 87.5%로 적어서 장기보존이 가능하여 식품의 우수성을 인정받고 있다. 대체적으로 송이버섯의 색은 흰색과 갈색의 중간색을 띠며 송이버섯의 갓이 몸에서 떨어질 듯 할 때 향이 제일 진하고 솔잎과 같이 넣어두면 향이 날아가는 것을 방지할 수 있다. 송이버섯은 인공재배가 어렵고, 가을에 잠깐동안 생장하므로 귀하고 값이 비싸다.

(2) 성분

송이버섯의 성분은 단백질이 2.5%, 지방이 0.8%이고 탄수화물이 6.8%, 섬유소 및 비타민 B_1, B_2, 에르고스테롤이 많이 들어 있으며, 특유의 향기 성분은 계피산, 메틸과 마스다케올(matsutakeol)에 의한 것이다. 송이버섯에는 전분과 단백질을 분해하는 효소가 많아서 과식해도 위장장애를 주지 않는다. 또한 지방 함량이 적을 뿐만 아니라 콜레스테롤을 감소시켜 주는 물질이 다량 함유되어 있다. 송이버섯의 효능은 위암, 직장암을 예방하는 항종양성작용을 하며 병에 대한 저항력 증가, 혈액순환 촉진, 편도선염 및 유선염 등 염증 치료 효과가 있다. 또한 섬유질이 많아 변비예방작용 및 당뇨병 치료효과가 있다.

(3) 저장 및 용도

송이버섯의 보관법에는 냉동법, 건조법, 냉장법이 있다. 송이버섯은 은박지나 한지로 두세 개씩 싸서 2~5℃의 냉장실에 보관하며, 냉동할 때는 표면에 수분 처리하여 −35℃로 급속 냉동시켜 저장한다. 송이버섯을 이용한 요리는 다양하며 송이소금구이는 송이버섯을 소금물에 잠시 담근 후 솔잎과 함께 굽는다. 송이는 주로 구이, 산적, 전골, 솥밥, 송이덮밥, 송이 맑은국, 버터구이, 샤부샤부, 송이버섯차 등 다양한 요리에 쓰며, 중국요리로 불도장, 송이전복 등에 이용된다. 송이버섯은 향이 중요한데 열에 약하므로 구울 때는 살짝 굽도록 한다. 향과 맛을 살리기 위해서는 파, 마늘, 양파, 고춧가루, 후춧가루 등의 사용을 조절하여야 한다.

(4) 고르는 법

- 대가 짧고 통통하며 굵기가 균일한 것
- 갓이 피지 않고 갓 둘레가 자루보다 약간 굵은 것
- 육질이 두껍고 단단하며 벌레 먹은 것이 없는 것
- 은백색으로 색이 선명하고 고유의 향이 강한 것

(1) 성상

송로버섯은 이탈리아, 프랑스, 스페인 등의 중부유럽에 분포한다. 떡갈나무 숲의 땅속에서 자라며 토양 속 균사와 균근(mycorrhiza)이라는 이름의 잔뿌리들 사이에 서식한다. 이 버섯은 극히 못생겼으며 육안으로는 돌멩이인지 흙덩이인지 구분이 어렵다. 넓이가 1.2~7.5cm 사이고 색깔은 흑갈색에서 흑색까지 있으며 조그만 혹으로 덮여 있다. 속살은 흑색 엽맥으로 얼룩진 무늬가 있고 향이 매우 강하다, 유럽에는 30여 가지의 트러플

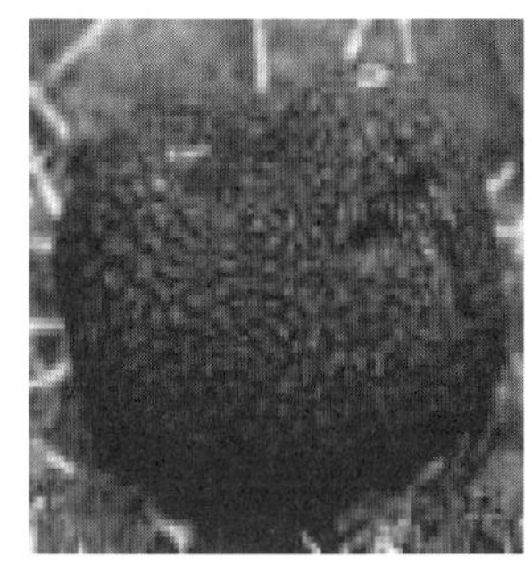

그림 7-8   송로버섯

이 있는데, 검은색 트러플은 맛과 향이 우수하다. 검은 트러플 외에 식용으로 사용하는 여름 트러플은 속살이 회색에서 황갈색까지 있으며, 흰 트러플은 보통 오리알만한 크기로 주로 샐러드나 전채에 사용한다. 트러플의 방향성분은 α-안드로스테론(α-androsterone)인데, 이 냄새는 암퇘지와 개가 잘 맡기 때문에 트러플은 길들인 개나 돼지를 이용하여 찾는다. 10월이 되면 채취를 시작하는데 주로 한밤중에 떡갈나무 숲으로 가서 찾는다. 이는 후각 집중력은 밤에 발휘가 잘 되기 때문이며, 다른 사람들에게 발견 장소를 알리지 않기 위해서이다.

(2) 용도

트러플은 상하기 쉬우므로 병조림, 통조림 등으로 만들어 가공하거나 보통은 꼬냑과 같은 브랜디에 담아 보관한다. 트러플은 캐비아, 거위간(프와그라)과 함께 서양요리의 3대 진미로 알려져 있으며, 프랑스의 3대 진미를 얘기할 때도 프와그라나 달팽이보다 앞서 가장 먼저 거론된다. 프랑스나 이탈리아 사람들이 가장 좋아하는 버섯은 송로버섯(트러플)이다. 우리나라에서는 전혀 나지 않아 모두 수입하고 있으며, 호텔 등 고급 프랑스 식당에서 트러플을 넣은 소스 정도는 맛볼 수 있지만 본격적인 트러플 요리는 거의 없는 것 같다. 프랑스의 검은색 트러플은 물에 넣고 끓

여도 향기를 잃지 않으나 이탈리아의 흰 트러플은 날것으로만 즐길 수 있다.

일반적으로 트러플은 생선요리, 육류요리에 곁들이는 부재료용으로 이용하며, 특히 송아지고기나 바다가재 요리에 넣기도 한다. 날것으로 제 맛을 내는 이탈리아의 흰트러플(실제로는 엷은 갈색임)은 샐러드로 이용하거나 대패나 강판 같은 기구로 아주 얇게 켜서 음식 위에 뿌려 먹는다. 대체로 트러플은 가격이 매우 비싸고 고급요리에만 사용하고 있어서 '식탁의 다이아몬드'로 불리며, 매우 강한 향을 지녀 다른 재료와 섞어 놓으면 그 재료에서도 향이 난다. 따라서 요리 재료로는 양식에서 수프, 소스, 샐러드, 전채요리, 고기요리 등에 주로 곁들여 이용하고 장식용으로 활용한다.

10 노루궁뎅이버섯

(1) 성상

노루궁뎅이버섯은 중국, 한국, 일본, 동남아시아, 유럽 등의 지역에서 자란다. 중국에서는 오래전부터 약용 및 식용으로 쓰였으며 모양이 원숭이 머리와 비슷하다고 해서 '후두고'라고 불리고 있다. 우리나라에서는 가을철 오대산, 속리산, 소백산 등 깊은 산중에 떡갈나무, 너도밤나무 등의 활엽수목 또는 잘린 부위에서 자생한다. 자실체는 지름이 5~25cm 로 계란형 또는 반구형으로 나무줄기에 거꾸로 매달

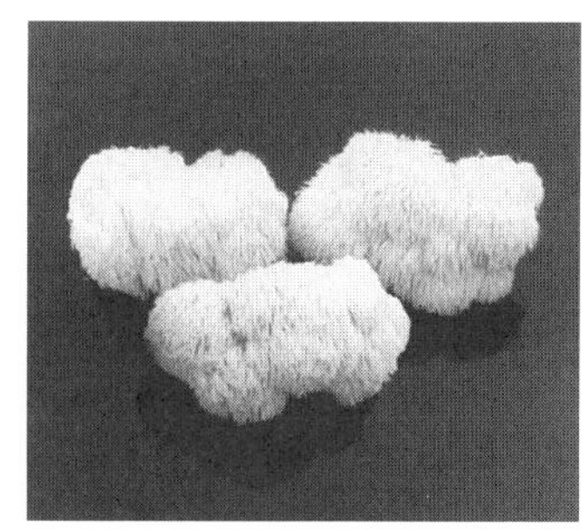

그림 7-9 노루궁뎅이 버섯

려 붙어서 성장하며, 길이 1~5cm 정도 되는 긴 침(수염)이 무수히 모여 고슴도치 모양을 하고 있다. 이 수염은 처음에는 백색이나 점차 황색 또는 담황토색으로 변하며, 유연한 육질형 내지 스펀지형이다.

(2) 성분

탄수화물, 단백질, 아미노산, 비타민, 무기질, 효소 등이 풍부하고 지방과 열량이

적게 들어 있다. 노루궁뎅이버섯은 보통 약산성인 pH 5.5 범위에서 잘 자라며, 특히 산성 환경에서는 나무속에 있는 섬유소, 리그닌 등의 영양소를 충분히 분해하여 흡수한다.

약리적 효능은 경구복용 시 소화관질병, 즉 위궤양, 십이지장궤양, 위염, 소화불량 등의 치료 효과가 있으며, 베타글루칸(β-glucan)이 다량 함유되어 있어 사람의 면역기능을 활성화시켜 암세포 증식을 억제한다. 그 밖에 치매(알츠하이머) 예방치료, 당뇨병, 아토피성 피부염 치료효과, 활성산소 제거 효과가 높아 세포의 산화 및 노화방지 작용을 하며, 두뇌를 좋게 하고 면역기능을 향상시켜주는 효과가 있다.

(3) 용도

각종 요리에 이용되며, 바닷가재 향을 지니고 있어 식욕을 돋우는 고급 식용버섯 요리로 쓰인다.

11 죽생(bamboo fungi)

(1) 성상

버섯의 여왕이라고도 부르는 화려한 버섯으로 중국에서는 죽손이라 하며 죽생의 다른 이름은 듀우, 망태버섯이다. 한국, 일본, 동남아시아 등지에 분포하며, 여름부터 가을까지 주로 대나무 밭이나 잡목림 등지의 지상에서 발생한다.

이 버섯은 갓의 내면과 자루 위쪽 사이에서 순백색 망사로 이뤄진 망태 같은 것이 확 퍼져 내려오는데, 밑 부분이 땅 표면으로 내려와서 화려한 레이스 망토를 쓴 듯한 모양이 특징이다. 주머니에서 자루가 곧게 10~20cm 정도의 높이로 뻗어 나오고 속이 비어있는 수많은 다각형의 소실(小室)이 된다.

갓은 주름 잡힌 삿갓 모양을 이루는데, 강한 냄새가 나며, 올리브색, 암갈색의 점액 포자로 뒤덮여 있다. 강한 냄새가 나는 포자를 씻어 없애면 순백 무취가 된다.

(2) 성분 및 용도

죽생의 효능으로는 혈압과 콜레스테롤을 저하시켜 주며 통증을 멎게 하고 기를
북돋아 준다.

죽생은 건조품이 일반적으로 많이 쓰이며, 건조품의 대부분은 여러 가지 색으로
변색되어 있으나 양질의 것은 별로 변색되지 않는다. 수프요리에 많이 쓰이고, 새
우나 게의 벗긴 살을 죽생의 레이스 망토로 싸서 요리하는 고급 중국요리에 이용되
고 있다. 또한 순백색 레이스 망토를 토마토 퓨레나 매실주에 넣어 물을 들여 요리
하기도 하며, 줄기는 사각사각한 촉감이 있어 고래고기를 씹는 맛과 비슷한 것이
특징이다.

그 밖에 해물이나 채소를 죽생 속에 끼워서 많이 사용하며, 국물 요리에도 애용
되고 있다. 사용하기 한두 시간 전에 죽생을 물에 불려 사용하는 것이 바람직하며,
중국요리의 백화죽생, 죽생게다리, 죽생샥스핀 수프 등에 이용된다.

08

육류

식육(食肉, meat)이란 인간이 섭취할 수 있는 동물의 고기를 말하며, 동물의 뼈를 분리하여 낸 살코기 부분을 정육(精肉)이라고 한다. 식육은 동물의 근육조직을 말하나, 넓은 의미로 지방조직, 간, 콩팥, 골, 위장, 소장, 혀 등의 내장육까지 포함된 모든 가식부를 말하며, 주로 근육, 결체조직, 지방조직, 신경조직 등으로 구성되어 있다.

식품으로 이용되는 식육자원에는 소, 돼지, 멧돼지, 토끼, 양, 말, 염소, 개, 노루, 사슴 등의 육류와 닭, 꿩, 거위, 오리, 메추리 등의 가금류(poultry meat) 등으로 구분한다.

8-1. 육류의 구조

육류는 근육조직, 결체조직, 지방조직, 뼈로 구성되어 있다.

(1) 근육조직

근육은 가장 기본단위인 근섬유(筋纖維, muscle fiber)라고 불리는 근육세포(muscle cells)가 여러 개 모여 근속(筋束, muscle bundle), 즉 다발을 형성하고 근섬유막에 의하여 둘러싸여 있다. 이러한 근섬유 다발이 또 여러개 모여서 근속막으로 둘러싸여 큰 다발을 형성하고, 이 큰 덩어리가 여러개 모여서 근육막으로 둘러싸이면 근육이 형성된다. 즉, 근속이 모여서 근육을 형성한다. 근육은 결합조직에 의하여 뼈에 부착된다.

근섬유의 80% 정도는 실같이 가느다란 근원섬유(myofibril)로 구성되어 있고, 나머지는 근장(sarcoplasm)으로 채워져 있다. 근섬유 주위는 근초(sarcolemma)라고 하는 막으로 둘러싸여 있다.

근장(筋漿, sarcoplasm)은 근섬유 내에 존재하는 교질용액으로 70~80%가 수분이며 그 외에 단백질, 무기질, 비타민, 효소, 미트콘드리아, 마이오글로빈 등이 존재한다. 근장에 있는 섬유는 가는 관으로 둘러싸여 있고 이 관은 근육수축에 관여한다.

근원섬유는 근육의 길이에 따라 굵은 섬유와 가느다란 섬유가 평행의 일직선으로 배치되어 있다. 두꺼운 섬유는 주로 마이오신(myosin)이라는 단백질로 이루어져 있고, 가느다란 섬유는 마이오신과 액틴(actin)이라는 단백질로 주로 이루어져 있다. 근육이 수축할 때 굵은 섬유와 가는 섬유가 미끄러져 들어가서 서로 겹치므로 길이가 짧아지고 가교를 형성하여 액토마이오신(actomyosin)이라는 새로운 단백질을 형성한다.

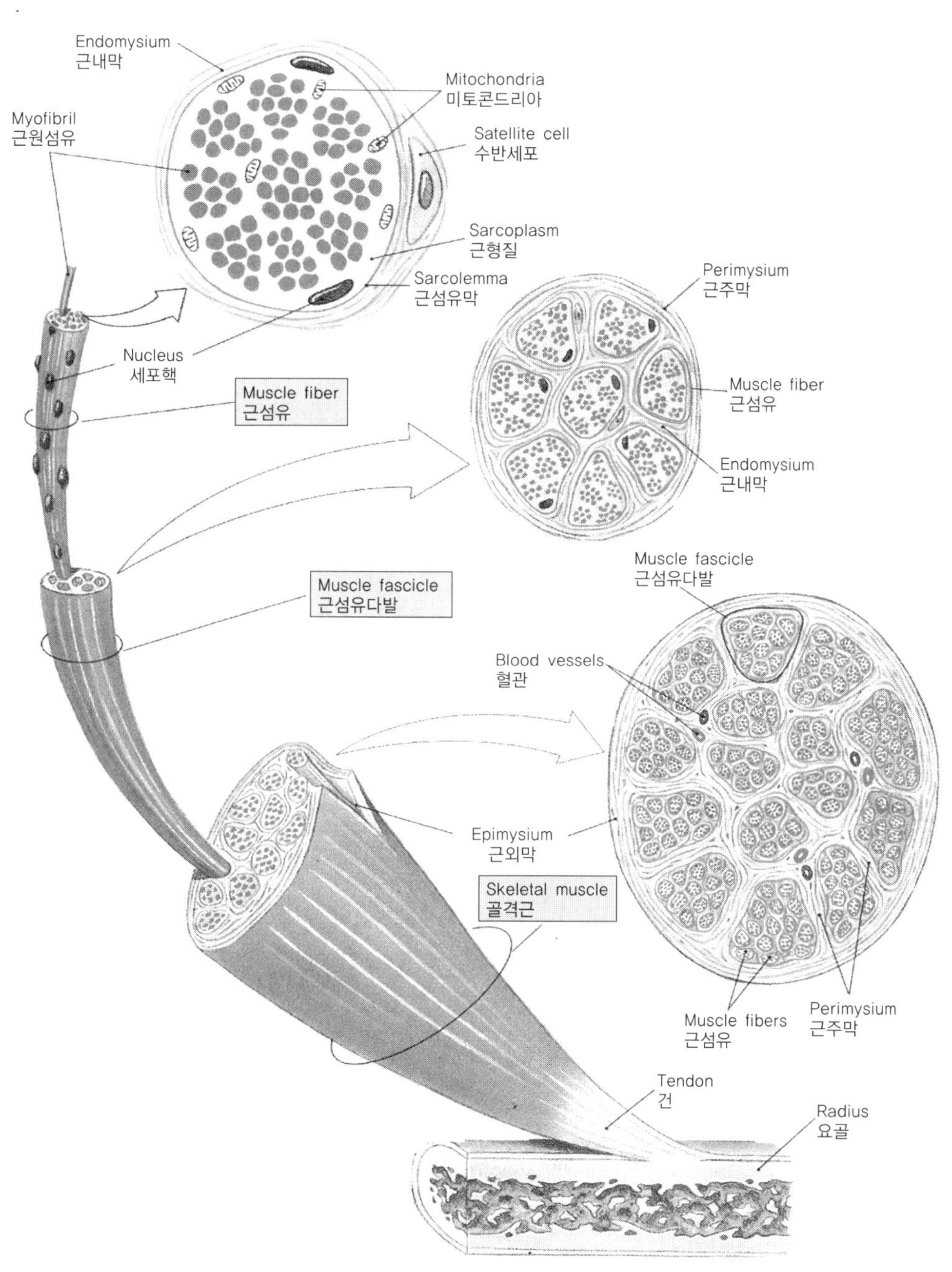

그림 8-1 근육의 구조

(2) 결합조직

결합조직은 근육의 약 20%를 차지하며 근섬유나 지방조직을 둘러싸고 있고, 피부, 내장, 혈관벽 및 골격 등 동물 전체에 널리 분포되어서 근육이나 장기를 다른 조직과 연결시키며, 각 기관의 위치를 고정, 보호하는 역할을 한다.

결합조직은 콜라겐(collagen), 엘라스틴(elastin) 그리고 레티큘린(reticulin)이라는 단백질을 함유한다. 콜라겐을 함유하는 결합조직은 희게 보이고, 가수 및 가열에 의해 강하게 수축하면 가용화하여 젤라틴화한다.

엘라스틴을 함유한 것은 노랗게 보이며, 산·알칼리, 가열에도 분해되지 않고 젤라틴화하지 않으며, 식육의 두께를 좌우한다. 엘라스틴이 많은 부분은 주로 힘줄이어서 질기고 딱딱하므로 식용하기에 부적당하다. 대부분 근육의 결합조직에는 콜라겐이 엘라스틴보다 훨씬 많다. 레티큘린은 아주 작은 섬유로 구성되어 있으며 근육세포 주위에 섬세한 그물모양조직을 형성한다.

운동을 많이 한 동물의 근육에서 결합조직은 더 많이 발달하므로 육류의 질긴 부위는 연한 부위보다 더 많은 결합조직을 갖는다. 또한 근육의 질이 굵을수록, 근섬유 간의 지방함량이 적을수록, 동물의 나이가 많을수록 결합조직이 많아 질기다.

(3) 지방조직

지방조직은 결합조직의 일종으로 근섬유와 근육다발을 싸고 있으며, 세포의 원형질에 다량의 지방이 침착되어 만들어진 것이다.

지방은 일차적으로 내장기관 주위, 피하, 복강 내에 축적되고, 이차로 근육 주위, 근육과 근육 사이에 축적되며, 마지막에는 근육 내에 침착된다. 내장기관의 주위나 피하 및 복강 내의 지방세포는 크지만 근육 내에 침착된 지방세포는 작다.

지방조직이 근육조직에 작은 백색 반점모양으로 분포되어 있는 상태를 마블링(marbling)이라 하는데, 이런 마블링이 잘 형성된 육류는 연하고, 입에 닿는 감촉, 풍미 등이 우수하여 품질이 좋은 육류로 분류한다.

(4) 뼈

뼈의 상태는 동물의 나이에 따라 달라 어린 동물의 뼈는 연하고 분홍빛을 띠며 성숙한 동물의 뼈는 단단하고 백색이다.

8-2. 육류의 성분

육류는 주로 수분, 단백질, 지질, 무기질로 구성되어 있고 비타민류, 색소, 맛 성분을 조금 함유하고 있다. 간에는 글라이코겐의 형태로, 그리고 혈액에는 포도당의 형태로 당질이 함유되어 있다.

표 8-1 육류의 일반 성분(100g 중)

구분		열량 (kcal)	수분 (%)	단백질 (g)	지질 (g)	탄수화물(g)		회분 (g)	무기질					비타민					폐기율 (%)
						당질 (g)	섬유 (g)		Ca mg	P (mg)	Fe (mg)	Na (mg)	K (mg)	A (R.E)	B₁ (mg)	B₂ (mg)	niacin (mg)	C (mg)	
소	등심	148	72.8	19.8	6.8	0.2	0.0	0.9	11	142	1.8	53	216	7	0.07	0.22	4.2	0	0
	사태	106	78.4	16.8	3.6	0.3	0.0	0.9	11	113	2.0	58	326	6	0.06	0.16	4.1	0	0
	안심	143	73.7	18.7	6.7	0.2	0.0	0.7	8	159	2.0	63	280	8	0.06	0.19	5.3	0	0
	우둔	98	78.4	18.7	1.9	0.2	0.0	0.8	10	110	2.3	65	253	6	0.06	0.18	3.7	0	0
	양지	193	69.1	17.1	12.8	0.1	0.0	0.6	11	98	2.1	60	319	7	0.06	0.18	3.9	0	0
	채끝	126	76.2	17.1	5.6	0.2	0.0	0.9	11	111	2.2	63	261	6	0.07	0.19	4.2	0	0
	설도	171	71.2	17.6	10.1	0.3	0.0	0.9	3	169	2.0	65	253	7	0.06	0.17	3.6	0	0
	간	124	73.1	19.8	3.4	2.1	0.0	1.6	5	368	10.1	58	288	1055	0.30	2.10	12.0	30	0
	곱창	183	69.0	18.1	10.8	1.2	0.0	0.9	5	212	4.8	63	161	28	0.20	0.20	6.1	6	0
	꼬리	185	68.1	20.5	10.5	0.0	0.0	0.9	26	136	2.8	52	116	0	0.08	0.12	5.3	0	48
	천엽	67	86.2	11.4	1.9	0.2	0.0	0.3	84	17	2.4	49	128	2	0.12	0.03	1.7	0	0
송아지 고기		113	75.9	20.2	2.9	0.0	0.0	1.1	15	211	0.9	86	328	4	0.08	0.28	7.8	0	35
돼지	갈비	196	66.5	21.1	11.4	0.0	0.0	1.0	27	196	2.7	61	300	0	0.37	0.16	5.3	0	37
	뒷다리	235	63.6	18.5	16.5	0.3	0.0	1.1	5	179	1.7	59	300	2	0.92	0.18	1.9	0	0
	등심	283	60.8	15.3	23.1	0.2	0.0	1.1	2	187	1.9	66	366	1	0.49	0.15	5.2	0	0
	삼겹살	371	55.4	17.8	25.6	0.3	0.0	0.9	4	180	1.2	65	227	2	0.91	0.34	1.4	0	0
	안심	223	70.8	23.0	13.2	0.5	0.0	0.7	6	227	1.6	49	117	2	0.91	0.34	1.4	0	0
	지방육	575	33.4	9.1	57.0	0.0	0.0	0.5	5	88	1.4	21	83	0	0.44	0.10	2.4	0	0
	족발	239	30.3	22.5	16.8	0.0	0.0	0.4	12	32	1.4	76	154	6	0.05	0.12	0.7	0	55
닭	고기	217	65.4	19.8	14.1	0.1	0.0	0.6	12	113	1.2	57	162	36	0.07	0.21	4.3	0	35
	가슴	287	63.4	19.5	16.4	1.0	0.0	0.6	1	110	0.8	65	255	41	0.05	0.14	7.2	1	22
	날개	253	62.4	18.5	18.6	0.0	0.0	0.5	14	102	1.0	44	135	50	0.08	1.10	3.5	0	33
	다리	191	69.9	18.2	12.1	0.0	0.0	0.9	10	149	1.0	79	198	30	0.07	0.16	5.4	3	27
	모래주머니	99	78.2	18.9	2.0	0.1	0.0	0.8	10	120	1.8	58	215	35	0.06	0.24	5.6	0	0
양고기		144	74.4	16.4	8.0	0.0	0.0	1.2	7	210	2.0	36	166	0	0.15	0.20	5.0	0	0
어린 양고기		136	73.4	20.3	5.3	0.0	0.0	1.1	10	189	1.8	66	280	7	0.13	0.23	6.0	0	42
염소고기		180	69.0	19.5	10.8	0.2	0.0	1.0	7	170	3.8	45	310	3	0.07	0.28	6.7	1	0
꿩고기		124	70.4	27.5	0.8	0.0	0.0	1.3	6	281	1.3	70	469	0	0.08	0.18	5.3	0	0
오리고기		337	54.3	16.0	28.5	0.1	0.0	1.0	15	85	1.8	43	244	120	0.22	0.30	3.5	2	0
칠면조고기		144	72.9	19.6	6.5	0.1	0.0	0.9	8	140	1.1	61	207	0	0.07	0.24	7.0	2	0
토끼고기		137	72.3	21.6	4.9	0.0	0.0	1.2	8	254	2.7	41	409	0	0.10	0.08	3.8	0	0

육류의 화학적 조성은 고기의 종류, 품종, 연령, 영양상태 등에 따라 다르게 나타나는데 일반적으로 육류의 성분 중 수분이 약 70~75%를 차지하고, 단백질 함량이 평균 20% 정도이며, 그 외에 지방, 탄수화물 및 무기질, 각종 미량 성분으로 구성되어 있다.

(1) 수분

육류의 수분 함량은 조직 무게의 약 70~75%이고, 수분은 각 성분들을 용해시켜주며, 수분함량과 수분의 상태에 따라 육질에 영향을 미치고 육질의 맛, 색, 보수성, 저장성에 관여한다.

고기에 절단, 마쇄, 압축 등 외부적 힘을 가하는 동안이나 가령 시 그 자체의 수분을 보유하는 능력을 물결합 능력(water-holding capacity)이라 한다. 근육의 다즙성과 연한 정도는 물결합 능력에 의하여 좌우된다.

궁금합니다!

Q: 왜 얼린 고기가 맛이 없을까?

A: 근육조직의 수분은 −1℃에서 얼기 시작하여 −5℃에서 동결가능한 수분의 80%, −30℃에서는 90%가 동결하며, 동결 시 단백질의 변성과 세포의 기능적 손상이 생기기 때문에 동결육을 해동하면 액체가 근육조직에서 빠져 나오는데 이것을 육즙(drip)이라고 한다. 이러한 육즙의 발생은 중량을 감소시키고 단백질, 비타민, 무기질 등의 영양적 손실을 가져온다. 고기를 씹을 때 적당히 베어 나오는 수분은 미각을 자극하고 식욕을 돋우는 역할을 하는데, 얼렸다가 녹인 고기는 육즙이 빠져나와 수분이 감소하고, 맛있는 맛 성분이 줄어들어 씹을 때 퍽퍽하고 질긴 느낌을 주며 맛이 떨어지게 된다. 또한 고기를 냉동하면 그 순간부터 숙성이 진행되지 않게 되는데, 고기의 저장기간을 연장하기 위하여 냉동을 하면 충분하게 숙성할 시간이 부족하여, 조리해서 먹었을 때 고기가 질겨질 가능성이 있다. 그 이외에 냉동기간이 경과함에 따라 지방의 산화, 건조, 변색 등이 나타나기도 하며 이러한 이유로 얼린 고기의 맛이 떨어지게 된다.
냉동을 할 경우 고기를 −20℃ 이하에서 빠른 시간 안에 동결시키는 것이 서서히 동결시키는 것보다 해동할 때 흘러나오는 육즙의 양을 적게 할 수 있는 방법이다.

(2) 단백질

근육 단백질은 약 20% 정도로 함유되어 있으며 근육의 주된 고형물이 된다. 육
류 단백질은 용해도에 따라 염용성 단백질인 근원섬유 단백질, 수용성 단백질인 근
장 단백질, 불용성 단백질인 육기질 단백질로 구분된다. 육류 단백질의 종류와 특
징은 표 8-2에 자세히 설명하였다.

표 8-2 육류 단백질의 종류와 특징				
	종류	용해성	단백질의 종류	특징
세포 내 (근섬유)	근원섬유 단백질	염용성	myosin(50%) actin(20~25%) tropomyosin(10~12%)	근육의 약 50% 차지, 섬유상 단백질, 물에 난용, 45~52℃에서 응고하기 시작, 육제품의 사후경직, 보수성, 결착성과 관련이 있어 소시지 가공에 중요하다.
세포 내	근장 단백질 (근형질 단백질)	수용성	myogen myoalbumin myoglobin hemoglobin	근육 전체 단백질의 약 30% 차지, 구상 단백질, 동결에 의해 변성되기 쉽다. 55~62℃에서 응고 시작, 근섬유의 세포질에는 미토콘드리아, 근소포체, 골기체, glycogen, 지방질을 함유, 정미성분이 존재, 수프, 소시지 가공.
세포 외 (결합조직)	육기질 단백질	불용성	collagen elastin reticulin	근육의 약 20% 차지, 섬유상 단백질, 물에 불용성, 열에 강하게 수축, 콜라겐은 피부 근막에 함유되어 장시간 가열에 의해 가용화되어 젤라틴화 됨. 엘라스틴은 인대, 혈관 벽에 함유되어 가열에도 불용, 식육의 두께를 좌우한다.

(3) 지질

육류에 함유된 지질의 양은 동물의 종류, 연령, 영양상태, 성별, 부위에 따라 변
화가 많다. 포화지방산의 정도가 증가함에 따라 지방의 단단한 정도가 증가하고 불
포화지방산이 많이 함유되어 있으면 부드러운 지질을 가진다. 돼지고기, 쇠고기,
양고기의 순으로 포화지방산을 함유하고 있으므로 양고기 지방이 쇠고기 지방보다
더 단단하다. 지방 함량과 수분 함량은 반비례한다.

식육의 주요 지방산은 올레산(oleic acid), 팔미트산(palmitic acid), 스테아르산
(stearic acid), 리놀레산(linoleic acid) 등이며, 특히 필수지방산인 리놀레산은 쇠
고기나 양고기보다 돼지고기에 5배 이상 많은 것으로 나타났다. 한편 지방의 융점은

쇠고기와 양고기가 40~50℃로 높아 음식이 식으면 지방이 고체화되어 음식의 맛을 나쁘게 하며, 돼지고기의 경우 28~48℃로 낮아 혀의 느낌이나 맛이 좋다.

(4) 당질

육류에는 당질의 함유량이 적지만 텍스쳐와 맛을 결정하는 데는 중요하다. 사후 숙성 동안 글라이코겐이 젖산으로 전화되어 고기의 마지막 pH를 결정하며, 물결합 능력, 연화, 색에 영향을 미친다. 육류의 당질은 주로 글라이코겐(glycogen)으로 근육과 간장 중에 존재한다.

(5) 무기질과 비타민

육류는 여러 종류의 비타민을 함유하는데 살코기는 비타민 B_1, B_2, 나이아신과 같은 비타민의 좋은 급원이고, 특히 돼지고기는 B_1이 풍부하다. 간과 콩팥은 비타민 B_2의 좋은 급원이고, 간은 비타민 A의 가장 좋은 급원이다.

Fe, Zn, K, P, S, Cl, Na, Mg 등이 많고 Ca이 적은 것이 특징이다. 육류를 조리할 때 물에 용해되는 무기질은 국물을 먹으면 섭취할 수 있다. 조리나 가공 시 비타민 B_1은 심한 가열처리에 의해 파괴된다. 조리된 고기의 비타민 B_1의 평균 보유율은 65% 정도이다.

(6) 추출성분

추출성분(extractives)은 육엑기스로 비질소태 물질을 말하는데, 젖산이 주된 성분으로 단백질이 아닌 질소성분을 말한다. 기본적인 추출성분은 크레아틴(creatine), 크레아티닌(creatinine), 요소(urea), 요산(uric acid), 구아니딘(guanidine), 글루타치온(glutathione), 글라이코겐, 유기산, 기타의 것 등이 함유되어 있다. 추출성분은 나이가 더 많은 동물일수록, 그리고 운동을 많이 한 부위일수록 많다. 이 성분들은 고기의 맛을 내는 정미성분으로 중요한 역할을 한다.

(7) 색소

색소는 근육의 마이오글로빈과 혈액의 헤모글로빈이다. 이들 색소는 신진대사 과정

동안 산소를 공급하기 위하여 산소와 가역적으로 결합한다. 그러나 숨이 끊어지면 조직에 산소공급이 중단되어 산소와의 결합을 더 이상 하지 못하게 된다. 마이오글로빈은 근육세포에 산소를 보유하고, 헤모글로빈은 혈액에 산소를 운반하는 일을 한다.

근육 안의 마이오글로빈 양은 동물의 나이가 많아질수록 증가하여 송아지보다 소의 근육이 더 짙은 색을 띤다. 돼지고기 근육은 소보다 적은 양의 마이오글로빈을 함유하므로 색깔이 더 연하다. 같은 동물이라도 운동을 많이 한 근육의 색이 훨씬 더 진하다.

동물이 도살되면 마이오글로빈은 처음에는 환원형이 되어 자줏빛을 띤다. 산소와 결합하거나 산화되면 선홍색인 옥시마이오글로빈(oxymyoglobin)이 된다. 어느 정도 저장된 후 환원물질이 조직에서 더 이상 생산되지 않으면 마이오글로빈이나 옥시마이오글로빈이 산화형으로 변하기 때문에 근육의 색은 갈색으로 되는데 이것을 메트마이오글로빈(metmyoglobin)이라 한다. 산소를 이용하는 미생물과 높은 온도, 정육점에서 사용하는 형광등은 메트마이오글로빈의 형성을 촉진한다. 산화가 더 계속되면 gpa 색소가 분해되어 녹색화합물인 헤미크롬(hemichrome)을 형성한다.

익은 고기의 색소는 옥시마이오글로빈이 산화되어 메트마이오글로빈의 형태가 된다. 생고기일 때는 적색이던 고기가 익으면 갈색으로 변하는 이유이다.

Q: 육류의 가공품인 베이컨이나 햄의 마이오글로빈은 가열해도 갈색으로 변하지 않고 진한 분홍색을 유지하는 이유는 무엇인가?

A: 마이오글로빈은 산소뿐만 아니라 산화질소(nitric oxide)와도 결합하는 성질이 있다. 육류의 가공품에는 인위적으로 아질산염을 첨가하여 마이오글로빈이 산화질소와 결합하게 해서 가열해도 마이오글로빈의 글로빈이 산화되지 않기 때문에 색이 갈색으로 변하지 않고 원래의 색보다 진한 분홍색이 되는 것이다.

아질산염	= 마이오글로빈	→ 니트로조마이오글로빈	→ 니트로마이오글로모겐
열	(적자색)	(분홍색)	(진한 분홍색)

8-3. 육류의 사후 변화와 숙성

동물 근육은 도살 후 혈액순환의 중단으로 산소의 공급이 없어지고, 효소의 작용에 의해 근육 중의 글라이코겐이 분해되어 젖산을 생성하는 해당작용(glycolysis)이 나타나며, 이어서 사후강직(rigor mortis)이 발생한다. 그 후 고기에 있는 각종 효소에 의해 여러 가지 변화를 일으키는 자기소화(autolysis)가 일어나면서 고기가 숙성(aging)되고, 연화현상이 나타난다.

(1) 사후강직(rigor mortis)

동물이 도살되면 근육세포는 산소공급이 중단되나 여전히 살아 있으므로 글라이코겐을 분해하여 젖산을 만들어 에너지를 얻게 된다. 젖산이 세포 내에 쌓이게 되면 pH는 7.2에서 5.5까지 점차로 떨어지게 된다. 이때 근육의 마이오신(myosin)과 액틴(actin)이 결합하여 액토마이오신(actomyosin)이 생성되어 근육이 뻣뻣하게 굳는 사후강직 현상이 일어나게 된다. 이러한 현상은 계속 진행되다가 근육의 pH가 5.5가 되면 최대 강직이 오면서 젖산 생성이 중단되고 더 이상 pH가 낮아지지 않는다.

근육이 최대로 강직된 상태에서는 육장 단백질의 양과 보수성도 최저가 되므로 경직 중의 고기는 삶아도 단단하고 보수성, 결착성도 적으므로 가공재료로도 부적당하다. 사후강직이 완료된 고기는 반드시 숙성 과정을 거쳐야 식용하기에 적당하게 된다.

사후강직 속도는 동물의 종류, 나이, 영양상태, 도살 시 흥분상태, 도살 후 근육 등에 따라 다르며, 온도가 높으면 빠르고, 온도가 낮으면 늦게 나타난다. 도살 전에 운동량이 많아서 근육 중에 젖산량이 많은 것은 강직이 빨리 온다. 일반적으로 사후강직 개시시간을 보면 도살된 후 쇠고기와 양고기는 4~12시간, 돼지고기는 30분~2시간, 닭고기는 수분~1시간 이내에 사후강직이 시작된다.

(2) 숙성(熟成, aging)

최대 사후강직을 지나치면 단백질 분해효소의 작용으로 자기소화가 시작된다. 이

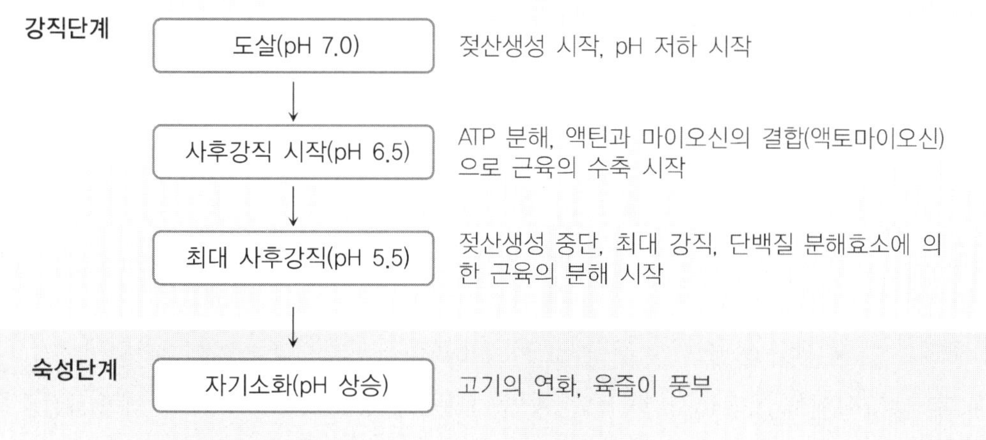

그림 8-2 육류의 사후강직과 숙성 단계

를 경직해제(rigor off) 또는 해경이라고 한다. 경직이 끝나면 근육의 길이가 짧아지고 연화되기 시작한다. 이때 근육의 pH는 약간 상승하게 되고, 보수력이 증가하며, 아미노산과 같은 지미 성분이 증가하게 된다. 이처럼 식용에 적당한 다즙질이 되고, 고기가 연해지며, 맛이 좋아지는 것을 고기의 숙성이라고 한다.

일반적으로 숙성은 가축의 종류, 부위, 숙성 온도 등에 따라 차이가 있는데, 쇠고기와 양고기는 4℃ 내외에서 7~14일, 10℃ 내외에서 4~5일, 16℃에서 2일이 소요되고, 돼지고기는 4℃에서 1~2일, 닭고기는 8~24시간 정도에서 숙성이 완료된다.

온도가 높으면 숙성은 촉진되나 미생물이 번식하기 쉬우므로 일반적으로 고기는 저온으로 정상적인 자기소화를 거쳐 숙성시킨다. 고기를 인공적으로 짧은 시간 내에 숙성시키기 위하여 결체조직 단백질을 분해하는 효소, 즉 파파인(papain), 브로멜린(bromelin), 피신(ficin) 등의 식물성 효소를 사용하여 색깔의 변화를 방지하고, 조직을 균일하게 연화시키기도 한다. 그러나 필요이상 장시간 저장하게 되면 숙성기간이 지나 미생물의 번식으로 각종 아민류(amine), 지방산류, NH_3, H_2S, CO_2, H_2O, 메탄(methane), 인돌(indole), 스케톨(skatole) 등의 유해 물질이 생성되며, 악취와 이미(異味)를 내는 부패단계에 이른다.

8-4. 육류의 보관

시중에서 판매되고 있는 고기를 구매한 후 1~2일 안에 소비할 것이라면 냉장 보관하면 된다. 만약 더 오랫동안 보관할 것이라면 냉동보관 하여야 한다. 포장된 고기를 구매한 경우 포장된 채로 보관하고, 포장되어 있지 않은 고기를 구입하였을 때는 포장용 봉투나 알루미늄 호일에 한 번에 먹을 양 만큼으로 나누어 싸서 냉동한다.

냉동육을 해동할 때에는 육즙 손실을 최소화하는 것이 중요하다. 냉동실에서 꺼낸 후 냉장실에서 12~15시간 정도 자연 해동하는 것이 좋고, 급히 해동시킬수록 육즙의 손실이 커진다. 찬물에 담가 해동할 때에는 랩으로 싸서 담그는 것이 영양분의 손실을 막을 수 있다. 해동한 고기는 바로 조리해야 하고, 해동된 고기를 다시 얼리지 않아야 한다.

표 8-3 육류의 저장기간

종류	저장기간	
	냉장실(2~4℃)	냉동실(-18℃)
쇠고기	3~5일	6~12개월
돼지고기	3~5일	6~9개월
쇠고기 갈은 것	1~2일	3~4개월
돼지고기 갈은 것	1~2일	1~3개월
내장	1~2일	3~4개월

궁금합니다!

Q: 고기의 누린내를 없애는 방법은?

A: 가장 중요한 것은 핏물을 없애는 것이다. 핏물을 말끔히 없애기만 해도 누린내가 거의 없어진다. 덩어리 고기라면 찬물에 담가 고기가 뿌연 색이 될 때까지 두었다가 물기를 닦아 사용하고, 저민 고기나 다진 고기라면 키친타월에 싸서 꼭 눌러 핏물을 빼야 한다. 양념할 때는 파즙, 향신료, 채소류, 술에 고기를 재어두었다가 사용하면 고기 특유의 누린내가 없어진다. 간장도 누린내를 없애는 효과가 있다.

8-5. 육류의 특징

1 소(cow)

(1) 성상

소의 발상지는 서부아시아로 미국 및 인도 등지에서 많이 기르고 있다. 우리나라는 단군신화에 소를 사육한 기록이 있어 중국의 유목민에 의해 전래된 것으로 보인다. 품종은 육우(肉牛), 유우(乳牛), 역우(役牛) 및 병용종(屛用種)으로 구분할 수 있으며, 우리나라는 일찍부터 역우와 육우의 구실을 겸한 재래종 한우가 사육되어 왔다.

우리나라 한우는 비교적 영양가가 높고 지방 함량이 적으며 향기 및 질감 등이 좋아 모든 식육류 중에서 기호도가 가장 높다.

잘 비육된 암소와 거세된 소의 고기는 선홍색이며, 근섬유는 광택과 탄력이 있으며 섬세하다. 또한 특유의 향기가 있고, 근육조직에 백색지방이 덮여있어 마블링(marbling)을 형성하고 있다. 황소고기나 늙은 소는 암적색을 띠면서 황색지방을 보이며, 근섬유가 거칠고 질긴 결체조직을 많이 함유하여 상품적 가치가 떨어진다. 송

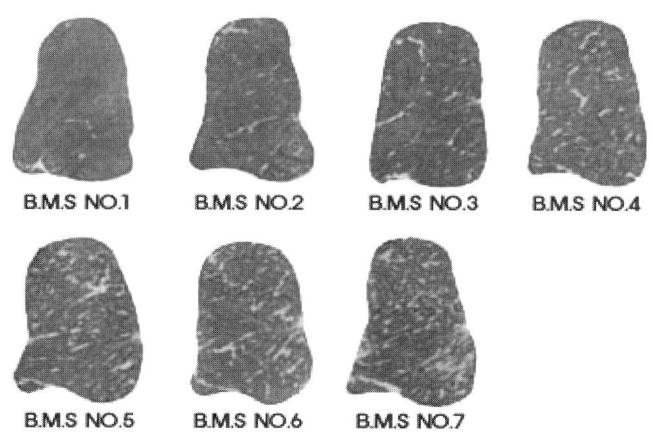

그림 8-3 근내 지방도

아지고기는 담적색을 나타내며, 근섬유는 가늘고 수분이 많아 육질이 매우 부드러우면서 연한 편이나 육장(肉將)이 적어 풍미가 덜하다. 숙성할 필요는 없으나 다른 고기에 비해 변패되기 쉽고 보존성이 적다.

쇠고기의 등급은 육질등급과 육량등급으로 구분하여 판정한다. 육질등급은 고기의 질을 근내 지방도(그림 8-3), 육색, 지방색, 조직감, 성숙도에 따라 1^+, 1, 2, 3 등급으로 판정하는 것인데 소비자가 고기를 선택하는 기준이 되며, 1^+가 가장 좋은 고기이고, 다음으로 1, 2, 3의 순이다.

육량등급은 도체에서 얻을 수 있는 고기양을 도체중량, 등지방두께, 등심단면적을 종합하여 A, B, C 등급으로 판정한다.

쇠고기의 부위에 따른 명칭과 분할은 그림 8-4, 표 8-4와 같다.

① 목심(chuck roll)

운동을 많이 하는 소의 목 부위로 결합조직이 많아 육질이 질기며 젤라틴이 풍부하다. 조리 시 얇게 썰면 맛이 부드러우며 살코기 속에 지방이 고르게 분포하여 마블링과 풍미가 우수하다. 불고기, 구이, 스테이크의 재료로 사용되며 육수용으로도 쓰인다.

② 등심(loin)

갈비뼈 위쪽 등 부분의 고기로 살이 두껍고 얼룩지방이 있으며 육질이 연하여 풍미가 좋은 부위이다. 전체 고기의 약 20%를 차지한다. 등 마루쪽 고리를 덮개살이라고 하며 불고기, 전골, 구이, 산적, 스테이크 등으로 이용한다.

③ 채끝(striploin)

고기는 연하고 향미가 좋다. 등뼈의 끝부분과 꼬리뼈가 시작되는 부분의 단일 근육이며 치맛살을 포함하고 있다. 등심과의 사이부분을 토시살이라고 한다. 구울 때는 두텁게 썰어서 굽는 것이 좋다. 구이, 찜, 스테이크 등으로 이용된다.

④ 안심(tender loin)

쇠고기 중에서 가장 부드러우며 얼룩지방과 근막이 형성되어 있는 것으로, 소 한 마리에서 겨우 2% 정도 밖에 얻을 수 없는 최상급 부위이다. 안심 중 가장 붉은 부위는 제비추리이다. 불고기, 구이, 볶음, 스테이크, 로스구이로 이용된다.

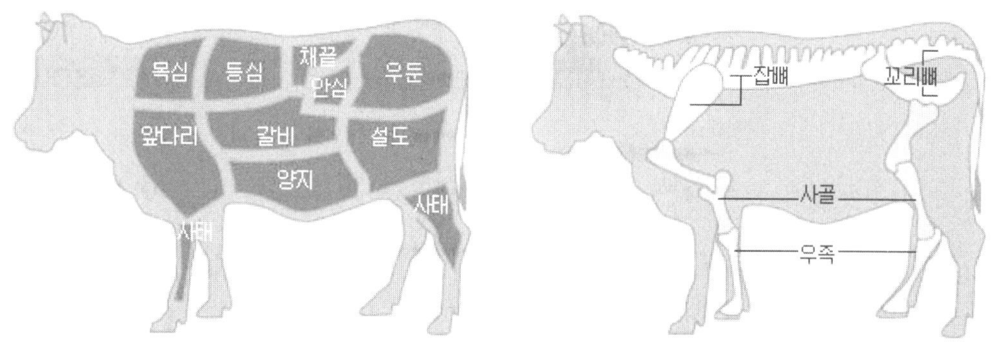

그림 8-4 쇠고기의 부위에 따른 명칭

표 8-4 국내산 쇠고기 분할	
10개 부위로 분할	29개 부위로 분할
목심	목심살
등심	뒷등심살, 아랫등심살, 꽃등심살, 살치살
채끝	채끝살
안심	안심살
우둔	우둔살, 홍두깨살
앞다리	꾸리살, 갈비덧살, 부채살, 앞다리살
갈비	갈비, 마구리, 토시살, 안창살, 제비추리
양지	양지머리, 업진살, 차돌박이, 치마살
설도	보섭살, 설깃살, 도가니살
사태	앞사태, 뒷사태

⑤ 우둔살(round)

육질의 결이 곱고 연하며 맛도 좋아 익히지 않는 음식에도 적당하다. 육포, 육회, 장조림에 이용된다.

⑥ 앞다리(blade)

오금에 붙은 고기로 고기 결은 고우나 결합조직, 힘줄, 막 등이 많이 있어 부분적으로 질기다. 앞다리는 육질이 단단한 부위와 연한 부위가 교차하며 육색이 진하다. 불고기, 육회, 장조림, 탕, 스튜 등에 쓰인다.

⑦ 갈비(ribs)

기름이 많고 살은 연하며 맛이 좋다. 구이, 찜, 탕에 이용된다.

⑧ 양지(brisket)

결합조직이 많아 육질이 질기고 지방이 적다. 안쪽 살부터 복부 아래까지 부위로, 차돌박이가 이 부분이다. 편육, 탕, 스튜, 햄버거용 분쇄육, 곰국 등에 이용된다.

⑨ 설도(botton round)

설도는 '비역살', '밑살'이라고도 하며, 기름기가 적은 큰 근육으로 구성되어 있으며 육질이 질기다. 스테이크, 불고기, 육포, 산적용으로 쓰인다.

⑩ 사태(fore shank)

콜라겐이나 엘라스틴 등이 많아 질기지만 가열하면 젤라틴화하여 부드러워진다. 다리의 장딴지 부위로 근막이 발달되어 있으며, 사태부위에서 가장 큰 근육을 아롱사태라 한다. 조림, 찜, 탕, 수프스톡 등에 이용한다.

⑪ 장정육(chuck)

운동량이 많아 지방이 적고 결합조직이 많으므로 육질이 질기나 엑스분과 젤라틴이 풍부하며 목과 팔을 중심으로 하는 부위이다. 조림, 편육, 곰국, 다진 고기요리, 수프, 스튜(stew)에 이용한다.

⑫ 업진육(plate)

근육조직과 지방조직이 교대로 층을 이루고 있으며, 고기는 질기나 풍미와 치감이 있다. 옆구리 늑골을 감싸고 있는 부위이다. 구이, 탕, 찜 등에 이용한다.

⑬ 홍두깨(eye of round)

지방과 살코기가 적당한 비율로 섞여 있어 결이 곱고 부드러운 살로 질기지 않으며 허벅지 안쪽보다 하위 부위이다. 국, 장조림, 불고기, 조림, 볶음, 산적포가 있다.

⑭ 중치육(heal muscle)

콜라겐이 많아 육질이 질기다. 조림, 탕, 수프스톡, 햄버거 등에 이용된다.

⑮ 대접살(flank steak)

붉은살로 육질이 연하고 지방은 다른 부위에 비해 적다. 포육회, 장조림 등에 적합하다.

⑯ 사골

다리뼈로 암소의 앞사골이 가장 좋다. 뼈가 얇고 속 내용이 알찬 것이 맛있는 맛을 많이 용출한다. 곰국에 이용한다.

⑰ 꼬리, 족

곰국, 찜, 족편을 만드는 데 사용한다.

(2) 성분

쇠고기는 질이 높은 단백질, 지질, 무기질 및 비타민의 우수한 급원식품이다. 특히 인체의 생명유지 및 성장발육을 위한 필수아미노산을 다량 함유하고 있어 질 좋은 단백질의 공급원이다. 곡류에 부족한 라이신(lysine)이 많이 함유되어 있으며, 함황아미노산인 메싸이오닌(methionine)은 간장의 술독을 해독하여 간장을 보호해 주는 효과가 있다.

쇠고기의 지질 함량은 1.9~12.8%로, 지질은 중성지방, 인지질, 콜레스테롤(chole-sterol), 미량의 지용성비타민으로 구성되어 있다. 무기질은 Fe과 P이 풍부하며 Cu, Co, Mn, Zn 등의 미량 무기질도 골고루 함유되어 있다. 비타민류는 B_1, B_2, B_6, B_{12}, 나이아신(niacin), 엽산(folic acid) 등이 많이 함유되어 있다.

(3) 고르는 법

· 윤기가 나고 육색이 선홍색인 것
· 조직이 치밀하고 단단한 것
· 지방의 색깔은 흰색 또는 연한 크림색으로 마블링이 많이 형성된 것
· 냉동육보다 냉장육을 구매할 것

·식육판매 표시판의 기재 내용(부위명, 등급, 용도, 100g 당 가격, 원산지)을 꼭
 확인할 것
·고기 표면이 건조하지 않고, 고기가 탄력성이 있는 것

(4) 국내산과 수입산 쇠고기 구별방법

① 등심

국내산	수입산
·신선한 고기에서 뼈를 발라내어 형태가 다양하다 ·등심을 자른 면에 떡심이 있다. ·덩어리 형태가 다양하다. ·겉에 칼자국이 많이 남아있다.	·살짝 언 상태에서 뼈를 발라내어 뼈를 발라낸 흔적이 있다. ·크기가 고르며 진공 포장하여 표면이 매끄럽다. ·등심 자른 면에 떡심이 없다. ·덩어리가 타원형이다.

② 갈비

국내산	미국산	호주산
·짝갈비(덩어리) 형태로 유통된다. ·지방이 흰색이다.	·갈비가 3대씩 붙어 있다. ·지방이 흰색이다.	·갈비가 45대씩 붙어 있다. ·지방이 황색이다.

Q: 고기를 잴 때 왜 꼭 생과일을 넣어야 할까? 통조림 파인애플이나 배즙 음료를 넣으면
   안 되는 이유는?

A: 파인애플 통조림이나 배즙 음료는 가공, 살균과정 중에 과일에 있는 단백질분해효소가
   불활성화되므로 단백질 분해 능력이 없는 상태이다. 그러므로 고기를 연하게 하기 위
   해서는 꼭 단백질 분해효소가 활성화하는 생과일을 이용해야 효과를 얻을 수 있다.

Q: 육류를 조리할 때 부드럽게 하는 방법은?

A: ① 고기에 칼집을 넣거나 두들겨 주어 근섬유와 결합조직을 잘라주는 방법
   ② 단백질 분해효소가 들어 있는 생과일(파인애플, 키위, 파파야 등)을 이용하는 방법
   ③ 와인, 맥주, 토마토, 식초, 레몬, 과일즙 등을 적절히 사용하여 고기의 pH를 산성으로 떨어뜨리면 육류 단백질의 수화능력이 커져서 고기가 연해지는 방법
   ④ 적당량의 소금, 간장을 첨가하는 방법. 1.3~1.5% 소금을 사용하면 연하고 맛이 좋아지지만, 5% 이상이 되면 탈수현상으로 인해 오히려 질기고 맛이 없어진다.
   ⑤ 설탕, 양파즙, 꿀 등의 당을 넣으면 당에 의해 단백질의 보수성이 증가되어 고기가 연하게 느껴진다.
   ⑥ 연육소를 사용한다. 연육소는 파파야의 파파인(papain), 파인애플의 브로멜린(bromelin), 무화과의 피신(ficin), 키위의 액티니딘(actinidin)과 같은 효소 등을 가공하여 분말상태로 만들어 상품화한 것이다. 연육소는 뿌린 표면만 연육 효과가 있으므로 두꺼운 고기의 경우 뿌린 후에 포크로 쿡쿡 찔러 연육소가 안으로 스며들게 하는 것이 좋다.

2 돼지(swine)

돼지는 멧돼지가 집돼지가 되어 가축화되었으며, 암돼지는 일생동안 100마리 정도 새끼를 낳는 번식력이 좋은 동물로, 다른 동물에 비해 도체율도 높아 생육(生肉)또는 가공육(加工肉)으로 이용되는 중요한 동물성 단백질 공급원이다.

1) 품종 및 특성

돼지의 품종은 약 100여 종이 되며, 용도별로 분류하면 지방형(lard type), 생육형(pork type)과 가공형(bacon type)으로 구분된다.

지방형은 몸집이 월등히 크며, 옆구리 등에 지방이 많고 두꺼워 라드 채취용으로 사육되었으나, 식용유로서 라드의 선호성이 떨어지면서 사육수가 감소되었다. 생육형은 살코기가 풍부하며, 기호도가 높은 햄, 베이컨, 로인, 숄더 등의 부위가 발달

형 체형이다. 가공형은 돼지의 체심이 크고 옆구리가 긴 편으로 다른 형의 돼지고
기보다 지방이 적어 고기양이 많다.

돼지고기의 부위별 명칭은 그림 8-5와 같고, 특징과 용도는 다음과 같다.

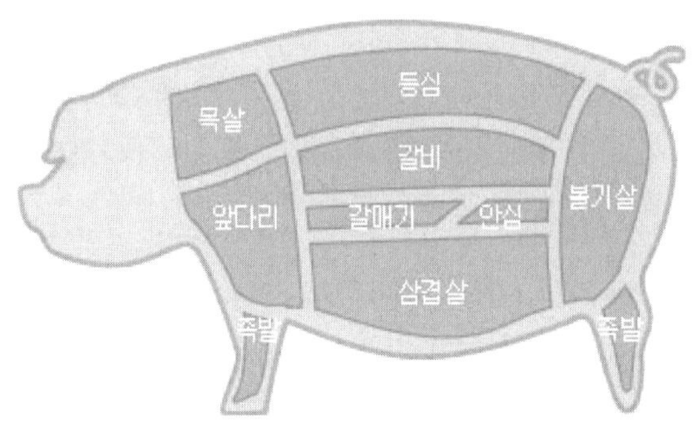

그림 8-5 돼지고기의 부위에 따른 명칭

① 등심(rib)

가장 결이 곱고 부드러우며 연한 부위로, 지방이 적어 담백하고, 길다란 단일 근육을
이루고 있으며 표피에 두꺼운 지방층이 덮여 있다. 스테이크, 구이, 불고기, 찌개 등에
이용된다.

② 삼겹살(bacon)

살코기와 지방이 3겹의 막을 형성하여 삼겹살이라 하며 결이 약간 거칠지만 단단
하지 않고, 풍미와 진한 맛이 우수한 조직으로, 넓고 납작한 형태의 뱃살 부위의
살코기이다. 불고기, 베이컨, 구이에 이용된다.

③ 목심(boston butt)

등에서 목으로 이어지는 부위로 지방이 근육막 사이에 끼어 있어 풍미가 좋다.
구이, 찜, 수육으로 이용한다.

④ 안심(loin)

약간의 지방과 근막이 형성되어 있어 육질이 부드럽고 연하며 허리 안쪽 부위이
다. 구이, 로스, 스테이크, 탕수육 등에 이용된다.

⑤ 어깨살(picnic, shoulder)

색깔이 진하고 약간 질기지만 살코기 속에 지방이 많기 때문에 연하면서 맛이 좋아 상급육으로 취급하며 어깨 부분의 살을 말한다. 조림, 볶음, 구이, 다진 고기요리, 장조림에 이용된다.

⑥ 갈비(sparerib)

근육 내 지방이 함유되어 있어 풍미가 좋고 감칠맛이 있는 늑골부위를 말하며, 갈비찜, 불갈비, 바비큐에 이용된다.

⑦ 뒷다리살(ham)

살집이 두껍고 지방이 적으며 볼기 부위의 고기로서 불고기, 튀김, 구이, 햄, 장조림, 볶음에 이용된다.

(2) 성분

돼지고기의 근육색소인 마이오글로빈(myglobin) 함량은 쇠고기의 1/8 정도밖에 되지 않아 육색이 담홍색 내지 회적색, 암적색이다.

돼지고기의 지방은 희고 단단하며 특유의 향기가 있는데, 고기 사이에 지방층이 형성되어 대리석 무늬가 뚜렷하게 나타난다. 특히 암돼지는 살이 많고 지방 침착이 잘되어 상강육이 발달되었으며, 결체조직이 적게 들어 있어 부드럽고 연하며 육색은 밝다. 또한 돼지고기는 섬유가 가늘고 연해서 소화율은 단백질과 지방 모두 95% 이상이다.

돼지고기는 수분 함량이 43~59%, 단백질 함량이 13~17%로 적게 들어 있으며 아미노산 조성은 필수아미노산이 풍부하다. 지방의 함량은 쇠고기보다 많으며 지방산 조성은 올레산(oleic acid), 리놀레산(linoleic acid) 등의 불포화지방산 함량이 많아 혈중 콜레스테롤 수치를 저하시켜주기는 하나 산화 변질되기 쉬우며, 쇠고기에 비해 3배의 빠른 속도로 부패하기 때문에 보관 시 주의해야 한다. 특히 융점이 낮고(28~48℃), 응고점이 높다(27~30℃). 비타민 B 복합체가 많아 비타민 B_1의 우수한 급원식품이라 할 수 있다.

3) 고르는 법

- 돼지고기의 지방은 탄력성과 끈기가 있는 것으로 백색을 띠는 것이 좋으며, 광택이 없거나 황색지방 또는 연지방(軟脂肪)은 좋지 않다.
- 살코기가 두껍고, 색깔이 선명하며 윤기가 있는 담홍색인 것
- 고기 색이 적색인 것과 자른 면에서 수분이 흐르는 것은 좋지 않다.
- 수컷냄새 및 기타 냄새가 심한 것은 좋지 않다.

궁금합니다!

Q: 곡류를 주식으로 하는 한국인에게는 쇠고기보다 돼지고기의 섭취가 권장되는데 왜 그럴까?

A: 곡류의 주된 성분인 당질이 체내에서 완전히 대사되기 위해서는 충분한 양의 비타민 B_1이 필요하다. 돼지고기는 쇠고기에 비해 비타민 B_1이 더 많이 들어 있는 식품이기 때문이다.

궁금합니다!

Q: 돼지고기와 새우젓의 궁합은?

A: 돼지고기의 주성분은 단백질과 지방이다. 우리 체내에 단백질이 소화되기 위해 필요한 것이 단백질 분해효소(프로테이스)이다. 새우젓은 발효하는 동안 대단히 많은 양의 프로테이스가 생성된다. 돼지고기를 먹을 때 새우젓의 역할은 소화제 구실을 하는 것이다. 그리고 새우젓에는 지방을 분해하는 효소인 라이페이스가 함유되어 있어 기름진 돼지고기의 소화를 크게 돕는 것이다. 이런 점에서 돼지고기에 새우젓을 찍어 먹는 것은 맛의 조화와 소화력을 증진시키는 매우 합리적인 음식의 배합이다.

---

3 육 가공품

(1) 햄(ham)

햄은 돼지의 뒷다리살에 설탕, 식염, 향신료, 아질산염, 질산염 등을 고루 잘 섞

어 고기의 표면에 발라 문지른 후 1~2일간 서늘한 곳에서 절인다. 이 조작을 염지(curing)라 하며 염지 과정은 저장성 및 발색의 효과를 주며 짠맛을 부여한다. 그 후 다시 50~60℃에서 1~2일간 훈연 및 가열과정을 통하여 독특한 풍미와 방부성을 지니게 된다. 햄의 종류는 다음과 같다.

- regular ham : 햄(허벅지살, 볼기살)을 뼈가 붙은 채로 가공한 것
- boneless ham : 햄에서 뼈를 제거하고 살코기만 말아서 가공한 것
- loin ham : 허리 등심부위의 살을 염지한 후 살코기를 말아서 가공한 것
- lacks ham : 머리 주위에 있는 로인 부위의 살코기를 잘게 말아서 가공한 것
- shoulder ham : 어깨살을 가공한 것
- press ham : 햄이나 베이컨을 만들고 남은 고기나 그 외의 식육을 잘게 썰어서 향신료, 조미료, 결착제 등을 섞어 가공한 것으로 햄과 소시지의 중간적 가공품이다.

(2) 베이컨(bacon)

돼지의 지방이 많은 배 부위의 살을 소금에 절여서 성형, 건조, 훈연하여 2~5mm 두께로 얇게 썰어 포장한 것으로 햄의 제조방법과 동일하나 살균가열처리를 하지 않았으므로 품질이 저하될 수 있다. 베이컨의 종류에는 rolled bacon, boiled bacon, canadian bacon, danish bacon, beef bacon 등이 있다.

(3) 소시지(sausage)

소시지는 상등육을 얻을 수 없는 가난한 계층의 소비자를 위하여 값싼 고기에다 부산물들을 이용하여 만든 가공품으로, 소시지의 명칭은 암퇘지 고기인 소우(sow)에 세이지(sage)라는 약초를 넣은 데에서 유래한 것이다. 돼지고기가 주원료이며, 그 밖의 소, 양, 말, 토끼, 고래 등의 고기를 사용하며 고기류의 내장, 심장, 혀, 간, 머릿고기 및 혈액 등의 부산물을 부원료로 하여 잘게 갈아서 소금, 조미료, 향신료, 질산염 등을 혼합해 동물의 창자 및 인공 케이싱에 넣고 훈연하거나 삶아 육제품을 가공한다.

소시지의 종류로는 더메스틱소시지(domestic sausage), 건조소시지(dry sausage)와 훈연소시지(smoked sausage) 등이 있다.

더메스틱소시지는 부드럽고 풍미는 좋으나 수분이 많아 저장성이 낮다. 포크, 비엔나, 프랑크푸르트 등의 소시지가 여기에 속한다.

훈연 소시지의 종류에는 프랑크푸르트 소시지, 볼로냐 소시지(소의 소장, 대장, 맹장 등을 사용함) 등이 있다. 건조 소시지는 저온에서 장시간 건조, 훈연한 것으로 조리하지 않고 그대로 먹을 수 있으며, 수분 함량이 30% 이하로 단단하여 보존성이 높다. 살라미(salami) 등이 속한다.

4 닭(chicken)

(1) 성상

닭은 야생 들닭이었으나 B.C. 1700년경 부터 인도에서 기르기 시작하였고, 우리나라에서도 닭을 식용한 역사가 오래되었을 것으로 추정된다. 우리나라에서 닭은 소, 돼지와 함께 중요한 식육자원이다.

닭은 사육기간과 성별에 따라 다음과 같이 구분된다.

① 브로일러(broilers)

영계(嬰鷄) 또는 약병아리로 16주 미만의 어린 닭이다. 브로일러는 지방이 적고 살이 연하여 맛이 좋으며, 값이 싼 편이다.

② 로스터(rooster)

통닭으로 이용되는 8개월 미만의 닭으로, 피하 지방이 형성되어 있고 가슴과 뼈 등이 브로일러보다 단단하다.

③ 케이폰(capons)

가슴고기가 많으며 연한 살을 지니고 있는 10개월 내외의 거세한 수탉이다.

④ 헨(hens)

파울(fowl)이라고도 하며 10개월 이상 된 암탉으로 지방과 살이 많고 껍질이 두껍다.

⑤ 콕(coks)

살이 질기고, 살색이 어두우며 껍질이 거친 1년 이상 성숙된 수탉을 말한다.

(2) 성분

닭고기의 영양가는 단백질이 약 20%, 지방이 약 5%, 비타민 A를 비교적 많이 함유하며, 비타민 B_2가 특히 많고 값이 싸서 경제적이다. 내장, 껍질은 단백질, 지방, 비타민 등이 풍부하다.

부위에 따라 가슴살 부분은 살이 희고, 단백질이 많고 지방은 적으며, 근육 섬유가 연하여 맛이 담백하다. 다리살 부분은 살이 붉고, Fe 함량이 많으며, 콜라겐이 많아, 독특한 풍미를 가진다. 날개는 살이 적지만 지방과 콜라겐이 많고, 수분이 많아 맛이 좋은 부위이며 등과 목 부분은 살은 적으나 지미성분이 다량 함유되어 있다. 지방은 연하고 밝은 황색으로 껍질이나 배 부분에 많다. 닭고기가 맛있는 것은 글루타민산(glutamic acid)이 들어 있기 때문이다.

쇠고기, 돼지고기보다 근섬유가 가늘고 연한 것이 특징이고, 지질이 근육 속에 섞여 있지 않기 때문에 맛이 담백하며 소화흡수가 잘되는 고기이다. 또한 쇠고기나 돼지고기에 비해 지방과 콜레스테롤이 적으며, 특히 불포화지방산이 65% 이상이고, 융점이 23~40℃ 부근으로 실온에서 굳어지는 일이 거의 없어 동맥경화증 예방이나 치료에 더 좋다.

닭고기는 쇠고기보다 메싸이오닌(methionine)과 라이신(lysine)을 비롯한 필수아미노산을 더 많이 함유하고 있다. 즉, 메싸이오닌의 경우, 쇠고기는 100g 중 0.43g, 닭고기는 0.64g 함유하고 있으며, 라이신의 경우 쇠고기는 1.7g, 닭고기는 1.95g 함유하고 있다. 특히 메싸이오닌은 쌀과 식물성 식품에 적게 들어 있으므로 쌀을 주식으로 하는 우리의 식생활에서 닭고기는 부족한 메싸이오닌을 보충해 주는 효과가 있다.

닭의 뼛속에는 히알루론산(hyaluronic acid)이 많이 함유되어 있어 각종 노인성 질병인 관절염, 백내장, 피부노화 방지에도 효과가 있다. 닭고기의 간은 살코기에 비해 단백질, Fe, Cu, Co, Mn, Ca 등의 무기질과 비타민 B_1, B_2 등의 영양소가 풍부하여 빈혈, 스테미너에 좋다. 닭간은 쇠간보다 부드럽고 냄새가 덜 나므로 먹기에 좋다.

(3) 저장 및 용도

조육은 −5~−15℃에서 동결하여 저장하고, 냉동 조육은 맛과 영양가의 큰 변화 없이 9~12개월 동안 저장이 가능하다. 닭고기는 부패속도가 빠르므로 신선한 생닭은 장기간 보관하지 말고 조리하는 것이 좋다.

날개, 가슴 등의 살은 희고 지방이 적어 산뜻한 맛이 나므로 튀김, 찜, 죽, 샐러드 등에 쓰이며, 다리살은 빛깔이 붉고 지방이 많아 로스트나 커틀릿 등에 알맞다. 닭고기는 수프스톡(soup stock), 로스트, 튀김, 볶음, 조림, 내장요리, 국, 구이, 무침, 탕, 찜의 요리에 이용되고, 소시지 등의 가공원료로도 가끔 이용된다.

우리나라에는 예부터 '보신(補身)'이란 말이 있었고, 삼복에 보신식품으로 손꼽히는 것이 삼계탕이다. 영계에 인삼과 찹쌀, 밤, 대추, 마늘, 황기 등을 넣고 푹 고은 것으로 동물성 식품과 식물성 식품이 잘 어울리는 음식이며 인삼, 대추, 밤, 마늘의 강장효과가 더해진 보신식품이다.

표 8-5 닭의 부위별 특징과 적합한 조리명		
부위	특징	조리법
통닭	1~1.3kg의 것이 부드럽고 연하다.	통닭구이, 백숙
다리살, 허벅다리살	닭고기 중 유일하게 붉은 살코기 부분, 즙과 기름이 많아 맛이 좋다.	튀김, 조림, 구이
가슴살	흰살, 기름기가 전혀 없어 퍽퍽하나 담백하다.	튀김, 구이, 찜
날개	살은 적으나 지방과 콜라겐이 많고 즙이 많아 맛이 좋다.	튀김, 찜, 양념구이
등, 목	등 부분은 살은 적으나 지미성분이 많다.	국물용

이 외에 닭 껍질은 주로 결체조직으로 형성되었으나 지방이 많고 연하므로 식용으로 이용할 수 있다.

4) 고르는 법

- 고기 색깔이 담황색이면서 윤기가 있는 것
- 수분 함량이 높고 탄력이 있는 것
- 생후 1년 이내의 닭이 고기의 맛과 육질이 좋음

5 면양(sheep, mutton, lambs)

면양은 외국에서는 오래전부터 길렀으나 한국은 백제시대부터 사육한 것으로 알려졌다. 면양은 원래 양모와 고기를 얻기 위하여 사육되었으나 오늘날에 와서는 육류의 공급원으로 보다 많이 쓰이게 되었다.

현재 전 세계적으로 분포되어 있는 면양은 수십 종이 있으며 일반적인 품종으로는 육용종인 슈럽샤(shorpshire), 사우스다운(southdown), 링컨(lincon), 롬니마시(rom-neymarsh), 체비오트(cheviot) 등이 있다.

양고기는 나이에 따라 구분하는데 생후 10개월 미만으로 체중이 30~35kg 이하의 어린 면양의 고기를 램(lamb)이라 하고 체중이 45~50kg일 때의 성숙한 면양의 고기를 머튼(mutton)이라 한다.

램은 육색이 연한 붉은 색으로 특이한 냄새가 없고, 육질이 연하여 섬세하고 풍미가 좋아 로스구이나 징기스칸 요리에 이용되며 고급식품으로 생산과 소비가 증가되고 있다.

머튼은 섬유조직이 가늘고 섬세하여 고기가 연하므로 소화가 잘되며 맛이 있다. 구미지역에서 생육하고 있으며 몽고, 이란, 이라크 등지의 유목민들은 양고기를 매일 먹고 있다. 머튼은 소시지나 햄으로 이용하고 있다.

육색은 쇠고기보다 엷고, 돼지고기보다 진하여 진한 선홍색 내지 벽돌색을 띠며, 백색지방은 피하조직이나 신장 주변에 많고, 근육 내 지방 함량이 소나 돼지에 비해 매우 높은 편이다. 지방산 중 스테아르산(stearic acid)의 함량이 많아 융점이 44~55℃로 높아 실온에서 굳기 쉽고 녹기 어려우므로 양고기는 뜨겁게 해서 먹어야 한다. 또한 요리할 때 녹는점이 낮은 돼지고기와 함께 사용하면 육질이 연하고 부드러워져서 맛있게 먹을 수 있다. 양고기는 로스구이, 전골, 징기스칸 요리 등에 적합하다.

염소는 주로 인도, 중국, 터키 등지의 목초지에서 사육되며 우리나라에서는 삼국시대 이전에 전래되었다. 염소는 산양이라고도 하며 고기와 젖을 얻을 수 있는 영양적으로 우수한 식품이다. 우리나라에서는 재래종인 흑염소를 식용으로 많이 먹어왔으며, 몸은 작지만 체질이 강하여 각종 질병에 대해 저항성 및 생명력이 강한 특성이 있다. 또한 고기 맛이 좋고 영양이 풍부하여 여성 및 허약체질의 보양식으로 이용되었다.

염소고기의 성분은 필수아미노산을 함유하고 있어 단백질원으로 우수하며, 지방 함량은 쇠고기와 비슷하지만 양고기처럼 느끼하지 않다. Ca은 쇠고기나 돼지고기에 비해 10배 이상 들어 있고, Fe은 8배 이상 많아서 빈혈예방에 효과가 있으며 어린이, 임산부, 회복기 환자에게 좋다. 또한 비타민 B_1, B_2가 다른 육류보다 많고, 육질이 감칠맛이 있고 근섬유가 연하여 소화흡수가 잘되므로 소화기능이 약한 사람, 손발이 찬 사람에게 좋다. 비타민 A와 E가 풍부하여 시력증진 및 노화방지에 효과가 있다.

토끼는 집토끼(domestic rabbit), 산토끼(hare), 굴토끼(wild rabbit)의 3종류가 있으며, 집토끼는 굴토끼를 가축화한 것으로 유럽 남부지역에서 사육하기 시작하여 널리 전파되었다.

우리나라에서는 삼국시대부터 사육하기 시작하였고, 주로 모피용종, 모용종으로 길러 왔으나 오늘날에 와서는 식용고기 및 실험동물로 이용되고 있다.

우리나라에서 사육되고 있는 품종 중 육용종으로는 뉴질랜드 화이트(New Zealand White), 재패니스 화이트(Japanese White), 벨기안 헤어(Belgian hare), 플레미시

자이언트(Flemish Giant), 캘리포니언(Californian) 등이 있으며, 모피용종으로는 친칠라(chinchilla)와 모용종 앙고라(angora)가 있다.

토끼고기는 육색이 닭고기와 비슷하여 담홍색 내지 회홍색을 띠며 소보다 마이오글로빈의 함량이 매우 적다. 또한 단백질이 풍부하며 라이신(lysine), 쓰레오닌(threonine) 등의 필수아미노산을 가지고 있어 영양가가 높다. 지방의 양이 적어 담백할 뿐만 아니라 연하고 마치 생선과 닭고기를 혼합한 맛을 나타내며, 융점은 비교적 높다.

토끼고기의 근섬유는 섬세하고 부드러우나 점성이 있어 씹는 맛이 좋지 않으나 다른 고기와 잘 순응하며 보수력과 결착력이 강하므로 소시지 등 식육가공의 원료로 많이 쓰인다.

토끼고기는 노린내가 강하므로 향신료 및 된장 등을 넣어 조리하며, 전골이나 탕과 같은 요리에는 미나리, 깻잎, 쑥갓 등과 같은 재료를 넣어주는 것이 좋다.

8 오리(duck)

오리는 야생하는 물오리를 사육하여 육용으로 개량한 것이며 육용종에는 오사카종(osaka duck), 청수오리, 루앙(rouen), 오핑턴종(orpington), 북경종(peking duck), 에일즈버리종(eylesbury) 등이 있다.

오리는 닭보다 성장이 빨라 비육이 좋으며, 고기질은 매우 연하고 풍미가 있어 꿩과 함께 가금류 중 가장 맛이 있다. 오리의 살색은 붉은 빛이 선명하며, 단백질을 구성하는 아미노산이 우수한 것이 특징이다. 여러 가지 아미노산을 골고루 가지고 있으며, 특히 라이신, 발린, 쓰레오닌, 메싸이오닌 등 필수 아미노산 함량이 우수하다. 비타민 B_1, B_2의 함량이 많고 지방은 적은 편이다. 지질을 구성하는 지방산 조성이 다른 육류와는 크게 다르다. 포화지방산이 20% 정도이고, 불포화지방산이 70% 이상을 차지하고 있으며 콜레스테롤 양도 적게 들어 있는 식품이다.

삶은 것보다 구운 것이 소화가 더 잘 되며, 강정·강장식품으로 중풍이나 고혈압에 좋은 식품이다.

9 칠면조(turkey)

칠면조는 주로 미국에서 많이 이용하고 있으며, 미국, 멕시코의 야생 칠면조를 멕시코 인디언들이 가금화한 것이다. 칠면조는 머리와 목에 털이 없는데 빛깔이 청, 적, 백 등 일곱 가지로 변한다고 해서 붙여진 것이다.

칠면조는 청동색(bronze), 라지화이트(large white), 벨츠빌 스몰화이트(Beltsvills smallwhite) 종이 있다. 서양에서는 추수감사절, 크리스마스나 연말연시에 다양한 칠면조 요리를 만들어 이용하며, 육질이 부드럽고 독특한 향이 있어 맛이 좋다.

칠면조는 단백질 함량이 높으며, 구성하는 아미노산으로 글루타민산, 아지닌, 루신, 라이신 등이 많이 함유되어 있다. 지질이 쇠고기처럼 근육 속에 섞여있지 않기 때문에 맛이 담백하고 소화흡수가 잘된다. 지질의 녹는점은 31~32℃로 낮아서 흡수가 잘 되는 편이다.

칠면조는 찜, 구이, 튀김, 브로일, 스튜 등으로 이용된다.

10 꿩(pheasant)

꿩과에 속하는 새로 닭과 비슷하나 닭보다 날쌔서 산계(山鷄), 야계(野鷄) 등으로 불린다. 풀씨나 곤충을 먹고 사는데 우리나라가 특산이며, 중국과 일본에도 분포하고 있다.

먹을 수 있는 고기는 1kg 정도고 뼈는 비교적 적은 편이며 살은 가슴에 많다. K이 많고 비타민 B 복합체를 골고루 가지고 있다.

만두 속이나 냉면꾸미 등에 이용하고, 잡자마자 내장과 피를 제거하여 4~5일 숙성한 다음에 조리하여야 냄새가 나지 않는다.

09

우유 및 유제품류

유즙(乳汁, milk)은 포유동물의 유선에서 생합성하여 분비하는 물질로, 생명을 유지시켜주고 정상적인 발육과 성장에 필요한 성분을 균형있게 함유하고 있어 인류의 중요한 식량이 되었다. 인간이 가장 많이 이용하는 것은 모유를 비롯한 우유이며, 그 이외에 산양유, 면양유, 낙타유, 말젖 등을 식량의 일부로 이용하여 왔다.

우유의 역사는 인도에서 약 6,000년 전에 소를 길러 소젖을 식품으로 이용한 것으로 추정되며, 우리나라에서는 삼국유사에 한우 젖을 이용한 기록이 있고, 고려시대에는 국가의 상설기관으로 유우소(乳牛所)가 설치되었다고 한다. 그 당시에는 우유를 끓여 굳혀 먹었는데 낙소(酪酥)라고 불렀다. 또한 고서에 보약이나 약용으로 이용하였다는 기록이 있다.

우유는 젖소의 유선(乳腺)에서 합성되어 분비되는 것으로 특유의 풍미와 불투명한 백색 및 담황색을 띠고 있다. 또한 우유는 각종 영양소를 골고루 함유하고 있을 뿐 아니라 소화, 흡수 이용률이 상당히 높고, 단일 식품으로서 가장 완전한 식품에 가까우며, 가공유, 발효유, 분유, 버터, 치즈, 아이스크림 등 다양한 유제품 제조에 이용되고 있다.

표 9-1 우유 및 유제품의 영양성분(100g 중)

종류	열량 (kcal)	수분 (%)	단백질 (g)	지질 (g)	탄수화물 당질 (g)	탄수화물 섬유 (g)	회분 (g)	무기질 Ca (mg)	무기질 P (mg)	무기질 Fe (mg)	무기질 Na (mg)	무기질 K (mg)	비타민 A (R.E)	비타민 레티놀 (㎍)	비타민 β-카로틴 (㎍)	비타민 B$_1$ (mg)	비타민 B$_2$ (mg)	비타민 niacin (mg)	비타민 C (mg)
우유	59	88.7	2.9	3.2	4.5	0.0	0.7	100	90	0.1	49	148	23	27	11	0.03	0.15	0.1	0
인유	65	88.0	1.1	3.5	7.2	0.0	0.2	27	14	0.1	15	48	38	45	12	0.01	0.03	0.2	5
연유(가당)	329	25.2	5.4	8.2	56.4	0.0	1.8	311	232	0.3	148	386	48	−	−	0.10	0.50	0.2	3
연유(무당)	135	74.1	8.0	7.3	9.0	0.0	1.6	225	189	0.2	117	548	43	−	−	0.08	0.46	0.3	2
전지분유	507	2.2	26.7	26.8	38.4	0.0	5.9	899	811	0.5	408	1590	204	−	−	0.22	1.28	1.3	7
조제분유	471	2.4	19.0	19.3	55.3	0.0	4.0	617	470	6.8	145	486	577	−	−	0.64	1.09	4.2	45
탈지분유	361	3.0	35.2	0.8	53.1	0.0	7.9	1300	1010	10.2	516	1758	67	−	−	2.34	1.62	1.1	0
요구르트 (액상)	76	80.0	3.5	0.1	15.5	0.0	0.9	120	100	0.1	56	140	0	0	0	0.03	0.15	0.1	0
크림(20% 유지방)	208	73.3	2.4	20.0	3.7	0.0	0.6	85	80	0.1	43	130	182	170	70	0.02	0.12	0.0	0
아이스크림 (12%유지방)	211	61.3	3.5	12.0	22.4	0.0	0.8	122	110	0.1	80	160	108	100	45	0.06	0.18	0.1	0
치즈 (자연치즈)	319	46.6	26.3	22.8	1.7	0.0	2.6	633	403	0.2	310	58	259	253	36	0.04	0.2	0.1	0

(1) 성분

우유는 유백색의 불투명한 액체로, 일반적인 성분은 평균적으로 수분 85~89%, 단백질 2.7~4.4%, 지질 2.8~5.2%, 탄수화물 4.0~4.9%, 회분 0.5~1.1% 및 미량의 비타민 등으로 구성되어 있다. 그러나 성분은 소의 품종, 나이, 건강상태, 우유 분비 시기, 착유 방법, 환경, 계절, 사료 등의 요인에 따라 달라진다. 특히 가장 변화가 많은 것은 지질이며, 다음이 단백질이다.

우유 성분 중 유청 단백질, 유당, 무기질은 물에 용해되어 있고, 우유의 대부분을 차지하는 카세인(casein) 단백질은 현탁액으로 콜로이드(colloid) 상태로 분산되어 있으며, 지방은 유탁액(emulsion)으로 존재한다.

착유 직후의 우유(전유, whole milk)를 원심분리하면 상층부에는 유지방을 주성분으로 하는 크림(cream)이, 하층부에는 탈지유(skim milk)로 분류된다.

크림은 처닝(churning)에 의해 버터로 만들어지고, 탈지유는 음료 외에 분유, 요구르트, 아이스크림 등의 원료가 된다. 탈지유에 산 또는 레닌(rennin, 응유효소)을 가하면 커드(curd)와 유청(whey)으로 나누어진다. 유청에 들어 있는 알부민과 글로블린을 유청 단백질(whey protein)이라고 하고, 커드는 치즈를 만드는 원료로 이용된다.

1) 단백질

우유의 단백질은 카세인과 유청 단백질로 분류된다. 우유 단백질의 약 80%는 카세인이며 나머지는 유청 단백질로 락토알부민(lactoalbumin), 락토글로불린(lacto-globulin)을 비롯해서 여러 가지 단백질이 함유되어 있다.

카세인에는 형태에 따라 α-, β-, γ-, κ-카세인 4가지가 존재한다. α-카세인은 Ca에 예민하여 Ca과 결합하여 침전되는 성질이 있으나, κ-카세인은 용해상태로 존재하므로 α-카세인의 침전을 방지하여 우유 구조를 안정화시키는 작용을 한다. 신선한 우유의 산도는 pH 6.6이며 산을 첨가하여 pH가 4.6 정도로 되면 카세인은 응고된다.

레닌은 κ-카세인의 방어역할을 방해하는 효소이며, 카세인 미립자를 응집시켜 준다. 이러한 작용으로 우유는 카세인과 유청으로 분리된다. 이 성질을 이용하여 만든 것이 치즈이다.

치즈를 만들고 남은 유청에는 레닌과 반응하지 않는 유청단백질, 즉 락토알부민과 락토글로불린 같은 단백질이 남게 된다.

2) 지질

우유의 지방은 유지방(milk fat) 또는 버터지방(butter fat)이라고도 하며 복합적인 지질로서 지용성비타민을 함유하고 있다. 유지방은 98~99%가 중성지방이고 그 밖에 인지질, 스테롤(sterol), 미량의 지용성비타민 및 유리지방산으로 구성되어 있다.

우유의 지방구의 크기는 직경이 0.5~10μm로, 평균 2~5μm인 작은 지방구로서 인지질과 지단백이 지방구의 피막을 형성하여 수용액에 잘 분산되므로 안전한 유화액을 형성하게 된다.

생우유는 그냥 놓아두면 지방구가 위에 떠오르면서 수분층과 분리되는데, 이런 현상은 지방구를 잘게 쪼개 균질화하면 크림이 분리되지 않는다.

유지방의 구성은 포화지방산 60~70%, 불포화지방산 25~35%, 다가불포화지방산 40%로 구성되어 있으며 대표적인 불포화지방산은 올레산(oleic acid), 리놀레산(linoleic acid)이고, 포화지방산은 팔미트산(palmitic acid), 스테아르산(stearic acid)이다. 그 밖에 부티르산(butyric acid) 및 카프릴산(caprylic acid) 등의 저급 휘발성지방산이 함유되어 있는 것이 특징이며, 특히 부티르산은 우유나 버터, 치즈 등이 산패될 때 나타나는 독특한 불쾌취의 주원인이기도 하다.

유지방에는 미량의 콜레스테롤이 함유되어 있고, 카로티노이드 색소를 가지고 있으며, 이것이 크림과 버터의 색을 결정하는 물질이다.

3) 탄수화물

우유 탄수화물의 대부분은 유당(lactose)이며, 그 밖에 미량의 포도당, 자당 등이 들어 있다. 유당은 우유에 4.8%, 모유에 7.0%로, 모유에 더 많은 양의 유당이 함유되어 있다. 유당의 구성 성분인 갈락토오스(galactose)는 뇌 및 신경조직이 발육하는 데 필요한 세레브로시드(cerebroside), 뮤코 다당류(muco polysaccharide)와 같은 당지질의 성분이 된다.

또한 유당은 Ca 및 Mg의 흡수를 촉진시키고, 유당의 일부는 대장에서 장내 유산균의 발육에 이용되어 유해균의 번식을 억제하는 정장작용을 한다. 또한 우유를 가열할 때 단백질과 반응해서 우유 및 연유, 분유 등 유제품의 갈색화에 주요 원인이 된다.

유당은 감미도가 당류 중 가장 낮고, 물에 용해도가 가장 낮다. 용해도가 낮은 성질 때문에 아이스크림과 같은 가공 식품에 많이 사용되면 결정체를 만들어 텍스쳐를 나쁘게 만든다. 가공식품을 만들 때에는 유당을 제거한 우유를 많이 사용한다.

4) 무기질

우유에는 영양상 중요한 Ca과 P의 성분이 풍부하며, 그 밖에 K, Na, Mg, Cl, S 등 Fe과 Cu를 제외한 대부분의 무기질을 골고루 함유하고 있다. 총 무기질 함량이 모유의 3배 정도 많고, Ca과 P의 비율은 2:1로 적절하게 분포되어 있어 우유 속에 들어 있는 Ca의 흡수를 촉진시켜 준다.

Ca과 P은 뼈, 치아 및 골격을 구성하며, Ca은 근육의 수축, 신경 자극 전달 및 혈액응고에 관여한다.

5) 비타민

우유에는 비타민이 비교적 풍부하게 함유되어 있으나 비타민 C는 소량 함유되어 있다. 지용성비타민은 비타민 A, D, E, K 등이 있으며 수용성비타민은 비타민 B_1, B_2, B_6, B_{12}, 니코틴산(nicotinic acid), 판토텐산(pantothenic acid), 비타민 C 등이 함유되어 있다.

우유의 비타민과 카로틴(carotene)의 함량은 건초보다 신선한 녹색풀을 많이 섭취했을 때 높아지며 또한 사료의 성분 중에 비타민과 카로틴의 양이 많을수록 높아진다. 초유에는 정상유보다 상당히 많은 양의 비타민 A를 함유하고 있다.

비타민 D는 그 함량이 매우 적은데다 탈지유제조 시 지용성비타민을 제거하므로 근래에는 비타민 D를 강화한 우유가 시판되고 있다.

6) 향미성분

우유의 맛은 유당에 의해 달콤하고, 휘발성 유기산인 알데히드와 케톤에 의해 향미가 증진된다. 우유는 가공, 발효, 저장하는 동안 화학적인 변화가 일어나 향미성 분이 바뀐다.

우유를 가열하면 익은 냄새가 나는데 이것은 유당의 분해와 단백질의 상호작용 때문이고, 지질에 작용하는 라이페이스(lipase)는 저장 중 산화적인 변화를 일으켜 부티르산(butyric acid)과 다른 지방산을 방출하여 향미에 강한 영향을 미친다.

(2) 우유의 처리과정

우유는 젖소에서 짜낸 후 위생상 안전한 음료로 만들기 위해 여과, 균질화, 살 균, 냉각 등의 처리과정을 거치게 된다.

1) 살균처리법

착유된 우유는 10여 가지의 검사를 통한 후 살균한다. 살균(pasteurization)은 우 유에 존재하는 병원성 세균을 비롯한 일반세균을 제거하는 과정이다.

현재 국내에서 공인된 우유의 살균방법은 3가지가 있다.

- 저온 장기간 살균법(low temperature long time pasteurization : LTLT법) : 63~65℃에서 30분간 살균하는 방법
- 고온 단시간 살균법(high temperature short time pasteurization : HTST 법) – 72~75℃에서 15~20초간 살균하는 방법
- 초고온 순간 살균법(ultra high temperature heating method : UHT법) – 130~150℃에서 1~2초간 순간적으로 살균하는 방법. 높은 온도로 살균하여 우유 속의 더 많은 박테리아가 죽게 되고 냉장온도에 보관하지 않고도 3~6개 월 정도는 저장할 수 있는 장점이 있다.

우유를 살균할 때는 가열취를 최소화하고, 살균처리로 모든 효모, 곰팡이, 질병 을 일으키는 박테리아, 기타 해가 적은 박테리아도 모두 파괴된다.

2) 균질처리(homogenization)

우유는 살균처리 후 균질처리를 하는데, 균질처리는 우유를 40~65℃의 온도에서 압 력을 주어 작은 파이프 관을 통과시켜 우유의 큰 지방구를 미세하고 잘게 쪼개서 크림 층 형성을 방지하기 위한 것으로, 우유의 맛을 균일하게 하고 소화가 잘되게 한다.

3) 강화처리

강화(fortification)란 우유에 어떤 종류의 영양소를 첨가하여 영양가를 증가시키는 것을 의미한다. 우유는 영양가가 높은 식품이지만 몇 가지 부족한 영양소가 있기 때문에 이들 영양소를 첨가하여 더 완전한 식품을 만들 수 있다. 트립토판과 타우린을 첨가한 우유, Ca과 Fe을 첨가한 우유, 비타민 A와 D를 첨가한 우유, DHA를 첨가한 우유 등이 있다.

(3) 우유의 조리에 의한 변화

1) 가열에 의한 성분 변화

우유의 가공을 위한 살균, 멸균, 농축, 건조 등의 가열처리는 제품의 품질 향상, 저장성 향상, 안정성 향상을 위해 필수적이지만 우유 성분이 많이 변한다.

① 피막의 형성

우유를 약 40℃ 이상의 온도에서 가열하면 우유와 공기의 경계면에 점도가 저하되면서 떠올라온 지질과 단백질 중 락토알부민(lactoalbumin)이 우유 표면에 생긴 피막성 응고물과 어울려 형성된 것을 램스덴(Ramsden)현상이라 한다. 이러한 현상은 우유를 가열할 때 저어주면 방지할 수 있다.

Q: 우유를 먹으면 배가 아프거나 설사를 하는 사람들이 있다. 왜일까?

A: 우유의 주된 탄수화물은 유당으로 포도당과 갈락토오스가 결합된 이당류이다. 정상적인 경우 인체의 소장에서 생성되는 효소인 락테이스는 유당을 단당류로 분해한다. 그러나 어떤 사람들은 이 효소가 적게 분비되거나 생성되지 못하여 우유를 마시면 복통, 설사를 일으키기도 한다. 이러한 현상을 락토오스 불내증(lactose intolerance) 또는 젖당소화 장애증이라 한다. 이러한 증세가 있는 사람은 한번에 우유를 다 마시지 말고, 한 모금씩 오랫동안 씹어 먹듯이 먹는 것이 좋으며, 우유를 대신하여 요구르트와 같은 발효유제품 또는 숙성 치즈를 먹으면 된다.

② 가열취

우유를 약 80℃ 이상으로 가열하면 가열취(heated flavor)가 생성된다. 이는 β-락토글로불린(β-lactoglobulin) 또는 지방구막 단백질이 열변성에 의해 함황아미노산에서 유리된 −SH기로부터 휘발성 황화물과 황화수소가 생성되어 특유의 가열취가 발생한다.

③ 갈변화

우유를 100℃ 이상의 고온으로 장시간 가열하거나 농축유 또는 분유를 장기간 저장할 때 일어나는 현상으로, 주로 카세인(casein)의 아미노(amino)기와 유당의 카르보닐(carbonyl)기에 의한 아미노-카르보닐반응(Maillard reaction)이다. 갈변화가 일어나는 임계온도는 100~120℃, 임계는 pH 6.0~7.6이다.

④ 우유 성분의 변화

우유 단백질 중 카세인은 열에 대체로 안정하여 100℃까지 가열해도 변화가 거의 일어나지 않으나 유청 단백질 중 β-락토글로불린은 가열에 의해 변화가 일어난다. 유청 단백질이 열변성을 일으키면 가열취의 생성 및 농축 후의 열안정성이 증가하며, 레닌에 의한 응고지연으로 연하고 부드러운 커드(curd)가 생성된다.

우유를 180℃로 가열하면 지방의 화학적 변화는 거의 일어나지 않으나 크림층의 형성이 다소 지연된다. 또한 유당도 100℃까지 가열하면 변하지 않으나 110~130℃에서 갈변화가 약간 일어나며, 150~160℃에서는 갈변화가 뚜렷해지고, 170℃에서는 갈변화가 현저해져 당 특유의 캐러멜취를 발생한다.

2) 산에 의한 변화

우유를 가열했을 때 응고되는 성분은 알부민과 글로불린이며, 산에 의해 응고하는 물질은 카세인이다. 우유는 자체에서 생성된 산이나 외부에서 산을 첨가하였을 때 pH가 낮아지고, 등전점인 pH 4.6에 가까이 도달하게 되면 이때 카세인이 응고된다. 치즈는 이 원리를 이용하여 만들어지고, 채소나 과일을 우유와 함께 조리할 때 채소, 과일 속에 들어 있는 유기산이 응고를 촉진한다.

치즈 제조에서는 바람직한 작용을 하나 음식을 만들 때 바람직하지 않은 경우가 많으므로 등전점에 도달하지 않도록 한다.

3) 효소에 의한 변화

레닌(rennin)에 의하여 카세인이 응고되므로 치즈 제조에서 이 효소의 이용은 유용하다. 그러나 파인애플에 들어 있는 브로멜린 효소는 단백질을 분해하므로 젤라틴을 응고시킬 때는 생 파인애플을 사용하지 말고 효소가 불활성화된 통조림 파인애플을 사용하는 것이 좋다.

2 유제품류

(1) 시유(city milk, market milk)

시유는 음용할 수 있도록 처리하여 시판하는 우유를 말하며, 원유에 영양소나 다른 유제품을 첨가하지 않고 살균, 멸균처리 및 균질화하여 지방구(fat granule)를 기계적으로 미세하게 만든 것이다. 가공유로는 환원우유(recombined milk), 저지방우유(low fat milk), 강화우유(fortified milk) 등이 있다. 환원우유는 탈지분유에 무염버터 또는 전분유에 수분을 넣어 우유 같이 조제한 것으로 재생우유라고 한다. 저지방우유는 저칼로리 우유로서 1~2% 유지방이 들어 있는 우유이다. 우유에 감미료와 향료 등을 첨가하여 풍미를 좋게 한 것으로 향미우유(flavored milk)라고도 하며, 커피우유, 초콜릿우유, 과실우유 등이 있다.

궁금합니다!

Q: 우유와 모유의 차이점은?

A: 첫째, 우유의 단백질은 주로 카세인이고 모유는 알부민이 많다. 우유를 먹고 자란 아이들이 질병에 대한 면역이 약하다고 하는 것은 면역체를 만드는 단백질인 글로블린이 우유에는 적게 들어 있기 때문이다.
둘째, 우유에는 모유에 비해 유당이 적게 들어 있다. 유당 속에 있는 갈락토오스는 뇌조직의 발육에 꼭 필요한 물질이다.
셋째, 우유에는 Ca, Fe 등의 무기질과 비타민 B_2, D가 모유에 비해 많다.
넷째, 모유의 지방은 우유 지방에 비해 필수지방산을 더 많이 함유하고 있다.

---

(2) 연유

연유는 우유의 수분을 증발시켜 농축한 것으로 설탕 첨가 여부에 따라 가당연유와 무당연유로 분류된다.

무당연유는 신선한 우유를 증발시켜 수분을 40~50%로 농축한 것으로, 그대로는 보존성이 없기 때문에 농축한 다음 115~118℃로 살균한다. 주로 우유 또는 커피 크림의 대용으로 쓰인다. 가당연유는 우유에 설탕을 가하여 원액의 1/3 정도로 농축한 것으로 고농도 설탕의 방부력으로 인해 장기 보존할 수 있고, 개봉 후에도 비교적 오래 보관할 수 있다. 최초의 모유 대용품으로 널리 이용하였으나 현재는 제과나 아이스크림의 원료로 쓰인다.

(3) 분유

분유는 원료유를 건조하여 수분 함량 5% 이하의 분말상으로 만든 것이며 보존성이 좋다.

종류에는 전유를 건조한 전지분유, 탈지유를 건조한 탈지분유, 가당하여 건조한 가당분유 등이 있으며, 유아들에게 필요한 영양소를 넣어 만든 조제분유, 복합 조제분유가 있다. 건조방법으로 분무건조기(spray dryer)를 이용하여 영양성분의 손실을 감소시키고 있다.

분유는 각종 유제품의 원료나 제과, 제빵 및 조리 식품의 원료로 많이 이용되고 있다.

(4) 크림

우유의 지방층을 원심분리기로 분리할 때 지방 함량이 높은 부분을 크림이라 하며, 생크림은 진한 휘핑크림(heavy cream)과 조금 덜 진한 휘핑크림(light cream)으로 나눈다. 진한 휘핑크림은 지방 함량에 따라 36% 이상이며 덜 진한 휘핑크림은 유지방이 30~36%이다.

커피크림(coffee cream)은 18~20%의 유지방을 함유하고, 발효크림(sour cream)은 젖산에 의하여 신맛이 나는 것으로 최소 18%의 유지방을 함유하며, half-and-half는 살균된 우유와 10~18% 지방을 함유한 크림의 혼합물이다.

이러한 크림 종류는 단독식품으로 섭취하기보다는 조리의 부재료로 사용되고, 다른 음식의 영양가와 맛을 증가시킨다. 특히, 조리용 버터, 과자, 아이스크림의 원료로 이용된다.

크림의 거품은 여러 요인에 의하여 영향을 받는다. 즉, 지질의 농축 정도, 지방구의 분산, 온도, 젓는 횟수, 설탕 첨가 시기, 거품의 양 등이다. 30% 정도의 지방을 함유한 것이 좋으며 2~4℃의 온도에서 거품을 내는 것이 좋다. 설탕은 거품이 일어난 후에 넣는 것이 좋다.

(5) 발효유(fermented milk)

발효유는 액체유를 저장하는 방법으로 생산된 것으로, 우유, 양유, 물소유, 마유 등과 같은 포유동물의 젖을 pH 4.1~4.9에서 젖산균 또는 효모로 발효시킨 것이며, 유산균을 함유하고 있다. 발효유는 유단백질 3.5% 이상, 유고형분 10% 이상 그리고 무기질 및 비타민 등을 함유하고 있어 영양적으로 우수하다.

발효유는 젖산균 대사산물이 장내 부패균의 성장을 저해하는 작용이 있어 영양·생리적으로 우수하다. 장내의 pH를 산성화하여 병원성 장내세균의 발육을 억제하고, 장내 유산균의 증식을 자극하여 장의 운동을 조절하며, 변비 및 설사를 예방한다. 젖산균은 제품의 보존성을 증진하고, 신맛과 청량감을 주며, 해로운 미생물을 억제하고 단백질, 지방, 무기질의 섭취를 증진하면서, 소화액 분비를 촉진한다. 또한 Ca 흡수를 도와주고, 혈중 콜레스테롤의 흡수를 감소시켜 주며, 항암작용을 하는 것으로 알려져 있다.

발효유에는 요구르트(yogurt), 버터밀크(butter milk), 애시도필루스 밀크(acidophilus milk) 등이 있다. 요구르트는 전유, 저지방유, 탈지유를 이용하여 Lactobacillus bulgaricus와 Streptococcus thermophilus의 혼합물을 첨가하고 42~46℃에서 원하는 향미가 형성될 때까지 발효시킨 것으로 호상과 액상의 두 형태로 시판되고 있다. 버터밀크는 버터를 만든 후에 남은 액체를 말하나 오늘날은 발효유로서 일반적으로 살균된 저지방유나 탈지유에 Streptococcus thermophilus를 첨가하여 20~22℃에서 pH 4.6 정도가 될 때까지 발효시킨다. 애시도필루스 밀크는 저지방유 또는 탈지유에 Lactobacillus acidophilus를 넣어 38℃에서 발효시킨 것이다. 소화관 내의 부패균을 억제하는 효과가 있다.

(6) 치즈(cheese)

치즈는 서양인에게는 우리나라의 김치에 해당되며, 제조하는 나라에 따라 특이하고 독특한 맛을 낸다. 치즈는 전유, 탈지유, 크림, 버터밀크 등을 원료로 유즙 중의 카세인과 지방을 응고시킨 후 여기에 유청을 제거한 다음 기온, 기압 등의 처리를 하여 얻은 응고물(커드, curd)로 소금, 향료, 향신료 등을 첨가하고 발효시켜 만든 제품이다.

1) 성분

치즈는 우유의 단백질을 응고하여 만든 식품으로 영양가가 풍부하다. 열량과 콜레스테롤 양은 치즈의 지질과 수분 함량에 따라 다르다. 레닌으로 응고된 치즈는 Ca과 아연의 좋은 급원이 되는 반면 산에 의해서 응고된 치즈는 우유가 가지고 있는 Ca의 25~50% 정도만 남아 있다. 대부분의 유당과 수용성 단백질, 무기질 및 비타민은 유청으로 빠져나간다. 치즈는 비타민 A와 B_2의 좋은 급원이다. 그러나 치즈는 만들 때 미생물의 성장을 조절하고 맛을 돋우기 위하여 소금 및 향료를 첨가하므로 치즈는 Na이 높은 식품이다. 최근에는 Na의 양을 줄인 치즈도 나오고 있다.

2) 종류

세계 각국에서 만들어지고 있는 치즈의 종류는 공정과정과 이용되는 미생물의 종류에 따라 800여 종이 된다. 유즙의 품질은 치즈 제조에 아주 중요하며 대부분의 치즈는 살균 또는 가열처리한 유즙으로 만든다.

치즈는 크게 자연치즈(natural cheese)와 가공치즈(processed cheese)로 분류된다. 자연치즈는 우유에 레닌을 첨가하여 커드가 신선한 상태 또는 숙성시킨 것으로 가열처리 되지 않아 젖산균이나 효모가 그대로 남아 있다. 가공치즈는 몇 가지 다른 자연치즈를 배합하여 가열, 살균, 용해시켜 성형한 것으로 보존성이 높고 품질이 균일하다.

숙성기간 동안 온도가 높으면 텍스쳐가 질긴 느낌이 들며, 산보다 레닌을 사용하여 침전한 것이 더 연한 치즈를 형성한다. 젖산균의 양이 적으면 부패균의 번식이 일어나 품질을 저하시키고, 미생물과 효소의 종류에 따라 치즈 특유의 향미를 가지게 된다.

자연치즈는 수분 함량과 지방 함량에 따라 초경질치즈(very hard ripened cheese, hard grating cheese), 경질치즈(hard cheese), 반경질치즈(semi-hard cheese), 연질치즈(soft cheese)로 나눈다.

① 초경질치즈

저지방 우유로 만들며, 1년 이상 숙성시켜 손으로 눌러도 표면이 들어가지 않을 정도로 딱딱하다. 수분 함량이 30% 정도로 가루로 만들어 사용한다. 강한 냄새가 나는 것이 많으나 상온에서 오래 보관할 수 있다. 가루로 만들어 수프나 스파게티 등에 뿌려 먹는다. 여기에 속하는 치즈로는 파르메산(parmesan), 로마노(romano), 그라나(grana), 삽사고(sapsago) 등이 있다.

② 경질치즈

미생물에 의해 숙성된 것으로 30~40%의 수분 함량을 가지며, 콜비(colby), 에담

(edam), 고우다(gouda), 체다(cheddar), 에멘탈(emmenthal), 그뤼에르(gruyere), 핀보(fynbo), 카시오카발로(caciocavallo), 체셔(cheshire), 페타(feta) 등이 속한다. 세균 활동을 억제하면서 숙성하기 때문에 냄새가 나지 않고, 누르면 탄력이 느껴질 정도이며, 숙성기간은 2개월에서 2년이 필요하다. 체다치즈는 가장 대중적이라서 가공치즈의 원료가 되기도 하며, 스위스치즈는 에멘탈치즈라고도 하는데, 치즈에 큰 구멍들이 있고 샌드위치, 소스, 스낵 등에 이용된다.

③ 반경질치즈

세균과 곰팡이에 의해 숙성되며 수분이 45~55% 정도이다. 세균으로 숙성시킨 것에는 브릭(brick), 문스처(munster), 틸스트(tilsit), 하바티(havarti), 포르트 듀 컬루트(portdusalut) 등이 있고, 곰팡이로 숙성시킨 것에는 블루(blue), 로크포트(roquefort), 고르곤졸라(gorgonzola), 스틸톤(stilton) 등이 있다. 4주에서 수개월간 숙성하며 애피타이저, 샐러드, 디저트 등에 이용된다.

④ 연질치즈

곰팡이로 숙성시킨 것과 숙성시키지 않은 것들이 있으며 수분은 50~80% 정도 함유하고 있다. 숙성연질치즈에는 브리(brie), 카망베르(camembert), 림버거(limburger) 등이 있고 특유의 향미를 갖으며 애피타이저, 샐러드, 디저트 등에 이용된다. 비숙성 연질치즈에는 카타지(cottage), 크림(cream), 모짜렐라(mozzarella)치즈 등이 있다. 크림치즈는 샐러드, 샌드위치, 치즈케이크 등에 이용되고, 모짜렐라치즈는 피자나 라자냐 등의 파스타에 이용된다. 다른 치즈에 비해 수분의 함량이 높기 때문에 지질의 함량은 적다.

가공치즈는 여러 가지 자연치즈와 양파 등 혼합물을 섞어 가열한 것으로 유화제와 약간의 물이 첨가되고 포장하기 전에 살균한다. 가공치즈의 품질과 맛은 원료가 된 치즈의 품질과 맛에 따라 달라지나, 일반적으로 맛이 부드러우면서 개성이 없으며, 우리나라 치즈의 대부분을 차지하고 있다. 최대 수분 함량이 40%이며 탈지유로 만들었기 때문에 지질과 콜레스테롤 함량이 낮다.

3) 보관

치즈는 실온에 두면 숙성이 진행되어 풍미가 저하되기 쉬우므로 냉장고에 보관해야 하며, 일단 포장지를 뜯어서 사용하고 남은 치즈는 밀폐된 용기에 넣어두어야 수분이 마르지 않고 신선함을 유지할 수 있다.

대부분의 치즈는 냉동하는 것이 바람직하지 않다. 냉동했던 것을 해동하면 끈적거리거나 부스러지기 쉽다. 치즈는 실온일 때가 가장 맛이 좋으므로 먹기 30분 전에 냉장고에서 꺼내어 두었다가 먹는 것이 좋다.

Q: 집에서도 치즈를 만들 수 있을까?

A: 집에서 식초나 레몬과 같이 산이 강한 식품을 우유에 서서히 첨가하면 어느 순간 우유의 등전점이 pH 4.6에 도달하게 되고, 단백질 입자들은 응집이 일어나게 된다. 이 응집물을 면포에 걸러 응고시키면 치즈가 된다.

(7) 아이스크림(ice cream)

아이스크림은 우유 또는 유제품(연유, 탈지분유, 전지분유 등)을 주원료로, 설탕, 색소, 향료, 유화제, 안정제, 달걀 등을 배합하여 넣고 교반하면서 동결시켜 만든 유제품이다. 동결시키기 위해 교반할 때 공기가 주입되어 작은 기포가 많이 생기므로 혀에 부드럽고 매끄러운 촉감을 주며, 낮은 온도에 비하여 차가운 느낌을 덜 느끼게 한다.

식품위생법상 우유 성분 함량에 따라 아이스크림은 16% 이상(유지방 6% 이상), 아이스밀크는 7% 이상(유지방 2% 이상), 셔벗은 2% 이상, 저지방 아이스크림은 10% 이상(조지방 2% 이하), 비유지방 아이스크림은 5% 이상, 빙과류는 유원료를 사용하지 않는 제품이다. 또한 아이스크림은 겉모양의 형태에 따라 바(bar), 홈(home), 펜슬(pencil), 모나카(monaca)로 분류한다.

아이스크림은 제법, 성분 함량, 첨가물 등에 따라 다음과 같이 구분한다.

·플레인 아이스크림(plain ice cream) : 대표적인 아이스크림으로 우유 및 유제품을 주재료로 하고, 바닐라, 커피, 초콜릿 등 한 가지 향료만 넣은 보통 아이스크림이다. 유지방 함량은 8% 이상이다.

- 과일 아이스크림(fruit ice cream) : 과실이나 과즙을 넣고 착색료와 향료를 넣어 과실 맛을 살린 것이다.
- 너트 아이스크림(nut ice cream) : 아몬드, 땅콩, 호두 등의 견과류를 적당히 다져서 첨가한 것이다.
- 프렌치 아이스크림(french ice cream) : 난황을 첨가하여 달걀의 맛을 살린 것으로 유지방 함량이 10%이다.
- 무스 아이스크림(mousse ice cream) : 휘핑 크림(whipped cream)에 향료 및 설탕을 첨가한 것으로 유지방 함량이 30% 정도이다.
- 아이스밀크(ice milk) : 유지방이 2~7% 정도인 보통 아이스크림이다.
- 셔벗(sherbet) : 유고형분이 5% 정도 되며 과즙, 유기산 등을 첨가하여 산뜻한 맛을 낸 것이다.
- 빙과(water ice) : 우유 성분은 없고, 물에 설탕, 과즙, 향료를 섞어 동결한 것으로 아이스 캔디(ice candy), 아이스 케이크(ice cake)가 해당된다.

제조방법에 따라 소프트 아이스크림(soft ice cream)은 모든 재료를 섞어 반경화하여 제조한 것으로 일반적으로 저지방(2~6%) 아이스크림이 속한다. 하드 아이스크림(hard ice cream)은 보통 100%로 경화한 아이스크림으로 대부분의 아이스크림이 이에 해당된다.

아이스크림 제조 시 첨가하는 원료 중 유제품은 크림, 연유, 탈지분유, 전지분유, 무염버터, 버터오일 등인데 유지방과 무지고형분을 제공해준다. 비유제품으로는 유화제, 안정제, 감미료, 향료 및 물, 착색제, 계란 등이 이용된다. 아이스크림의 품질에 가장 큰 영향을 주는 것은 유지방 함량이며, 그 외에 조직, 풍미, 용해성, 색택 등이 주요한 역할을 한다.

아이스크림은 고칼로리 식품으로 양질의 단백질과 유지방을 다량 함유하여 영양가가 높으며, 부드럽고 소화율도 매우 높다.

10 난류

식용 난류는 닭, 오리, 타조, 거위, 칠면조, 꿩, 메추리 등이 생산하는 모든 조류의 알을 말하며 이들은 다 먹을 수 있지만 달걀이 가장 많이 이용되고 있다.

달걀은 '생명의 시작'이라는 상징적인 의미를 갖기도 하며 거의 완전식품에 가까운 것으로, 양질의 단백질과 지방, 비타민과 무기질 등 영양적으로 우수하고 담백한 맛을 가진다.

달걀은 유화성, 거품성, 응고성, 결착성, 청정성, 보습성 등의 성질이 있어 각종 조리 및 제과·제빵, 식품가공 등에 널리 이용되고 있다.

달걀은 크기, 색, 사료, 사육방법 등에 따라 여러 종류가 있다. 달걀은 크게 42g 이하의 외소란, 46~52g의 소란, 60~70g의 대란, 70~80g의 극대란, 80g 이상의 거대란 등 6가지로 나눌 수 있다.

1 달걀

(1) 구조

달걀은 난각, 난각막, 난백, 난황, 기실, 알끈으로 구성되어 있으며 난각이 약 12%, 난백이 약 58% 그리고 난황이 약 30%를 차지한다.

1) 난각과 난각막

난각(egg shell)의 두께는 0.2~0.4mm로 달걀의 내부를 보호하는 역할을 하고, 수천 개의 기공을 가지고 있어 공기의 유통, 수분의 증발을 조절하고 있다.

난각 표면에는 산란 직후에 수란관에서 분비된 점액이 외부의 공기와 접촉하여 건조된 큐티클(cuticle)막으로 싸여있어 까칠까칠하며, 큐티클이 수분증발과 달걀 내부의 잡균에 의한 오염을 방지해 주는 역할을 한다. 달걀을 보관할 때 물로 씻으면 큐티클이 벗겨져 미생물이 내부로 침투할 수 있다. 난각은 탄산칼슘이 94% 정도이며, 이 외에 탄산마그네슘과 인산칼슘이 각각 1% 정도로 조성되어 있다. 사료 중에 칼슘이 부족하면 껍질은 얇고 약하게 된다. 껍질의 색은 닭의 품종에 따라 백색 또는 갈색인데 이 색과 영양가는 관련이 없다.

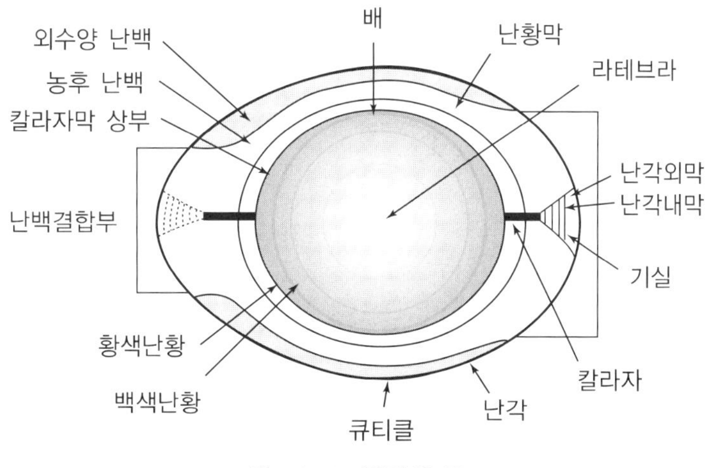

그림 10-1 달걀의 구조

난각막은 껍질의 내부에 밀착한 백색의 불투명한 막으로 내층과 외층으로 되어 있고, 공기나 세균이 충분히 통과할 수 있는 틈이 있으나 난각의 내표면과 난백 사이에 뮤신(mucin)과 같은 단백질이 형성되어 있어 외부에서 들어오는 세균오염에 대한 저항성을 가지고 있다.

산란 후 시일이 경과하면 달걀의 둥그런 끝 부분에 있는 두 층의 난막이 떨어져 공간을 만들게 되는데 이 부분을 기실(氣室, air cell)이라고 하며, 달걀이 오래되면 달걀 내 수분 증발로 기실이 커지면서 달걀의 신선도를 알 수 있는 지표가 된다.

2) 난백

난백은 점성이 큰 농후난백, 점성이 적고 난황을 둘러싸고 있는 내수양난백과 난각 근처에 존재하는 외수양난백의 3층으로 나뉘어진다.

신선한 난백이 약간의 푸르스름한 색을 띠는 것은 라이보플라빈(riboflabin)에 의한 것이다.

농후난백에는 달걀흰자의 변성물인 알끈(칼라자, chalaza)이 나선상의 구조를 하고 있어 난황이 달걀의 중심에 오도록 고정시키는 역할을 한다. 알끈이 단단한 것은 신선한 달걀의 지표가 된다. 난백 중에는 황화수소나 유기화합물이 존재하고, 트립신이 존재하고 있어 자기소화에 의해 생란이 변질한다.

3) 난황

난황은 알끈에 의하여 달걀의 중심 부분에 위치하고 무색투명한 얇은 난황막(비텔린막)에 둘러싸여 있으며, 산란 후 시간이 경과함에 따라 이 난황막은 약해져 터지기 쉬워진다. 유정란(有精卵)은 노른자 표면 중간에 직경 2~3mm인 백색의 원반모양 배반(胚盤, germinal disc)이 있고 무정란은 난자가 있던 곳에 백색 반점만 보인다.

배반에서 난황의 중심부위까지 보이는 백색의 긴 부분을 라테브라(latebra)라 하며, 이 부분은 열에 잘 응고되지 않는다.

(2) 성분

표 10-1 달걀과 기타 알류의 영양성분(100g 중)

종류	열량 (kcal)	수분 (%)	단백질 (g)	지질 (g)	탄수화물		회분 (g)	무기질					비타민				
					당질 (g)	섬유 (g)		Ca (mg)	P (mg)	Fe (mg)	Na (mg)	K (mg)	A (R.E)	B_1 (mg)	B_2 (mg)	niacin (mg)	C (mg)
전란	158	74.9	12.5	10.7	0.9	1.0	89	89	240	2.0	125	118	159	0.06	0.42	0.1	0
난황	377	49.4	16.2	32.6	0.0	0.0	1.8	149	540	4.7	90	111	557	0.18	0.40	0.4	0
난백	45	88.9	10.2	0.1	0.0	0.0	0.8	10	12	0.1	183	134	0	0.02	0.30	0.1	0
오리알	191	70.8	13.0	13.9	1.0	0.0	1.3	60	240	2.6	120	130	331	0.15	0.40	0.1	0
메추리알	166	73.6	12.4	11.3	1.6	0.0	1.1	58	229	4.2	136	140	456	0.14	0.70	0.1	0

1) 단백질

① 난백

난백의 성분으로는 수분이 많으나 그 이외의 주요 구성성분은 단백질이다. 오브알부민(ovoalbumin)은 달걀흰자의 가장 중요한 단백질로 전체 고형물의 약 54%를 차지한다. 이것은 쉽게 변성되고 난백 거품성과 관계가 있는 것으로 조리를 할 때 음식의 구조를 형성해 준다.

오보트랜스페린(ovotransferrin 또는 conalbumin)은 난백 고형물의 약 12%를 차지하며, 회분과 결합되어 있는 단백질로 박테리아의 성장을 방해한다. 물리적인 조작과 열에 의하여 쉽게 변성되지 않지만 Fe과 결합되지 않을 때에는 열에 의하여 쉽게 변성된다.

오보뮤코이드(ovomucoid)는 난백 고형물의 11%를 차지하고 있으며 열변성에 적합하고 단백질 분해효소인 트립신의 활성을 방해한다.

오보글로불린 G_1, G_2(ovoglobulin G_1, G_2)는 8.0~8.9%를 차지하고 있고, 기포성이 우수한 포립제의 역할을 한다. 오보글로불린 G_1(ovoglobulin G_1)은 일부 세균에 대한 용균작용이 있으나 63℃에서 10분간 가열로 그 작용이 소실되며, 난백 고형물의 3.5%를 차지하고 있다.

오보뮤신(ovomucin)은 약 2% 정도로 다른 단백질에 비해 적은 양이지만, 거품을 안정시키고, 오래된 달걀의 변성과 흰자가 묽어지는 데 관여하며, 농후난백에는 수양난백보다 4배 이상 들어 있다.

아비딘(avidin)은 0.05%로 아주 적은 양이 함유되어 있지만 난백을 가열하지 않았을 때 아비딘은 바이오틴(biotin)과 결합하는 성질이 있어 체내에 바이오틴 흡수를 방해한다. 달걀흰자를 날것으로 많은 양 섭취할 때 바이오틴 흡수가 방해되어 비타민 결핍이 생길 수 있다. 그러나 익히게 되면 아비딘은 불활성화하여 문제되지 않는다.

② 난황

난황에도 여러 종류의 단백질이 함유되어 있는데 그 특성은 많이 알려져 있지 않다. 가장 중요한 난황의 단백질은 고밀도의 지단백질의 형태인 리포비텔린(lipo-vitellin)과 리포비텔레닌(lipovitellenin) 등으로 70% 이상을 차지하며, 난용성으로 난황의 유화성에 작용하고, 동결에 의해 변성하여, 해동해도 복원되지 않는다. 그이외에 인단백질인 포스비틴(phosvitin)과 수용성이며 유황을 함유한 리비틴(live-tin)이 있다. 포스비틴은 인을 10% 함유하고 있으며, 리비틴은 글로불린계로 95℃ 이상으로 가열하면 응고된다.

2) 탄수화물

탄수화물은 포도당, 만노오스, 갈락토오스의 형태로 적은 양 들어 있으나 중요한 성분이다. 이 포도당과 갈락토오스가 단백질과 작용하여 마이야르 반응을 일으켜 갈변의 원인이 되기 때문이다. 조리 시 바람직하지 않은 반응이다.

3) 지질

달걀의 지질은 난황에 농축되어 있다. 난황의 1/3 정도는 지방인데 중성지방이 65.5%, 인지질이 28.3%, 콜레스테롤이 5.2%로 구성되어 있다.

인지질은 레시틴(lecithin)과 세팔린(cephalin)으로 자연적인 유화제이다. 콜레스테롤에 대한 우려 때문에 난황 중 콜레스테롤의 함량을 줄이려는 시도가 많이 이루어지고 있다.

사료는 난황 지질의 지방산 조성에 영향을 미치며, 특히 리놀레산(linoleic acid)과 올레산(oleic acid)의 양에 영향을 미친다. 난황의 지질은 불포화지방산을 많이 함유하고 있어 산패되기 쉬우므로 달걀 가공품의 저장에 주의를 해야 한다.

4) 무기질

난백에는 유황성분이 함유되어 있어 달걀을 은제품에 담으면 검은 색으로 변한다.

난황은 무기질 중 P, I, Zn, Fe을 함유한다. 그러나 난황의 Fe은 난황 단백질인 포스비틴에 의해 흡수를 방해받기 때문에 흡수가 잘 되지 않는다.

5) 비타민

난백에는 비타민 B_2가 함유되어 있고, 난황에는 비타민 A와 D가 풍부하게 함유되어 있다. 난황은 비타민 B_1, B_2도 난백보다 많으며, 비타민 B_2, 엽산, 판토텐산의 좋은 급원이 되나 비타민 C는 들어있지 않다.

6) 색소

난황의 색소는 카로티노이드계이다. 색소는 사료의 종류에 따라 차이가 나는데, 노란 옥수수나 녹색 풀을 많이 먹으면 색이 짙어지고, 보리나 밀과 같은 것을 많이 먹으면 색이 연해진다.

(3) 품질과 신선도 판정

1) 품질평가

달걀의 등급기준은 외관 및 투광검란에 의한 외부검사와 난각을 파괴시킨 내부검사에 의해 판별된다. 달걀의 일반적인 등급별 기준은 난황과 난백의 상태로 구분한다. 우리나라에서는 아직 품질에 대한 공식적인 규정이나 등급이 없으나 일부에서는 부분적으로 이루어지고 있다.

미국의 경우 달걀은 무게와 크기에 따라 판매되며 등급은 AA, A, B로 나뉘어져 있다. 달걀을 등급별로 깨뜨렸을 때 AA 등급은 가장 질이 좋은 것으로 기실이 작고, 농후난백이 많은 부분을 차지하고 있으며, 농후난백이 노른자를 감싸고 있어 노른자가 둥글고 중앙에 위치하며 높이 솟아 있다. B 등급은 달걀을 깨뜨렸을 때 농후난백의 양은 적고 묽은 난백의 양이 많으며 노른자가 넓고 평평하게 퍼져있다. 그러나 등급의 차이가 영양가의 차이를 나타내는 것은 아니다.

2) 신선도 판정

달걀의 신선도 검사는 외관검사, 투시검사, 할란검사가 있다.

외관검사는 달걀의 크기, 난황, 난각질, 난각의 색깔과 광택, 난각의 두께, 난각의 건전성, 청결도, 비중, 진음도, 설감도 등을 측정한다. 투시검사는 달걀 내부를 투시하여 기실의 크기, 혈반유무, 난백의 수양화 등을 검사하는 것이다. 할란검사는 유리판에 알을 깨어 쏟아 놓고 난황과 난백의 품질을 판단하는 검사이다.

① 외관검사

가. 외관: 신선한 달걀은 껍질이 까칠까칠하고 백색 또는 갈색을 띤다. 오래된 것은 윤이 나고 반들반들하며, 부패된 것은 난각 전체가 엷은 푸른색을 띠고 광택이 없다.

나: 비중: 신선란의 비중은 1.08~1.09이며, 시일이 경과하면서 비중은 조금씩 감소하게 된다. 달걀의 신선도는 염수용액으로 비중을 측정하는 부침법으로 판정한다. 신선란을 염수용액에 넣으면 바닥에 가라앉지만 오래 저장한 달걀일수록 염수용액에 넣으면 위로 점점 떠오르게 된다(그림 10-2).

다. 진음법: 달걀을 귀 가까이에서 흔들어 보았을 때 오래된 달걀은 난황막이 얇
   아지고 수분이 증발되어 내용물이 감소하므로 출렁거리는 진동음이 나며, 신
   선란은 내용물이 충만하여 소리가 나지 않는다.

라. 설감법: 신선란의 첨단(尖端)은 차가운 느낌을 주나, 둔단(鈍端)은 기실이 있
   으므로 혀를 대어보면 따뜻한 느낌을 준다. 오래된 알은 기실이 이동되므로
   양쪽 모두 차갑다.

마. 깨뜨려 보았을 때: 난황은 둥글고 높은 모양을 하며 난백의 경우 농후난백의
   양이 많아 묽은 난백의 부분이 적다. 노른자가 중앙에 위치하고, 기실이 크
   지 않다.

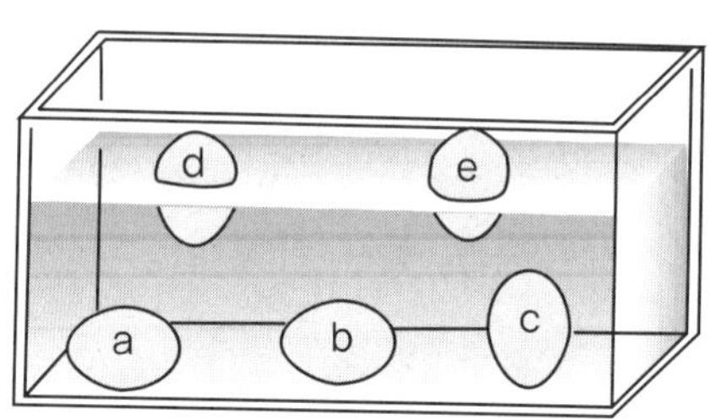

그림 10-2 비중에 의한 달걀의 신선도 판정법

② 투시검란법

어두운 방에서 투광검란계 앞에 달걀을 놓고 빛을 비추어 회전시켜 달걀의 상태
를 판정하는 것으로 난백의 묽어진 상태, 난황의 크기와 위치, 기실의 크기, 난각
의 파선(破線), 혈액, 이물질 등을 검사하는 것이다.

③ 할란검사

가. 난백계수: 농후난백과 묽은 난백의 비율은 처음에는 6:4의 비율이지만, 보
   관하면서 점점 농후난백의 양은 줄어들고 묽은 난백의 양이 많아지게 된다.
   신선란의 난백계수는 0.06 정도이다.

$$난백계수 = \frac{농후난백의\ 높이}{농후난백의\ 직경}$$

나. 난황계수: 난황계수는 난황의 높이(h)와 지름(w)을 재어 h/w를 구하며, 신선
   한 달걀의 난황계수는 0.32~0.44이다. 수치가 낮을수록 신선하지 못한 달걀
   이다.

$$난황계수 = \frac{난황의\ 높이}{난황의\ 직경}$$

다. 하우(haugh) 단위: 달걀의 무게[w(g)]와 농후난백 높이[H(mm)]의 관계를 수
   치적으로 계산하여 달걀의 질을 종합적으로 판단할 수 있는 방법이다. 신선
   란의 HU는 85 이상이며, 식용 가능한 달걀은 HU 71 이상인 A급이다. 달걀
   의 질이 나쁠수록 낮은 수치를 보인다.

$$HU = 100\ \log(H-1.7W0.37 + 7.6)$$

3) 저장 중 성분 변화

달걀은 저장하는 동안 미생물의 작용을 받지 않아도 내부의 질이 서서히 변화되
며, 산란된 후 시일이 지나면 눈으로 확인할 수 있는 변화가 발생한다.

신선한 난백의 pH는 7.6 정도이나 저장 중 이산화탄소가 증발하면 pH가 점점 증
가하여 pH 9.7까지 높아진다. pH 변화는 난백의 기능적 특성에 영향을 주는데, 난
백의 pH가 알칼리로 되면 농후난백이 묽어지고 담황색을 띠게 된다. 반면 신선한
난황의 pH는 6.0으로 저장 중 변화는 비교적 완만하여 pH 6.8 정도로 증가한다.

(4) 식품 조리에서 달걀의 기능

달걀은 영양적으로 양질의 단백질을 공급하는 것 이외에 조리를 할 때 음식에
색, 향, 점성, 응고성을 부여해 준다. 이들 대부분의 성질은 달걀의 단백질 성질이
라고 할 수 있다.

1) 결착제

달걀의 당단백질은 점착성이 있어서, 가열하면 단백질이 응고하므로 식품을 원하
는 형태로 결착시킬 수 있다. 만두 속, 크로켓, 전을 부칠 때 사용하여 재료들이
잘 결착되도록 해 준다.

2) 거품성(팽창제)

난백을 잘 저어주면 거품이 형성되는데, 거품성은 음식의 텍스쳐를 부드럽게 해 주고, 부피를 증가시키며, 큰 결정의 형성을 방해할 때 이용된다. 거품은 난백 단백질의 물리적인 변성이다. 스펀지 케이크나 엔젤 케이크의 팽창은 달걀의 기포성을 이용한 것이다. 난백의 거품을 이용하여 제품에 질감을 주기도 한다.

3) 유화제

난황에는 레시틴이 함유되어 있고, 레시틴이 유화제의 역할을 하게 된다. 마요네즈, 케이크, 아이스크림을 만들 때 유화제로 이용한다.

4) 농후제

달걀은 응고되면 음식을 걸쭉하게 한다. 알찜, 소스, 커스터드, 푸딩 등을 만드는데 이용하는 성질이다.

5) 간섭제

거품을 낸 난백을 셔벗이나 캔디를 만들 때 넣어주면 결정체 형성을 방해하여 미세하게 형성된다.

6) 청정제

육수가 끓을 때 불순물을 제거하기 위하여 달걀 푼 것을 넣으며, 달걀 단백질이 응고하면서 불순물을 같이 응고 침전시키므로 육수를 맑게 만들어준다.

(5) 달걀 가공품

달걀의 대부분은 식란으로 소비되지만, 저장성을 높이고, 수송의 편의를 위해 달걀을 가공하여 사용하고 있다.

1) 피단(皮蛋, pidan)

피단은 달걀을 저장하는 한 방법으로 중국에서 발달한 것이다. 처음에는 오리알을 이용하여 만들었고, 채단 또는 송화단이라고도 하며, 최근에는 달걀을 이용하고 있다. 송화단은 달걀흰자의 투명한 물결무늬가 소나무를 닮은 것에서 나온 말이다.

피단 제조방법으로는 침지법과 도포법이 있는데, 침지법은 생석회, 나무태운 재, 왕겨 등의 알칼리성 물질과 소금, 홍차 등을 섞은 수용액 중에 달걀을 담그는 방법이다. 도포법은 침지법에서 사용하는 혼합물을 달걀껍질 표면에 바르고 왕겨에 굴려 항아리에 담은 후 밀봉하여 5~6개월간 발효, 숙성시키는 방법이다.

보통 15~20℃의 비교적 낮은 온도에서 장기간 저장하는 것이 온화한 풍미를 내며 양질의 것이 된다.

2) 동결란(frozen egg)

동결란은 달걀을 살균하여 난황과 난백을 갈라 용기에 넣어 동결시키기도 하고 전란을 그대로 동결시키기도 한다. 동결난백은 살균 처리된 난백을 −20~−30℃에서 신속 동결시킨 후 −18℃에서 저장한 것이다. 동결난백은 엔젤케이크(angel cake), 화이트 케이크(white cake) 등의 원료로 이용하고, 동결난황은 면류, 마요네즈, 이유식 등의 제조 원료로 사용한다. 동결조제란은 전란에 설탕, 시럽, 난황을 첨가하여 동결시킨 것으로 제과원료로 쓰인다. 동결란은 식중독이 발생할 수 있으므로 식용으로 사용하기 전에 반드시 저온살균한다.

3) 건조란(dried egg powder)

건조전란은 난백과 난황을 혼합하여 분무건조 한 것으로 저장성이 크고 제과·제빵의 원료로 쓰인다. 건조난황은 갈변이 문제되지 않지만, 건조난백의 경우는 그냥 건조하면 저장 중 당과 단백질의 작용으로 갈변이 일어나고 용해도가 떨어지게 된다. 난백의 건조 시에는 제당처리를 하여야 한다. 건조란은 수송이 편리하고 저장성이 크나 세균번식의 가능성이 있으므로 가열조리 후 사용한다.

4) 액상란(liquid egg)

액상란은 달걀의 껍질을 제거하고 깨뜨려서 얻은 것으로 액상전란, 액상난황, 액상난백이 있다. 액상전란은 단체급식의 조리용 및 제과제빵의 원료, 액상난황은 대부분 마요네즈 제조에 쓰이고 그 외에 이유식, 제과, 면류 제조 시 사용한다. 액상난백은 달걀음료, 제과용, 수산연제품의 원료로 이용된다.

5) 훈연란

달걀을 삶아 껍질을 제거하거나 구멍을 뚫어 식염 및 조리액에 담가 훈연한 것으로 저장성과 풍미가 좋다.

(6) 저장법

달걀은 저온 저장이 가장 좋으며, 5℃에서 습도 80%의 조건이 가장 좋다. 달걀은 일종의 생체 식품으로 수분이 많은 편이어서 저장 중에 온도의 변화를 크게 받는 식품이다. 37℃에서 2일간 저장한 것은 25℃에서 5일간, 16℃에서 20일간, 2℃에서 100일간 저장한 것보다도 품질이 나쁘게 나타났다. 달걀은 3℃에서 5주 이내, 완전히 익힌 달걀은 1주일 정도 보관할 수 있다. 냉장 보관한 것이더라도 무조건 안심하고 먹는 것은 금물이다.

달걀은 냉장 유통되는 것을 구입하고, 구입한 달걀은 냉장 상태에서 보관한다. 달걀은 씻지 않고 보관하며, 달걀 껍질에 금이 발생하면 달걀 속의 지방 성분이 산화되어 품질 변화가 생기게 된다. 신선도를 유지하기 위해서는 계속 호흡할 수 있도록 뾰족한 부분을 밑으로 놓고 둥근 부분이 위로 오도록 하여 보관하는 것이 좋고, 냄새가 강한 식품과 함께 두면 불쾌한 냄새가 흡수되어 향미가 떨어질 수 있으므로 함께 두지 않는 것이 좋다.

깨진 달걀이나 쓰다 남은 달걀은 되도록 빨리 사용하는 것이 좋다.

궁금합니다!

Q: 요오드란과 DHA란이란?

A: 요오드란은 닭의 사료에 해초를 혼합해서 해초 속의 요오드가 닭의 몸을 통해 달걀로 나온 것이다. 보통 달걀의 약 20배 정도 요오드 성분을 함유하고 있는 달걀이다. DHA란은 사료에 어유를 첨가해서 생산되는 달걀로서 어유의 다가불포화지방산인 DHA를 많이 함유하고 있는 달걀이다.

(1) 오리알(duck's egg)

오리알은 달걀보다 크고, 성상 및 성분은 달걀과 유사하지만 지질의 양이 다소 많다. 특히 불포화지방산의 함량이 월등히 많고, 동물성 식품으로는 드물게 불포화지방산인 리놀레산(linoleic acid)이 많이 들어 있으나 P과 Ca의 함량은 약간 적게 들어 있다. 알의 무게는 70~90g 정도이다.

고혈압과 중풍 예방에 좋으며, 비타민 E가 들어 있어 노화를 방지하고, 지방의 산화를 막아준다. 몸이 허약한 사람에게 좋은 공급원이 되며, 기침을 심하게 할 때 오리알을 먹으면 기침이 그치기도 하고, 목이나 이가 아플 때 또는 가슴 속이 답답하며 등이 자주 결릴 때에도 효과적이다.

(2) 메추리알

메추리알의 난각은 엷은 녹백색과 흑갈색의 반점으로 나타내며, 무게는 평균 11~12g으로 달걀보다 훨씬 작다. 성상 및 성분은 달걀과 유사하나 단백질과 지질이 달걀보다 다소 많이 함유되어 있다. 난황 중 레시틴의 화합물도 달걀보다 많다.

궁금합니다!

Q: 삶은 달걀 껍질은 어떻게 하면 잘 벗겨지는가?

A: 달걀 껍질 벗기기는 난백의 pH에 영향을 받는다. 신선한 달걀의 난백 pH는 7.6 정도인데 묵은 달걀은 난백 중 CO_2가 증발하여 pH가 9.5까지 올라가게 된다. 일반적으로 달걀 난백의 pH가 8.9 이하이면 난백이 껍질에 달라붙어 껍질 벗기기가 힘이 들게 된다. 즉, 신선한 달걀일수록 껍질이 잘 안 벗겨진다. 그러나 삶은 달걀을 즉시 냉수에 담그면 난황과 난백의 부피가 갑자기 수축되면서 속껍질과의 사이에 미세한 공간이 생기게 되어 껍질이 잘 벗겨지게 된다.

Q: 삶은 달걀의 노른자 주위에 생기는 청변은 왜 생기는가?

A: 달걀을 삶으면 난백과 난황 사이에 검푸른 청변이 생기게 된다. 난백에는 황화수소(H_2S)가, 난황에는 철(Fe)이 함유되어 있는데 가열을 하게 되면 외부압력은 높아지고 중심부의 압력은 낮아져 난백에 있는 황화수소가 난황 쪽으로 이동하여 황화수소와 Fe이 반응하여 황화제1철(FeS)을 형성하므로 난황 주변에 청변이 생성되게 된다.

이런 청변 현상은 오래된 달걀일수록, 높은 온도에서 삶았을 경우, 오랜 시간 삶았을 경우, 삶아진 후 바로 냉각시키지 않고 그냥 두었을 경우에 더 잘 생기게 된다. 오래된 달걀은 이산화탄소의 증발로 pH는 알칼리가 되는데 이러한 상태에서 황화철이 더 빨리 형성되고, 오래된 달걀일수록 난황막이 얇아지고 파괴되어 황화철을 더 빨리 결합할 수 있게 된다. 완숙할 때까지만 가열하고 완숙된 것을 바로 찬물에 넣으면 열의 전도를 줄일 수 있어 황화철이 형성하는 것을 막을 수 있다.

달걀을 완숙으로 삶을 경우 삶는 시간은 98~100℃에서 13분 정도가 가장 알맞으며 삶은 후 바로 냉수에 담가 완전히 열을 식혀준 후 껍질을 벗기는 것이 좋다.

11

어패류

수산식품은 어패류나 해조류 등의 수산물로 우리나라에서 식량자원으로 중요한 위치를 차지한다. 수산물은 대부분 식량으로 쓰이며, 일부가 공업용품, 의약품 사료 등으로 사용된다. 또한 우리나라에서는 중요한 단백질의 공급원으로서 전체 단백질의 약 30%를 차지한다.

어류는 지느러미가 있으며 뼈로 구성된 골격을 가지고 있는 것을 말하고, 패류는 조개류로 연체류와 갑각류를 포함한다.

곡류를 주식으로 하는 우리나라에서 어패류는 동물성 단백질의 70% 이상을 충당하고 있고, 어패류를 이용한 발효식품인 젓갈 등이 발달되어 있다.

11-1. 어패류의 구조

어류는 머리, 몸통, 꼬리의 세 부분으로 구성되어 있고 가식부는 주로 등뼈 양쪽에 붙어 있는 근육 부분인데, 등쪽의 고기는 두꺼우나 배쪽은 얇으며 내장을 싸고 있다. 등쪽 고기와 배쪽 고기의 경계 부위에 어두운 적색을 나타내는 부분을 혈압육이라 한다.

11-2. 어패류의 성분

어류의 영양성분은 종류와 부위에 따라 다르다. 일반적으로 수분 70~80%, 단백질 12~20%, 지방질 1~20%, 탄수화물 0.1~1%로 되어 있다. 수분 함량이 식육류보다 다소 많은 편이다.

(1) 단백질

육류 단백질을 대체할 만큼 품질 면에서 우수하다. 어육 단백질은 육류에 비해 근형질 단백질은 크게 차이가 없고, 근원섬유 단백질이 많으며, 기질 단백질은 적다. 기질 단백질의 주성분은 콜라겐, 엘라스틴으로 육류와 비교할 때 더 부드러우며, 어육을 끓인 국물이 투명한 젤리상으로 굳는 것은 콜라겐이 젤라틴으로 전환되었기 때문이다.

아미노산 조성은 어류의 종류에 따라 다르지만 대부분 필수아미노산을 함유하고 있으며 쌀을 주식으로 하는 사람에게 부족하기 쉬운 라이신(lysine)이 풍부하게 들어 있다. 비단백질로서 크레아틴(creatine), 퓨린(purine), 콜린(choline), 이노신산(inosinic acid) 등이 함유되어 있다.

(2) 지질

어류의 지방 함량은 육류보다 대체로 낮으며 갑각류의 지방 함량은 어류보다 훨씬 적다. 어류의 지질은 어종, 성장 정도, 어체 부위, 산란전후, 영양상태, 계절에 따라 차이가 있다. 어패류의 지질 함량은 1~20% 정도로 다른 성분보다 함량의 차이가 크며, 일반적으로 지질 함량이 높은 부위나 지질 함량이 높은 시기에 맛이 좋다. 지방질은 어류의 피하조직, 장간막, 간장, 췌장 등에 비교적 많이 분포되어 있는데, 가다랑이, 고등어, 정어리, 꽁치, 참치 등의 적색육 어류는 피하조직에 다량의 지방질을 함유하는 반면 대구, 가오리, 상어, 오징어 등의 백색육 어류는 간장이 커서 이곳에 다량의 지방질을 축적하여 함유하고 있다. 붉은살 생선의 지방 함량은 배 부분에 가장 많이 분포되어 있으며 머리조직의 근육에도 많이 들어 있다.

어류의 지방은 불포화지방산이 80%를 차지하며 다가불포화지방산 중 필수지방산인 아라키돈산(arachidonic acid)이 풍부하게 함유되어 있고, 육상동물의 지방에는 거의 함유되어 있지 않은 DHA(docosahexaenoic acid, $C_{22:6}$)와 EPA(eicosapentaenoic acid, $C_{20:5}$)는 등푸른 생선에 특히 많이 함유되어 있다. 등푸른 생선이 성인병 예방에 효과가 있다는 사실이 밝혀지고 있는데, 이는 어유 중의 EPA 지방산이 혈중 콜레스테롤 저하에 효과가 있기 때문이다. 특히 어유를 많이 먹는 에스키모인들이 순환기계 질병, 즉 심장병, 고혈압, 동맥경화 등에 의한 사망이 거의 없다고 보고되면서 혈압강화, 혈관확장, 혈중 콜레스테롤 저하 등 성인병 예방에 효과적이라는 사실이 알려지게 되었다. DHA는 뇌세포의 구성성분으로 어린이의 두뇌발달과 노인의 치매 예방에도 효과적이다. 그러나 불포화지방산으로 인하여 쉽게 산화, 변패된 지방은 독성을 나타내므로 어류의 신선도 유지에 신경을 써야 한다.

(3) 탄수화물

일반적으로 어류의 탄수화물은 1% 이하이고 성분은 글라이코겐이다. 갑각류와 조개류의 근육에는 3~5% 정도 포함되는데, 갑각류의 단맛은 글라이코겐이 효소의 작용으로 포도당이 되었기 때문이다.

(4) 비타민과 무기질

대부분의 어류에는 비타민 B_1, B_2, 나이아신의 함량이 많고 지방이 풍부한 연어, 고등어 등은 특히 비타민 A의 좋은 급원이 된다.

어류에는 P과 S의 함량이 높고 Na, K, Cu, Mg 등도 함유하고 있다. 뼈째 먹는 생선은 Ca과 P, 굴과 조개같은 패류는 Fe, Zn, Cu의 좋은 급원이다. 주로 조개, 바다가재 등에는 I의 함량이 높다.

(5) 색소

어류의 색소는 수용성 색소 단백질인 헤모글로빈, 마이오글로빈, 시토크롬 등과 지용성의 카로티노이드로 분류할 수 있다.

붉은살 생선은 주로 색소 단백질에 의해 붉은색을 띠며 어육에는 헤모글로빈이 거의 없고 마이오글로빈이 대부분이다. 카로티노이드는 연어, 송어 등의 어육에 들어 있다.

궁금합니다!

Q: 가재, 새우, 게의 껍질이 가열 시 붉은 색이 되는 이유는?

A: 갑각류의 껍질은 청색이나 회록색을 띠고 있는데, 아스타크산틴(astaxanthin)이 가열에 의해 산화되어 붉은색 아스타신(astacin)으로 분해되기 때문에 껍질의 색이 빨갛게 변하게 된다.

(6) 맛성분

어패류의 맛은 글루타민산(glutamic acid)을 비롯한 유리 아미노산, 펩타이드(peptide), 뉴클레오타이드(nucleotide), 크레아틴(creatine), 염기류 등의 추출물에 의해 이루어지며, 이는 육류와 비슷하나 함량과 비율이 다르다.

오징어, 문어, 새우의 맛 성분은 타우린(taurine)과 베타인(betaine)이 주를 이루고, 패류의 호박산(succinic acid)은 독특한 국물 맛을 내므로 조리에서 많이 이용된다.

(7) 냄새성분

어류는 트리메틸아민 산화물(trimethylamine oxide, TMAO)이라는 물질을 함유하고 있는데, 이는 단맛이 있으며 신선한 생선의 냄새성분이 된다. 그러나 시간이 경과함에 따라 세균의 번식과 효소의 작용으로 아미노산 또는 여러 성분들이 분해되어 비린내가 나게 된다.

비린내의 주된 물질은 트리메틸아민(trimethylamine, TMA)이다. 그 이외에 아민류, 탄산가스, 유기산, 지방산, 암모니아 등을 생성하여 자극적인 매운맛과 부패취가 나게 된다.

궁금합니다!

Q: 생선 비린내를 없애는 방법은?

A: 비린내의 주 성분은 트리메틸아민(trimethylamine)이다.
① 트리메틸아민 성분은 수용성이므로 생선을 물로 씻으면 비린내가 많이 제거된다.
② 식초나 레몬즙 등의 산을 첨가하면 비린내를 제거할 수 있다.
③ 조리하기 전에 우유에 담갔다가 조리하면 우유 속의 카세인과 인산칼슘이 비린내 성분을 흡수하여 비휘발성으로 만들어 생선 비린내가 약해진다.
④ 파, 마늘, 양파, 후추, 생강, 산초, 고추, 겨자 등의 향신료와 방향채소를 사용하면 음식물에 향미를 주어 비린내를 억제할 수 있다. 특히 생선을 조릴 때 무를 넣으면 무의 매운맛이 비린내를 약화시켜 준다.
⑤ 술이나 미림을 넣으면 호박산은 비린내를 제거해 주고 맛을 향상시켜 준다. 간장의 염분은 텍스쳐를 좋게 하며 비린내를 제거할 수 있다.
⑥ 된장이나 고추장은 독특한 향미와 맛을 가지고 있어서 비린내를 억제해줄 수 있다.

Q: 생선찌개를 끓일 때 비린내가 적게 나게 하려면 어떻게 해야 할까?

A: 처음에는 뚜껑을 열고 끓여 비린내를 휘발시키고 비린내 성분이 휘발된 후 뚜껑을 닫는 것이 좋다. 끓는 물에 생선을 넣을 때 내용물이 너무 많으면 온도가 갑자기 내려가 다시 끓을 때까지 시간이 많이 걸려 비린내가 심해질 수 있으므로 조금씩 넣어주는 것도 요령이다.

11-3. 어패류 감별법

(1) 관능적 감별법

1) 아가미

색이 선명한 적색이고 단단하며, 악취가 없어야 한다. 선도가 떨어지면 점차 회색으로 변하게 된다.

2) 피부

광택이 있고, 특유의 색채가 있으며, 손으로 눌렀을 때 근육이 단단하면서 외형이 확실한 것이 신선하다. 그러나 오래된 것은 광택이 점점 감소하고 점액질의 물질이 분비되어 미끈거린다.

3) 비늘

투명한 비늘이 단단하게 붙어 있어야 한다. 오래될수록 비늘이 황갈색이 되며 떨어져 있거나 떨어지기 쉽게 된다.

4) 안구

광채가 있고, 움푹 들어가지 않아 돌출되어 있으며 투명한 것이 좋다. 선도가 떨어짐에 따라 색이 탁해지고 각막이 눈 속으로 내려앉게 된다.

5) 복부

탄력이 있고 팽팽해야 하며, 내장이 단단하게 붙어있는 것이 신선한 생선이다. 선도가 저하되면 복부가 탄력을 잃게 되고 내장의 내용물이 밀려나오게 된다.

6) 냄새

해수어, 담수어 자체의 냄새만 나는 것이 신선하고, 비린내가 강하게 나는 것은 신선하지 못한 것이다.

(2) 화학적 측정방법

휘발성 염기질소, 트리메틸아민(trimethylamine), 인돌(indole), 휘발성 유기산, 휘발성 환원물질과 히스타민(histamine)의 양을 측정하여 신선도를 판정할 수 있다. 이들 성분은 어육의 부패가 진행됨에 따라 증가한다. 이들 성분은 휘발성의 불쾌한 냄새를 가지므로 냄새로도 생선의 신선도를 감별할 수 있다. 상어와 가오리를 제외한 보통 생선에 암모니아태 질소가 30~40mg 들어있으면 초기부패 상태로 본다.

(3) 물리적 방법

경도 측정법, 전기저항 측정법, 어체 압착즙의 점도 측정법, pH 측정법 등이 있다.

(4) 세균수 검사법

세균수 측정 시 1g의 근육 내에 세균수가 103 이하이면 신선하나 105~106이면 초기부패 상태이다.

11-4. 어패류의 사후변화

어패류는 선도가 높을수록 맛이 좋고 위생적으로도 안전하다. 어패류는 신선도가 저하되면 맛, 향기, 위생적인 면에서 가치가 떨어지게 된다. 부패의 속도와 상태는 생선의 종류, 보관상태에 따라 다르며 담수어는 자체 내 효소의 작용으로 해수어보다 부패속도가 빠르다.

어육도 육류와 같이 사후 시간이 지나면 어체가 단단해지면서 강직상태가 된다. 생선은 사후 1~4시간 동안에 최고로 단단하게 되는데, 대체로 붉은살 생선이 흰살 생선보다 강직이 빨리 시작되며 강직시간도 짧다.

사후강직이 끝나면 어육은 연화되기 시작하는데, 이것은 어육 중에 존재하는 단백질 분해효소의 작용으로 어육 단백질이 분해되기 시작하고 자체의 성분을 분해하는 자기소화(autolysis)가 일어나기 때문이다.

어육은 육류와 달리 조직이 원래 연하므로 자기소화로 더 연하게 할 필요가 없고, 자기소화와 함께 어육에 부착된 미생물이 번식하여 맛과 냄새가 저하된다. 그러므로 어육은 자기소화가 일어나기 전에 강직상태에서 조리하는 것이 바람직하다.

11-5. 어패류의 저장방법

생선은 구입한 후 곧 조리하는 것이 가장 좋은 방법이며, 냉장을 하여 일시적으로 부패를 지연시킬 수 있다. 냉장에서도 산패, 부패를 촉진하는 효소들이 작용할 수 있기 때문에 냉동을 하는 것이 더 안전하다. 냉장 보관일 경우는 2~3일 이내에 조리하여야 하고, 냉동 보관이라 할지라도 6개월 이상은 저장하지 않는 것이 좋다.

냉장고나 냉동고에 넣어 둘 때에는 생선 비린내가 다른 음식에 배지 않도록 잘 밀봉하여 보관한다.

냉동한 생선을 해동할 때에는 저온에서 서서히 녹여야 하며, 해동한 생선을 장기간 방치하면 품질이 급격히 떨어지므로 해동한 후 단시간 내에 조리해야 한다.

냉장 다음으로 많이 이용하는 저장방법이 건조 또는 염장이며, 그 밖에 훈연, 생선묵이나 통조림으로 가공하는 방법이 있다.

11-6. 해수어

어류는 해수어와 담수어로 구분하며, 어류의 종류, 물의 상태, 성장 정도, 계절, 성별, 어획과 취급방법 등에 따라 화학적 조성이 달라진다. 특히 지방 함량의 변화는 매우 크고 겨울고기, 산란 전 암컷, 고기의 등쪽보다 배쪽에 지방의 양이 많은 경향이 있으며 지방의 양은 어육의 맛에 영향을 미친다. 물이 맑고 깊으며 찬 곳의 고기는 물이 흐리고 얕으며 온도가 높은 곳의 고기보다 맛과 질이 더 좋다.

생선류는 기억, 학습능력을 향상시키고, 콜레스테롤 저하, 혈당강하, 시력 보호유지 등에 효과적이며, 동맥경화, 심근경색, 뇌혈전 등의 순환기계, 성인병 예방 및 유방암, 대장암, 췌장암, 폐암, 전립선암 등을 억제하는 효과가 여러 연구에서 입증되었다.

해수어는 육색에 따라 붉은살 생선과 흰살 생선으로 나눌 수 있다. 흰살 생선은 지방 함량이 2% 이하로 주로 수온이 낮고 물이 맑고 깊은 바다에 살며 운동량이 적고, 붉은살 생선은 지방 함량이 5% 이상으로 활동량이 많고 바다표면 가까운 곳에서 서식한다.

표 11-1 해수어의 분류(100g 중)		
분류	**종류**	**특징**
붉은살 생선	정어리, 꽁치, 고등어, 참치, 전갱이, 가다랑어, 멸치, 송어	·5~20%의 지방을 함유 ·살코기가 갈색 혹은 노란색, 분홍색, 회색을 띠는 것 ·바다의 표면 가까이 살면서 운동량이 많음 ·사후강직 시간이 짧고 단시간에 상하기 쉬움
흰살 생선	대구, 민어, 조기, 광어, 명태, 가자미, 복어, 도미	·지방 함량이 5% 이하인 것 ·살코기 부분이 흰색을 띠는 것 ·해저 깊은 곳에 살면서 운동량이 적은 것 ·붉은살 생선에 비해 사후강직 시간이 길며 신선도를 오래 유지할 수 있음

| 표 11-2 | 해수어의 영양성분(100g 중) |

종류	열량 (kcal)	수분 (%)	단백질 (g)	지질 (g)	탄수화물		회분 (g)	무기질					비타민					폐기율 (%)
					당질 (g)	섬유 (g)		Ca (mg)	P (mg)	Fe (mg)	Na (mg)	K (mg)	A (R.E)	B₁ (mg)	B₂ (mg)	niacin (mg)	C (mg)	
고등어	183	68.1	20.2	10.4	0.0	0	1.3	26	232	1.6	75	310	22	0.18	0.46	8.2	1	41
정어리	171	69.2	20.2	9.1	0.2	0	1.5	94	224	1.9	108	451	20	0.03	0.35	8.1	1	45
청어	219	70.6	19.3	14.5	0.3	0	1.3	87	225	2.3	118	290	64	0.03	0.25	6.3	1	46
꽁치	165	70.5	19.5	8.7	0.1	0	1.2	54	134	1.8	80	150	20	0.02	0.28	6.4	1	43
전갱이	161	69.3	21.8	7.3	0.1	0	1.6	74	264	1.0	120	300	96	0.03	0.20	5.3	1	34
삼치	138	73.6	18.9	6.1	0.1	0	1.4	24	214	0.8	57	410	8	0.08	0.29	8.9	1	36
임연수어	166	70.3	19.7	8.8	0.1	0	1.2	35	231	0.9	98	272	22	0.12	0.10	3.7	0	35
병어	122	72.9	17.8	5.0	0.0	0	1.3	33	189	1.3	158	360	59	0.32	0.09	3.2	1	65
멸치	114	74.8	17.7	4.1	0.2	0	3.2	509	421	2.9	240	370	36	0.04	0.20	8.8	1	0
방어	156	68.6	23.9	5.8	0.2	0	1.5	53	203	1.5	48	360	13	0.15	0.16	7.8	1	45
민어	127	74.4	19.7	4.7	0.0	0	1.2	52	139	1.1	107	990	8	0.05	0.29	3.7	1	43
가다랑어	127	70.3	25.9	1.8	0.3	0	1.7	15	282	1.8	44	410	11	0.21	0.17	15.3	1	34
조기	93	78.7	18.3	1.7	0.0	0	1.3	36	175	0.9	155	380	8	0.05	0.21	4.4	1	48
갈치	149	72.7	18.5	7.5	0.1	0	1.2	46	191	1.1	100	260	19	0.13	0.11	2.3	1	33
대구	80	80.5	17.6	0.5	0.2	0	1.2	64	197	0.6	119	420	22	0.12	0.16	2.4	1	54
아귀	68	83.6	14.4	0.6	0.3	0	1.1	16	182	1.1	150	282	24	0.03	0.13	4.2	0	58
명태	80	80.3	17.5	0.7	0.0	0	1.5	109	202	1.5	132	293	16	0.04	0.13	2.3	0	60
농어	96	78.5	18.2	1.9	0.2	0	1.2	58	196	1.5	108	390	34	0.18	0.13	3.1	1	48
가자미	115	74.0	22.5	2.0	0.3	0	1.2	21	98	0.5	154	380	28	0.10	0.10	3.5	3	45
넙치	103	76.3	20.4	1.7	0.3	0	1.3	53	199	1.6	101	317	8	0.10	0.20	6.5	1	41
복어	89	78.8	18.8	1.0	0.1	0	1.3	57	200	1.0	152	340	0	0.06	0.13	4.1	0	65
가오리	80	78.7	17.3	0.7	0.0	0	1.3	882	533	1.2	205	89	0	0.04	0.09	4.1	0	19
연어	106	75.8	20.6	1.9	0.2	0	1.5	11	243	1.1	151	321	17	0.19	0.15	7.5	1	38
연어(훈제)	244	40.0	35.5	9.7	0.8	0	13.5	45	390	3.4	2081	335	0	0.10	0.15	10.0	0	20
홍어	87	77.5	19.6	0.5	0.0	0	2.4	305	250	1.2	222	240	0	0.07	0.13	2.4	0	28
숭어	125	73.2	20.2	3.5	1.8	0	1.3	58	173	1.7	119	34	24	0.09	0.16	3.9	2	58
참치 (참다랑어)	132	69.5	27.2	1.8	0.1	0	1.4	11	295	2.3	59	452	8	0.13	0.10	11.2	2	29

(1) 성상

고등어는 우리나라, 일본, 중국연해 등지의 온대성 연해에 분포되어 있으며, 고등어과에 속하는 것으로 벽문어(碧紋魚), 고등어(皐登魚), 고도어(古道魚)라 불린다. 서민에게 친근하고 영양가가 높기 때문에 '바다의 보리'라고 불리고 있으며, 꽁치, 전갱이, 정어리와 같이 4대 등푸른 생선에 속한다. 고등어의 등 부분은 청흑색의 반점 모양이 있고, 배 부분은 은백색으로 반점이 없다. 3~8월경 수온이 15~23℃에서 산란하며 몸은 방추형으로 길이 50cm이고, 횡단면은 타원형으로 무게는 1.1~1.5kg이 보통이다.

그림 11-1   고등어

가장 제 맛이 나는 시기는 가을로서 지방 함량이 15% 전후이며 영양가가 최고로 좋은 시기이다. 등보다 은백색인 뱃살은 지질 함량이 높아 맛이 좋다. 선도가 떨어지는 것은 아가미 속이 붉지 않고 암갈색이며, 배를 눌렀을 때 항문으로 즙액이나 내장이 밀려나기도 한다.

(2) 성분

고등어는 다른 등푸른 생선에 비해 무기질과 비타민 함량이 풍부하고, 히스티딘(histidine), 라이신(lysine), 글루타민산(glutamic acid), 이노신산(inosinic acid) 등의 맛을 내는 성분이 많이 함유되어 있다. 염기성 아미노산인 히스티딘이 많은 것이 특징으로 선도가 떨어져 부패가 시작되면 초기에 히스타민(histamine)이라는 유해성분으로 변하는데, 이것은 식중독의 원인으로 두통, 복통, 두드러기 증상을 나타내기도 한다. 내장은 자기소화 효소의 활성이 강하여 선도가 빨리 떨어지므로 보관할 때 내장은 반드시 제거하는 것이 바람직하고, 소금물에 담근 후에 식초로 처리하면 히스타민이 억제되기도 한다. 비타민 B_2, E가 많고, EPA는 참치 다음으로 다량 함유되어 있어 동맥경화 예방, 혈관 확장, 혈소판의 응고를 억제하여 혈압 강하, 콜레스테롤의 저하 및 혈전증을 예방하는 역할을 한다. 또한 DHA도 풍부하게 들어 있다.

(3) 저장 및 용도

고등어는 장기저장방법으로 급속냉동법(−35℃)을 이용하고, 일반적으로는 냉동, 염장법으로 저장하며, 그 밖에 가공품으로 이용된다. 고등어는 자반, 조림, 얼간, 튀김, 통조림 가공품 등의 용도로 쓰인다. 특히 고등어는 비린내가 강하므로 된장을 넣어 요리하는 것이 좋으며, 일본에서는 고등어 초밥을 '밧데라'라 하여 일본의 동부지역을 제외하고는 초밥 중 최고로 친다.

(4) 고르는 법

- 아가미의 색이 진홍색이고 눈이 맑은 것
- 표면이 무지개 빛깔이 나는 것
- 몸의 색이 선명하고 탄력이 있는 것
- 껍질이 윤기가 나는 것

2 정어리(sardine)

(1) 성상

정어리는 청어과에 속하며 멸치와 비슷하고, 우리나라의 동해안과 제주도 근해를 비롯한 태평양연안, 일본연안 등에 분포하고 있다. 제주도 동남방 해역에서 겨울철

월동하다가 봄이 되면 북상하기 시작하여 여름에는 전 동해에 서식하고, 가을이 되면 남하한다. 산란기는 12월~이듬해 6월로 광범위하고, 우리나라의 남해안 연안에서 산란기는 2~4월로 추정된다. 몸 길이가 15~25cm이고, 옆으로 납작하면서 등쪽은 약간 둥글며 뒤로 갈수록 가늘어진다. 빛깔은 등쪽은 짙은 청색, 배쪽은 은백색을 띤다. 정어리 옆구리에는 1줄로 된 7개 내외의 자줏빛 나는 흑색점이 있고, 그 위에 여러 개의 점이 있다.

그림 11-2 정어리

(2) 성분

정어리는 지질이 많아 칼로리가 높다. 우리나라 동해연안에서 많이 잡히는 푸른색 정어리는 가을부터 겨울까지 지방 함량이 15~17%에 달하며 이 때는 맛이 좋은 시기로 통조림이나 채유(採油) 등에 이용된다. 정어리의 지방에는 EPA, DHA와 같은 고도불포화지방산이 많이 함유되어 있고, 글루타민산(glutamic acid), 히스티딘(histidine) 등 유리 아미노산 등의 핵산 성분이 많아 영양적으로 좋은 식품이다. EPA가 함유되어 있어 혈액응고를 억제하므로 혈관계 질병의 예방효과가 있고, DHA가 다량 함유되어 있어 뇌를 활성화해준다. 뼈째 섭취하게 되면 무기질의 근원이 된다.

(3) 저장 및 용도

정어리는 일반적으로 잡는 즉시 급속 동결저장 한다.

정어리는 회로는 잘 이용하지 않고, 소금구이, 조림, 튀김, 건조가공품으로 이용하며 어유(魚油), 어비(魚肥) 등의 원료나 양식용 사료로 많이 쓰인다. 어린 정어리로 만든 뱅어포는 Ca, Fe, 비타민 B_2 등이 풍부하다. 작은 것은 말려서 국물로 이용하여도 좋다.

(4) 고르는 법

- 살이 탄력이 있고 몸에 윤기가 나는 것
- 눈이 맑고 비늘이 밝은 빛을 띠는 것

3 　청어(herring)

(1) 성상

청어는 우리나라의 경상북도 이북 동해, 일본 북부, 북태평양, 알래스카, 사할린 등에 고루 분포하고 있는 한해성 어종으로 가을부터 봄에 걸쳐 잡힌다. 청어는 청어 과에 속하며, 몸 길이는 35cm 내외로 외형은 정어리와 유사하고, 몸의 등쪽은 청색, 옆구리와 배 부분은 은백색을 띤다. 몸높이가 정어리보다 높고, 배 부분이 옆으로 납작하며, 아래턱이 돌출되어 있으면서 양턱에는 작은 이빨이 있다.

빛깔이 청색이기 때문에 붙여진 이름으로 지방에 따라 불리는 이름이 다양한데, 비웃(경기·강원), 구구대(서울, 알을 가진 것), 눈검쟁이(포항), 관목이 또는 과메기 (경상도, 말린 청어) 등으로 불리고 있다. 청어의 산란 시기는 3~4월이며, 깊은 바다에서 해조류가 무성하고 암초들이 많은 얕은 연안으로 떼를 지어 몰려와 해조류 등에 산란을 한다.

그림 11-3　청어

(2) 성분

청어의 단백질에는 필수아미노산이 많이 들어 있고 질이 매우 우수하여 옛날부터 청어죽이 보신제로 이용되었으며, 병후의 회복기 환자에게 좋은 식품으로 알려져 있다. 청어는 지방이 풍부하여 다가불포화지방산인 DHA와 EPA가 많아 질병에 대한 면역성을 높여 주며, Ca, Fe, 비타민 B_1, B_2가 풍부하다. 청어의 간에는 비타민 B_{12}가 들어 있어 빈혈기가 있는 사람에게 좋은 식품이며, 특히 하체가 허약한 사람에게도 좋은 식품으로 알려져 있다. 한방에서는 종기가 났을 때 청어젓에 백반가루를 섞어 불이기도 하였고, 청어의 쓸개는 각종 눈병을 치료하는 데 효과가 있다고 한다.

생선알 중에서 가장 맛있는 5대 알은 철갑상어 알인 캐비아, 청어알, 연어알, 숭어알, 민어알로 알려져 있다. 청어알은 살코기보다 영양가가 높고 감칠맛도 있지만 부패가 빠르게 일어나므로 신선할 때 요리를 하는 것이 중요하다.

(3) 용도

청어는 소금구이, 백숙, 전죽, 찜, 튀김, 식초절임, 훈제, 염장, 과메기 등 건조가공품으로 이용되고 있다.

(4) 고르는 법

- 살이 탄력이 있고 비늘이 살에 단단히 붙어 있는 것
- 껍질에 윤기가 나며 선명한 것
- 등이 진한 청색인 것보다 연한 청색인 것

4 꽁치(pacific saury)

(1) 성상

꽁치는 꽁치과에 속하며, 우리나라 동서남부 연안, 북아메리카에 걸친 연안, 일본 연안에서 서식한다. 가을철에 많이 나며 몸이 칼 모양으로 길기 때문에 추도어(秋刀魚), 추광어(秋光魚), 공어(貢魚), 공치어, 공치 등으로 부르기도 한다. 몸 빛깔은 등쪽이 검은 청색, 배쪽은 은백색, 꼬리는 황색을 띠며, 암컷은 아래 입술의 끝부분이 선명한 올리브빛을, 수컷은 오렌지 빛을 나타낸다.

꽁치는 10월경에는 지방 함량이 20%로 생선 중에서 지질 함량이 가장 높은 편이며, 그 뒤 산란하여 12월쯤에는 5%로 줄어든다. 꽁치가 제일 맛있는 계절은 10월과 11월이다.

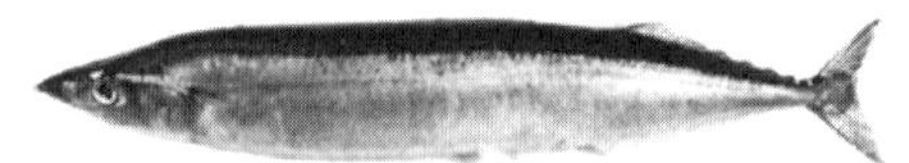

그림 11-4　꽁치

(2) 성분

꽁치는 단백질 함량이 풍부하고, 그 질이 우수하기 때문에 가을에 스태미너 식품으로 좋다. 꽁치의 배 언저리나 붉은살에는 비타민 B_{12}와 Fe 함량이 높아 빈혈에도 아주 좋은 식품이다. DHA와 비타민 E가 풍부하며 비타민 A가 쇠고기보다 16배 정도 많아 시력보호에도 매우 효과적이다. 꽁치는 겨울철의 추위를 잘 견디고 저항력을 키워주는 영양분을 많이 가지고 있으며, 얼굴이 창백하고 기운이 없는 사람, 여름 더위에 지친 사람, 감기에 잘 걸리는 사람은 배 부분과 신선한 내장을 먹으면 효과를 볼 수 있다.

(3) 저장 및 용도

손질 후 바로 사용하여야 하고, 공기 중에서 변패되기 쉬워서 주로 통조림 가공을 많이 한다. 급속 냉동시켜 냉동 보존하는 방법, 염장보존방법, 건조하여 말리는 방법으로 저장을 한다.

생선회, 소금구이, 양념구이, 버터구이, 조림, 튀김, 통조림, 말린 생선인 과메기 등으로 가공 이용되고 있고, 참치 잡이의 먹이로 쓰인다.

(4) 고르는 법

·껍질에 윤기가 나고, 살에 탄력이 있는 것
·몸에 흠집이 없고 색이 선명한 것
·꼬리 부분이 누런 것이 상품이고, 수컷보다는 암컷이 맛이 좋다.

5 전갱이(horse mackerel)

(1) 성상

전갱이는 전갱이과에 속하는 것으로 우리나라 전 연안, 일본 중부 이남 및 동중국해에 분포되어 있으며, 전갱이는 지역마다 부르는 이름이 다른데 전광어(경남), 가라지(완도), 메가리(부산), 각재기(제주), 매생이(전남) 등으로 불린다. 전갱이의 성어는 몸의 길이가 약 40cm 정도로 몸의 색깔은 등 부분이 암록색을 띠고, 배 부분은 은백색을 띤다. 머리길이가 몸보다 높으며 몸은 방추형을 하고 있다. 특히 비늘은 황색이며, 머리에서 꼬리까지 옆줄을 따라 톱니 모양의 황색 방패 비늘이 늘어져 있는 것이 특징이다. 전갱이는 1년 내내 맛이 거의 일정하며, 우리나라의 경우 산란기는 4~7월로 이때가 되면 얕은 곳으로 이동한다. 전갱이는 산란이 끝난 9~11월에 기름이 올라 가장 맛이 좋다.

그림 11-5　전갱이

(2) 성분

전갱이의 엑기스 성분에는 알라닌(alanine), 글라이신(glycine), 글루타민산(glutamic acid) 등의 유리 아미노산이 많이 포함되어 있다. 엑기스 성분과 지질이 혼합되어 독특한 맛을 내며, 살은 지방이 많지만 비린 냄새가 덜하고 쫄깃하면서 담백하다. 또한 Ca 등의 무기질과 비타민 A도 풍부하다.

(3) 저장 및 용도

저장방법은 염장법, 건조가공법, 통조림으로 이용하며 육질 및 맛이 좋기 때문에 전 세계적으로 많이 이용되는 생선이다.

구이, 튀김, 생선회, 초밥, 찌개, 염제 건어품, 어포 등으로 이용한다. 특히 전갱이 조리 시에는 옆줄 위의 능선 같은 황색 비늘을 제거하는 것이 매우 중요하다.

(4) 고르는 법

- 몸에 탄력이 있고 윤이 나는 것
- 몸 중간에 양쪽으로 가시가 선명하게 나 있는 것
- 몸이 단단하고 푸른빛을 띠는 것

6 삼치(Japanese Spanish mackerel)

(1) 성상 및 용도

삼치는 우리나라의 서·남연해, 황해도 북부와 일본, 중국, 호주 등의 북동해에 분포되어 있으며 고등어과에 속하는 어종이다. 산란기는 4~5월이고 여름에는 얕은 곳, 겨울에는 깊은 곳에서 살며 겨울에 가장 맛이 있다. 삼치는 맛이 담백하면서 특이한 냄새가 없을 뿐 아니라 살이 희고 부드러워 고급어로 취급된다. 횟감, 찜, 구이, 튀김, 조림 등으로 이용하고 난소는 소금에 절여 젓갈로 이용한다.

(2) 고르는 법

- 아가미가 진홍색이며 눈동자가 맑은 것
- 등이 회청색이고 탄력이 있는 것

그림 11-6 삼치

(1) 성상

참치는 고등어과에 속하며 다랑어, 참다랑어라고도 한다. 서양 사람들은 참치를 '바다의 귀족' 또는 '바다의 닭고기'라고 하며, 일본어로는 '마구로'라 한다. 한국 근해, 태평양, 하와이, 중국 등이 서식처이며 우리나라 원양어선의 주어종이다. 참치는 6~7월에 가장 많이 잡히며 맛이 좋아 서구에서도 즐겨 먹고, 일본에서는 고급 횟감으로 선호하고 있다.

참치는 생태와 모양에 따라 어종이 30여 종이나 되며, 크게 다랑어와 새치로 나눌 수 있다. 다랑어에는 참다랑어, 눈다랑어, 황다랑어, 가다랑어가 있고, 새치류에는 황새치, 백새치, 청새치, 돛새치, 흙새치 등이 있다. 참다랑어는 최고급어종으로 가장 맛이 좋고 가격도 다른 참치류보다 3~5배나 비싸다. 복부의 뱃살은 지방질이 많으며 생선초밥용으로 가장 맛있는 부분이다.

(2) 성분

참치는 단백질이 약 25% 정도로 고단백, 저칼로리 식품이다. 우수한 단백질 뿐만 아니라 비타민 B_1, B_2, B_6, E와 나이아신, Ca, Fe, P, Mg 등의 무기질이 많아 어린이의 성장을 돕고 두뇌 발달에도 도움을 준다. 참치에는 다가불포화지방산인 DHA와 EPA의 함량이 높아 성인병을 예방하고 건강식품으로 주목 받으며, 핵산과 셀레늄(Se) 등이 풍부하다. 셀레늄은 항산화작용을 하며 항암작용이 있고, 수은 중독을 중화해주는 작용을 한다. 참치에는 감칠맛 성분인 이노신산(inosinic acid)이 많이 들어 있다.

(3) 저장 및 용도

참치는 선어보다 급속 냉동시킨 냉동품과 통조림으로 가공하여 많이 이용되는데, 냉동 참치 해동방법으로 식염해동법, 유수해동법, 자연해동법 등 여러 가지가 있다. 식염해동법은 물 온도 18~25℃, 4~5% 식염수에 냉동 참치를 넣어 5분 정도

두었다가 천에 싸서 냉장고에 3시간 정도 두면 영양 손실이 없고, 참치 특유의 맛과 색을 살리면서 맛을 증가시켜 줄 수 있다. 흐르는 물에 해동할 경우에는 10~30분간 담가 빠른 시간에 해동해야 하며, 물의 온도는 20℃ 이하로 유지한다. 냉장 보관할 때는 깨끗한 천으로 모든 면을 잘 덮어두어 수분이 증발되지 않도록 한다.

회, 초밥, 불고기, 탕수육, 구이, 스테이크, 튀김, 장조림 등으로 이용된다. 참치의 뱃살을 '도로'라고 하며 고추냉이나 기름소금에 찍어 먹거나 김을 싸서 먹으면 매우 맛이 좋다.

8 임연수어(atka mackerel)

(1) 성상 및 용도

임연수어(林延壽魚)는 쥐노래미과에 속하며, 한자어로 음이 같은 임연수어(臨淵水魚) 또는 이면수어(利面水魚)라고도 한다. '난호어목지(蘭湖漁牧志)'라는 책에 보면 임연수(林延壽)라는 사람이 이 고기를 잘 낚았다고 하여 이름을 따서 임연수어(林延壽魚)라고 이름을 붙였다고 한다. 방언으로 이민수(함경북도), 새치, 가르쟁이, 다롱치(강원도), 찻치(함경남도), 청새치라고도 한다.

그림 11-7 임연수어

우리나라의 동해, 북태평양 오호츠크해, 일본 홋카이도 근해에 분포하고 있으며, 산란기는 9~10월경으로 바위나 자갈로 된 암초 사이에 알을 낳고 덩어리를 형성하면 수컷이 알을 보호한다. 몸길이는 50cm 정도까지 자라고, 외형은 쥐노래미와 비슷하다. 몸이 길고 방추형에 가까우며 옆으로 납작하면서, 머리는 작고 꼬리자루는 가늘다. 양턱에는 바늘 모양의 날카로운 이빨이 1줄로 있으며 바깥쪽 이빨은 송곳니 모양이다. 몸의 색은 2종류가 있는데, 한 종류는 연한 황색 바탕에 옆구리에 5줄의 검은색 띠가 세로로 그어져 있으며 흑색의 뒷지느러미를 가지고 있고, 다른 한 종류는 연한 회백색을 띤 황색 바탕에 연한 검은색의 수직지느러미를 갖는다. 몸의 등쪽은 암갈색, 배쪽은 황백색을 띤다.

주로 5~6월경에 많이 잡히며 작은 물고기와 치어를 먹고 사는데, 주로 명태, 정어리, 고등어, 오징어류, 새우류, 조기의 치어를 많이 잡아먹는다. 튀김, 구이, 조림, 회 등으로 이용된다.

(2) 고르는 법

- •껍질이 윤택하고 살에 탄력이 있는 것
- •껍질의 색이 선명하고 눈동자가 맑은 것

9 병어(pomfret)

(1) 성상

병어는 병어과에 속하며 방언으로 병치(전남), 뱅에(경남), 편어(서해안), 병단이(진남포)로 불린다. 우리나라 서·남해안, 일본, 동중국, 인도양 등지에 널리 분포하며, 12월~이듬해 4월까지가 제철이다. 산란기는 5~6월경이며, 몸은 평평한 긴 계란형이다. 입이 짧고 둔하며, 양턱에는 매우 작은 이빨이 있고, 등이 많이 튀어나와 있다.

그림 11-8 병어

몸 빛깔은 청색으로 은빛을 띠고, 비늘을 벗기면 등쪽은 청회색, 배쪽은 백색을 나타낸다. 비늘은 작고 둥글며 떨어지기가 쉽고, 배지느러미가 없다.

(2) 성분 및 용도

성분으로 비타민 B_1, B_2가 풍부하고, 지방질이 적으며, 소화가 잘 되어 환자, 노인, 어린이식에 이용된다.

생선회, 찜, 튀김, 소금구이, 된장구이, 간장구이, 한식조림 등으로 많이 이용된다.

(3) 고르는 법

· 살이 단단하고 비늘이 떨어지지 않은 것
· 껍질이 청색을 띤 은백색인 것

10 멸치(anchovy)

(1) 성상

멸치는 멸치과에 속하며, 멸치는 물 밖으로 나오면 곧 죽어버린다는 뜻에서 지은 이름이라고 알려져 있다. 옛 문헌에 멸어, 멸아, 몃 등으로 기록하고 있다. 우리나라의 연해, 중국, 일본 연해, 인도네시아, 필리핀 등에 분포하는 연안 회유성 물고기이다. 특히 우리나라에서는 남해 충무, 추자도 지역, 평안북도까지 서해안, 강원도 통천 근처까지 동해안 근처에 많이 서식하고 무리지어 다닌다. 등쪽이 암청색, 배쪽은 은백색으로 옆에서 보면 은백색의 가로줄이 있다. 주광성 어류이므로 불빛으로 유인하여 포획한다.

그림 11-9 멸치

(2) 성분

멸치는 뼈째 먹는 생선으로 단백질과 Ca 등 무기질이 풍부해서 임산부, 성장기 어린이, Ca이 필요한 사람에게 권장되는 식품이다.

멸치 국물의 감칠맛은 여러 종류의 아미노산이 풍부하기 때문인데, 그 중에서도 글루타민산(glutamic acid)의 함량이 높다.

(3) 저장 및 용도

멸치는 선도가 저하되기 쉬워 생선 상태로는 소비량이 적고, 거의 전량이 통째로 말린 멸치와 소금에 절여 젓갈의 형태로 많이 저장한다. 어획한 즉시 고온에서 익혀 말리는 건조법이 장기간 저장에 이용된다.

마른 멸치 중 중간 것과 작은 것은 밑반찬으로 조림, 볶음 등에 이용되고, 굵은 것은 주로 국물을 내는 데에 많이 이용한다. 젓갈을 담가 김치의 조미료로 이용하고, 참다랑어의 먹이로 이용되며, 서양에서는 멸치의 일종을 염장 숙성시킨 엔쵸비(anchovy)를 각종 소스류와 셀러드용 드레싱으로 이용한다. 특히 우리나라에서는 전남 여수 거문도산의 건 멸치와 추자도산의 멸치젓갈이 유명하다.

11 **방어(yellow tail)**

(1) 성상

방어는 전갱이과에 속하며, 우리나라에서는 주요 어종에 속하는 것으로 동해와 남해의 전 연해, 일본 근해, 연해주 남부 근해에 분포한다. 성수기는 12월~이듬해 2월경으로 겨울철에 최고로 맛이 좋다. 몸의 길이에 따라 이름이 달라지는데 크기가 60cm 이상인 것을 방어라 한다. 등은 청색, 배는 은백색을 띠며, 주둥이에서 꼬리지느러미까지 세로로 그어진 황색띠가 희미하게 있다. 주로 밤에 활동하여 정어리, 멸치, 고등어, 전갱이, 꽁치 등을 주로 먹으며, 오징어류도 먹는다.

그림 11-10 방어

(2) 성분 및 용도

방어는 맛이 좋은 고급 어종으로 단백질, 지방, 무기질이 들어 있으며, 특히 비타민 D가 많이 함유되어 있다.

회, 초밥용, 구이, 찌개, 조림, 염장품, 건어물 등으로 이용되고 있다.

12 민어(brown croaker)

민어는 민어과에 속하고, 회어, 면어라고도 부르며 우리나라 서·남해지역에서 많이 서식한다. 민어의 산란기는 7~9월의 여름철로 우리나라의 인덕, 덕적도 앞바다에서 주로 산란한다. 모양은 조기와 비슷하고, 등은 회청색, 배는 연한 회색이며 등지느러미 부근에 작은 비늘이 촘촘하게 나 있다. 민어는 고급어종 중의 하나로 잡냄새가 없고 맛이 깨끗하여 인기가 좋으나 어획량이 적어 맛보기가 어렵다.

민어는 살이 백색으로 탄력이 있으며, 맛이 담백하고 소화흡수가 잘 되어 노인 및 환자, 어린이식으로 우수하다. 민어는 훈연품이나 건제품의 원료로 이용되고, 회, 조림, 찜, 소금구이, 찌개 등으로 이용된다.

그림 11-11 민어

13 숭어(gray mullet)

우리나라의 전 연안 및 일본, 중국 등 온대 및 열대지역에서 서식한다. 숭어는 숭어과에 속하며 우리나라에서는 수어(秀漁), 치어(鯔漁), 조어(鳥漁), 조두어(鳥頭魚)라 하고 작은 것은 등기리, 어린 것은 모치라고 한다. 우리나라에서는 영산강 수역에서 많이 잡히는데, 치어는 하천의 담수 수역까지 올라와 서식하다가 25cm 내외로 자라면 다시 바다로 내려간다.

몸의 길이가 70~80cm로, 머리는 비교적 작고 위턱이 약간 길며, 양턱에는 작은 이빨이 있다. 등쪽은 회청색, 배쪽은 은백색, 가슴지느러미 아래쪽에는 청색의 반점이 있고, 눈에 노란 점이 있다. 산란 시기는 지역에 따라서 차이가 있으며 보통 10월~이듬해 2월경이다. 물고기 중에서 맛이 매우 좋아 제일로 여겼고, 겨울철에 많이 잡히며 늦가을에서 겨울동안 피하지방을 많이 축적하지만 맛이 담백하다. 숭어 말린 것은 건란이라 하고, 숭어의 난소를 염장하여 말린 것은 치자라 하여 고급 안주로 쓰이고 있다. 숭어는 비장 및 위장을 좋게 하고, 오장을 다스리며, 오랫동안 상식하면 몸을 건강하게 해준다. 우리나라에서는 제사 때 숭어찜을 제상에 올리기도 한다. 생선회, 찌개, 소금구이로 이용된다.

그림 11-12 숭어

14 가다랑어(skipjack)

가다랑어는 고등어과에 속하고, 태평양, 대서양, 인도양 등의 열대 및 온대 수역에 분포하고 있으며, 배쪽에 있는 여러 줄의 청흑색 무늬는 살아 있을 때는 보이지 않지만 죽으면 나타난다. 가다랑어의 혈합육은 비타민 및 Fe, DHA가 많이 들어 있으며 가다랑어의 등살은 수분 함량은 적고 단백질이 많다. 가다랑어는 크게 참치류에 속하고, 다랑어 중 가장 맛이 있으며, 가을에 지방이 많아 맛이 좋다. 가다랑어에는 감칠맛 성분인 이노신산(inosinic acid)이 많이 들어 있어 국물 맛을 내는 데 많이 이용된다.

가다랑어를 가지고 조미용 국물을 내기 위해서 건조 가공한 것을 '가쓰오부시'라 하는데, 껍질을 벗겨낸 가다랑어를 알맞게 잘라 수증기로 찌고 건조시킨 것이다. 화력건조와 천일건조를 되풀이해서 1차 제품을 만든 후 이것을 통에 넣고 한달 가량 두면서 곰팡이가 피도록 한다. 곰팡이가 핀 것을 햇볕에 말리면서 털어내고 다시 통에 담아 곰팡이가 생기게 한다. 이런 작업을 5~6개월 동안 반복하면 생선의 수분이 마르게 된다. 이렇게 말린 것을 아주 얇게 썰어 국물을 내는 데 이용하면 독특한 감칠맛이 난다.

회, 가쓰오부시의 원료, 통조림, 조림, 자건품 등의 원료로 이용된다.

그림 11-13 가다랑어

15 조기(yellow croaker)

(1) 성상

조기는 민어과에 속하고 참조기라고도 하며 한명으로는 석수어(石首魚), 석어(石魚)라고 한다. 조기(助氣)라는 이름은 사람에게 기운을 북돋워주는 효험이 있다고 하여 붙여졌다. 우리나라 서남해안 연평도 근해에서 많이 잡히며, 소금에 절여 말린 '영광 굴비'가 품질이 가장 좋은데, 칼칼하고 짭짤한 맛이 입맛을 돋운다. 몸의 길이는 30cm 정도이며 4~5월이 성수기이다. 조기류에는 황금색을 띤 참조기, 적황색을 띤 부세, 흰색을 띤 보구치, 노란색을 띤 수조기 및 강달, 흑조기 등이 있다. 참조기는 입술이 불그스름한 것이 특히 맛이 좋다.

(2) 성분

조기는 양질의 단백질이 풍부하고 맛이 좋아 사람의 기를 북돋워 줘서 원기회복
및 성장기 어린이에게 매우 좋다. 한방에서는 배탈이나 설사, 배가 부글부글 끓어
오르는 소화불량에 순채와 함께 넣어 끓여 먹었다고 한다.

그림 11-14 조기

(3) 저장 및 용도

조기는 소금에 절여서 바닷바람에 적절하게 말린 굴비의 형태나 생어를 급속 동
결시켜 냉동보관 하는 것이 좋다.

조기는 우리나라 사람들이 가장 선호하는 고급 생선으로 명절 때나 선물용, 제수
용으로 많이 쓰이며, 담백한 맛을 지니고 있다. 구이, 조림, 찜, 맑은국, 매운탕 및
젓갈 등으로 이용된다.

(4) 고르는 법

- 살에 탄력이 있고 배가 선명한 황색인 것
- 입술이 붉은 색이며 비늘이 은빛인 것

16 갈치(hairtail)

(1) 성상

갈치는 우리나라 서·남해에서 많이 나며, 갈치과에 속하는 난해성 어류로 일본,
필리핀, 타이완, 호주, 대서양 등에 분포한다. 갈치는 도어(刀魚), 군대어(裙帶魚)라

고도 하며, 새끼를 풀치라 하고 중부지방에서는 빈쟁이라고도 한다. 칼같이 생겼다고 해서 갈치라는 이름이 붙었다. 6~9월경의 산란기 때 얕은 곳으로 이동하며, 몸통길이가 1~1.5m 정도이고, 납작하여 꼬리쪽은 띠 모양으로 긴 끈처럼 생겼다. '봄조기, 가을 갈치, 겨울 동태'라는 말이 있듯이 갈치는 가을철에 제맛을 낸다.

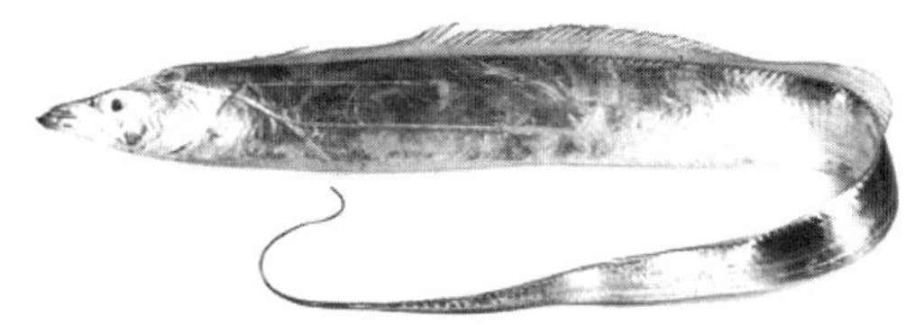

그림 11-15 갈치

(2) 성분 및 용도

갈치는 살이 희고 부드러우며, 단백질 함량이 풍부하면서 지방도 적당히 들어 있어 담백한 맛이 좋다. 지질은 지느러미가 달린 쪽에 더 많고, 소량의 당질이 있기 때문에 고유한 풍미가 있다. 갈치는 혈액을 잘 통하게 하고 귀가 잘 안 들리는 증상에 효과가 있다. 다른 생선과 마찬가지로 Ca에 비해 P의 함량이 많은 산성 식품이므로 채소와 함께 먹는 것이 좋다. 또한 어체와 간에는 비타민 A가 많다. 표피의 구아닌(guanine)은 복통, 두드러기를 유발시키기 때문에 생선회를 먹을 때는 표피를 제거해야 한다.

체표면을 덮고 있는 은백색의 가루는 소화도 안 되고 영양가치가 없으나 모조진주의 원료로 쓰인다. 갈치는 어묵 제조에 반드시 들어가는 원료로 쓰이고, 그 밖에는 자반, 구이, 조림, 튀김, 찌개, 뫼니에르 등에 이용된다.

(3) 고르는 법

- 은분이 벗겨져 있지 않고 광택이 나는 것
- 살이 탄력이 있고 부드러운 것

(1) 성상

대구는 대구과에 속하며, 우리나라의 동·서해, 일본, 오호츠크해, 베링해 등지에 분포하고 있다. 대구는 11월에서 이듬해 2월이 제철이며, 수산가공식품으로 연중 이용되고 있다. 대구(大口)는 입이 커서 붙여진 이름으로 비스듬히 찢어져 있으며, 등은 갈색 또는 회갈색이면서, 배는 희고, 등이나 배에 갈색반문이 펼쳐져 있다. 몸 앞쪽 부분이 두툼하고, 뒤쪽으로 갈수록 가늘어진다. 머리와 입이 크며, 위턱이 더 앞쪽으로 발달되어 있어서 입을 다물면 아래턱을 감싸는 듯한 형태를 보인다. 식성은 어류 및 갑각류를 잡아먹고 사는 탐식성이고, 닥치는 대로 먹으며, 자기 새끼를 잡아먹을 때도 있다.

그림 11–16 대구

(2) 성분 및 용도

지질 함량이 적어 맛이 담백한 것이 특색이고, 대구의 간유에는 비타민 A, D와 지방이 많이 함유되어 있으며, 통풍치료 및 만성 류머티즘에 효과적이다. 또한 타우린이 풍부하게 들어 있어 간 기능 강화, 피로회복, 시력증강에 좋다. 민간요법으로 젖이 부족한 산모가 대구탕을 먹으면 젖이 많아진다는 설도 있고, 회충에는 큰 대구 한 마리를 물에 씻지 않고 달여 먹으면 구충이 잘 된다고 전하고 있다.

대구는 명태와 함께 겨울에 가장 맛이 좋으나, 선도가 저하되기 쉬우므로 주의해야 한다. 건제품, 염장품 등으로 가공하고 탕, 찌개, 전골, 찜, 전유어 등으로 이용된다. 대구의 눈알은 영양가가 높고 맛도 일품이므로 고급요리에 사용되며, 알은 알젓을 만들고, 아가미는 모젓, 창자는 장지젓을 만든다.

(3) 고르는 법

- 몸이 짙은 회갈색이며 매끄럽고 깨끗한 것
- 배와 등에 갈색 반점이 퍼져 있는 것

18 아귀(anglerfish)

(1) 성상

아귀는 아귀과에 속하고, 흔히 아구라고 부른다. 한국, 일본, 중국해, 필리핀 등의 연해에 분포하고 있으며, 3~4월경에 산란하고 겨울에 제일 맛이 좋다.

몸은 회색으로 담색의 반점이 있으며 비늘이 없다. 머리부분이 옆쪽으로 평평하면서 폭이 넓고, 넓은 입이 있으며 몸은 피질돌기로 덮여 있다. 앞쪽에 촉수모양의 가지가 있어 이것으로 작은 물고기를 꿰어서 잡아먹으며, 몸체부와 꼬리부가 가늘고 짧은 것이 특징이다. 아귀는 살이 부드럽고 탄력이 있으며, 지느러미와 껍질에는 콜라겐이 많아 이것을 삶으면 젤라틴화하여 부드러워지며 뼈는 연골로 물렁뼈이다. 고기뿐 아니라 아가미, 간장, 꼬리지느러미, 난소, 위, 껍질 모두를 먹을 수 있다.

그림 11-17 아귀

(2) 성분 및 용도

지질 함량이 적고 단백질, P, Fe 등이 적당히 함유되어 있으며, 비타민 A가 풍부하게 들어 있다. 간장에는 30% 가량의 지질이 있어 독특한 맛이 난다.

아귀는 중간 부위를 최상으로 치며 껍질과 지느러미도 특이한 촉감으로 맛있는 부위로 여긴다. 주로 아구탕, 아구찜, 아구조림, 전골, 튀김 등의 재료로 사용한다.

(3) 고르는 법

- 살이 탄력이 있고 부드러운 것
- 몸은 회갈색이며 배는 갈색 바탕에 흰색인 것

19 명태(alaska pollack)

(1) 성상

명태는 우리나라에서 제일 많이 잡혔던 생선으로 대구과에 속하는데, 몸은 대구와 비슷하나 홀쭉하고 길다. 조선조 중엽에 태(太)모 씨가 낚시로 잡았다고 하여 명태(明太)라고 이름이 붙게 되었다. 명태는 생것을 생태, 말린 것을 북어 또는 건태, 동결 건조시킨 황태(더덕북어: 품질이 가장 좋은 건명태)와 냉동시킨 동태, 반건조시킨 코다리 등의 상태로 이용하며, 알은 명란젓, 창자는 창난젓으로 이용되어 하나도 버릴 것 없는 생선이다.

몸 빛깔은 등쪽은 갈색, 배부분은 흰색, 몸 옆구리에는 불규칙한 갈색의 세로줄이 있다. 위턱은 아래턱보다 짧으며, 아래턱에 1개의 짧은 수염이 있다. 등지느러미는 3개, 뒷지느러미는 2개이다.

그림 11-18   명태

주로 오호츠크해, 북아메리카 태평양 연안의 표층에 널리 분포되어 있으며, 우리나라의 경우 동해 연해에 제일 많고, 다음으로 강원도, 함북, 경북순으로 서식한다. 최근 우리나라는 해수의 온난화현상으로 포획량이 상당량 줄고 있다. 연근해에서 잡는 명태는 지방태라 하고, 북태평양 등 원양에서 잡은 명태를 원양태라 한다. 12월에서 1월이 제철이지만, 요즘은 원양어업으로 1년 내내 식탁에 오를 수 있게 되었다.

(2) 성분 및 용도

지질 함량이 적어 맛이 개운하며, 메싸이오닌(methionine)과 같은 아미노산이 많기 때문에 간을 보호해주고, 과음한 후 아침에 술국으로 만들어 많이 먹는다. 아미노산 중 성장에 필요한 라이신(lysine)과 세로토닌(serotonin)의 원료가 되는 트립토판이 들어 있고, 간장에는 비타민 A가 대구에 비해 3배나 많다. 명태를 가열조리 했을 때 티오프롤린(thioproline) 등의 아미노산이 생성되는데, 체내에서 발암성 물질의 생성을 억제하는 효과가 있다. 명태의 눈에는 영양가가 많으므로 버리지 말고 먹는 것이 좋다.

명태는 찌개, 조림, 튀김, 해장국, 동태국, 창난젓, 명란젓, 북어, 간유, 건조 및 훈제품의 원료 등으로 이용하고 있다.

(3) 고르는 법

- •등이 갈색이며 탄력이 있는 것
- •눈이 맑고 아가미가 선홍색인 것
- •명란은 껍질이 얇으며, 색이 투명하고 밝은 것
- •명란은 알이 꽉 차 있는 것

20 농어(sea bass)

농어는 농어과에 속하는 고급 어종이며, 노어, 깍정이라고 불린다. 우리나라, 중국, 일본의 연안에 분포되어 있고, 우리나라에 가장 흔한 것 중의 하나로 맛도 좋다. 몸은 약 50~90cm 정도로 가늘고, 등은 검푸르며 배는 은백색이지만 유어 때는 등지느러미와 옆구리에 작고 검은 점이 산재해 있다. 가장 맛이 있는 시기는 여름철로 8월 중순이 지나면 맛이 떨어진다. 농어는 작은 물고기나 갑각류, 조개류 등을 먹고 사는 육식성 어류이다.

농어는 모든 장기를 튼튼하게 해주는 식품으로 알려져 있고, 장을 편하게 해주며 근육과 골격을 튼튼하게 해주므로 성장기의 어린이들에게 좋은 식품이다. 농어는 강 산성식품이므로 채소와 곁들여 먹는 것이 좋다.

농어를 국물요리나 탕에 이용할 때는 내장과 비늘을 손질한 후 얼음에 채워 냉장 저장한다. 회, 튀김, 소금구이, 조림, 초밥, 찌개나 국 등으로 이용된다. 또한 토막 친 농어에 전분을 묻혀 끓는 물에 데친 농어채도 별미이다.

그림 11-19 농어

21 **가자미(flat fish)**

(1) 성상

가자미는 가자미과에 속하는 것으로 우리나라 전 해역에 분포하고 있고, 대부분 수심이 150m 이내인 바다의 뻘이나 모래밭에서 서식한다. 가자미는 우리나라에 약 20여 종이 서식하며 4~6월경에 산란한다. 가자미는 양쪽 눈이 몸의 우측에 있고, 넙치는 왼쪽에 있어 '좌넙치 우가자미'라는 말도 있지만 간혹 예외인 것들도 있다. 몸은 타원형으로 눈이 있는 쪽은 약간 청색과 흑갈색이고 눈이 없는 쪽은 흰색이 며, 등쪽과 배쪽 가운데부터 꼬리까지의 중앙에는 황색 띠가 있다.

가자미의 종류로는 참가지미, 돌가자미, 물치가자미, 도다리, 노랑가자미, 갈가자 미, 범가자미, 홍가자미, 찰가자미, 큰넙치 등 여러 가지가 있다. 가자미 중 가장 맛이 있는 것은 돌가자미이고 그 밖에 참가자미, 범가자미, 물치가자미도 맛이 우수하다. 가자미는 종류나 계절에 따라 맛이 다르며, 겨울에 가장 맛이 좋고, 단백질, 비타민 A가 비교적 많으며 지방이 적어서 맛이 담백하다.

얼음에 채워 냉장보관을 할 때는 4일 이내로 사용하는 것이 좋고, 장기간 저장 시에는 급속 냉동시켜 보관해야 맛의 변화가 적다.

활어, 선어 가공품으로 쓰이고, 찜, 구이, 튀김 등의 조리에 이용된다.

그림 11-20 가자미

22 넙치(bastard halibut)

(1) 성상

넙치는 넙치과에 속하고 흔히 광어라고도 하는데, 몸의 길이는 45~60cm 정도로 위아래로 납작한 긴 타원형이며, 두 눈은 몸의 왼쪽에 있고 입이 크다. 색깔은 윗부분이 암갈색, 눈이 없는 쪽이 백색, 꼬리자루와 지느러미는 등황색이며, 낮에는 활동하지 않으면서 밤에 주로 먹이를 먹고 활동한다.

우리나라 전 연해에 분포되어 있으며 2~6월경 연해 해저에서 산란한다. 가을부터 겨울이 가장 맛이 있는 시기이며 양식산은 배의 흰 바탕에 크고 검은 반점이 있다.

(2) 성분

단백질의 질이 우수하며 지질 함량이 적어 맛이 담백하면서 비린내가 적고, 아미노산은 어린이의 발육에 필요한 라이신이 많다. 당뇨병, 간장 질환이 있는 사람에게 좋고, 어린이, 노인, 회복기 환자에게도 훌륭한 식품이다. 간에는 비타민 B_{12}가 많고, 비타민 A 함량은 눈쪽에 더 많다. 머리 부분에는 살이 적지만 영양가가 높고, 살이 단단해서 씹는 맛이 좋다.

(3) 저장 및 용도

살아 있는 것은 손질한 후 냉장고에 2시간 정도 숙성시킨 후 사용하면 좋고, 장기간 보존할 경우 급속 냉동시키는 것이 가장 바람직하다.

회, 찜, 튀김, 뫼니에르 등으로 이용된다. 넙치를 토막 쳐서 전분을 입혀 끓는 물에 데친 넙치어채도 있고, 비린내가 적기 때문에 국을 끓여도 맛이 좋다. 장국이나 아욱을 넣어 토장국을 끓이기도 한다.

그림 11-21 넙치

23 복어(puffer)

(1) 성상

복어는 복어과에 속하며 한명으로 하돈(河豚)이라 하는데 배가 볼록하여 붙여진 이름이다. 우리나라에는 18종, 전 세계적으로는 120~130여 종이 있으며 우리나라에서 식용 가능한 것은 12종뿐이다. 복어는 실제로 독이 많아 식용할 수 있는 것은 자주복, 검복, 까칠복, 졸복, 복섬, 보리복, 밀복 등이 있으며, 그 중에서 자주복이 가장 고급 어종이다. 복어의 몸은 뚱뚱하고 등지느러미가 작으며 이가 날카롭다. 수면에서 공격을 받으면 공기를 들여 마셔 배를 볼록하게 내미는 특성이 있다.

복어는 11월에서 이듬해 2월까지가 가장 맛이 좋으며, 꽃이 피면 복어의 독성이 강해지고 맛이 떨어지게 된다. 복어의 독은 산란기 전인 5~7월 사이에 최고에 달한다고 한다.

그림 11-22 복어

(2) 성분

복어는 기름이 적어 담백하며 단백질이 많고 맛이 좋다. 글루타민산(glutamic acid), 타우린 등이 들어 있어 알코올 해독효과 및 스트레스 해소 효과가 있다. 복어는 우수한 단백질이 있어 몸이 쇠약한 사람이 회복 시에 좋은 식품이다.

복어에는 독성이 강한 테트로도톡신(tetrodotoxin)이 있는데, 물에 녹지 않고, 가열에 의해서도 파괴되지 않으며 독성이 청산가리보다 13배나 강하여 심한 경우에는 사망하기도 한다. 복어 중독은 식후 20~30분, 늦어도 2~3시간 후에는 나타난다. 난소에 가장 많이 함유되어 있고, 간, 피부, 장의 순으로 들어 있으며 근육에는 적은 양이 들어 있다. 따라서 복어의 조리는 가정에서 하기가 힘들며, 전문 자격증이 있는 조리사가 하는 것이 가장 안전하다.

복어독을 역이용하여 류머티즘 신경통, 관절염 등의 진통제, 신경 진정제로 이용하기도 하며, 한방에서는 허리와 다리를 튼튼하게 해주고, 치질에도 효과가 있다고 한다.

(3) 저장 및 용도

바로 사용하지 않으면 몸에 점액물질이 많이 묻어 있으므로 깨끗이 물에 닦아서 손질하지 않은 채 통째로 얼음에 채워서 보관한다.

복어의 살은 훈제, 건어물, 탕, 회, 구이 등으로 이용하며, 복껍질은 콜라겐이 젤라틴화 하므로 약간 냉각시켜 안주로 이용한다. 복어 요리를 즐기는 민족은 한국, 중국, 일본뿐이며 복어회는 캐비아, 거위간, 송로버섯과 함께 세계 4대 진미에 속한다. 복을 먹을 때 미나리와 함께 먹으면 해독작용을 도와주어 궁합이 잘 맞는다.

11-7. 담수어

표 11-3 담수어의 영양성분(100g 중)

종류	열량 (kcal)	수분 (%)	단백질 (g)	지질 (g)	탄수화물		회분 (g)	무기질					비타민					폐기율 (%)
					당질 (g)	섬유 (g)		Ca (mg)	P (mg)	Fe (mg)	Na (mg)	K (mg)	A (R.E)	B₁ (mg)	B₂ (mg)	niacin (mg)	C (mg)	
뱀장어	223	67.1	14.4	17.1	0.3	0	1.1	157	193	1.6	61	236	981	0.06	0.48	4.5	1	14
잉어	128	76.9	17.5	5.6	0.3	0	1.3	50	225	1.4	39	300	1	0.35	0.12	3.3	1	52
미꾸라지	96	78.6	16.2	2.8	0.2	0	2.2	736	437	8.0	76	261	177	0.10	0.65	7.9	2	0
메기	114	78.4	15.1	5.3	0.1	0	1.1	26	190	0.8	41	282	45	0.30	0.07	2.3	1	54
붕어	94	78.9	18.1	1.8	0.1	0	1.1	56	193	2.4	31	345	6	0.31	0.15	2.6	1	57

1 뱀장어(Japanese eel)

뱀장어는 전 세계적으로 20종이 분포하며 대만, 유럽 서부, 미국, 대서양 등이 주요 서식지이다. 우리나라에서 서식하는 뱀장어는 2종류가 있으며, 보통 장어는 전남지역에서 양식하는 뱀장어를 일컫는 것이고 또 하나는 깨붕장어라고 부르는 것으로 제주도 서귀포 천지연에서 서식하는 무태장어이다.

뱀장어의 몸은 원통형으로 몸길이는 40~80cm 정도이며, 눈이 작고 배는 흰색, 등은 청흑색이다. 비늘이 없고 몸체에 점액질이 많이 분비되어 몹시 미끄러우며 껍질과 살이 두껍다. 뱀장어는 8~10월경 깊은 바다에서 산란하고 산란 후에는 죽는다. 뱀장어는 육식성으로 작은 물고기, 새우, 게류 및 갯지렁이를 잡아먹는다.

뱀장어는 음력 5월이 가장 맛이 있고 수로에 활어로 보관하며 중간크기의 뱀장어가 제일 맛이 좋다. 뱀장어에는 비타민 A가 쇠고기보다 200배나 많으며, 지방과 단백질이 풍부하게 들어 있다. 지방은 주로 불포화지방산인 DHA, EPA, 레시틴 등이 함유되어 혈관을 튼튼히 하며, 인체의 뇌세포를 건강하게 하므로 기억력 및 학습능력 향상에 기여한다. 그 밖에 양기를 북돋우며 회복기 환자식에 좋고 각기, 요통을 다스린다.

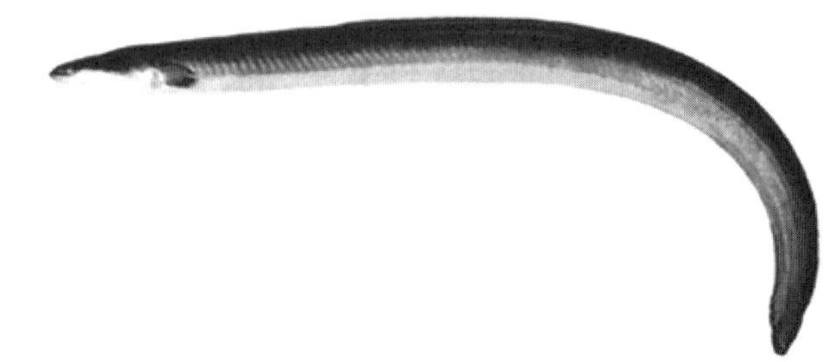

그림 11-23 뱀장어

2 잉어(carp)

잉어는 우리나라 전역에 분포하며, 하천, 못, 호수 등지에서 서식하는 잉어과에 속하는 민물고기이다. 잉어의 원산지는 중앙아시아이고 세계적으로 널리 분포되어 있지만 식용하는 지역은 많지 않다. 양식 물고기 중 역사가 오래된 것으로 한자어인 리어(鯉魚)가 변해서 붙여진 이름이라 한다. 몸의 길이는 보통 50~60cm이고 100cm 이상인 것도 있다. 잉어는 30cm 정도 될 때가 가장 맛이 있고 산란은 수온이 18~20℃일 때 가장 왕성하다. 잉어는 수분이 76.9g, 단백질이 17.5g, 지질 5.6g, Ca 50mg, Fe 1.4mg과 비타민 B_1, B_2가 다량 함유되어 있다. 잉어는 산모의 젖이 잘 나오게 하고, 회복기 환자, 임산부, 허약자에게 유용하며, 신장병이 있어 부종 및 복수 증상이 있을 때 복용하면 질병이 호전되기도 한다. 잉어는 잉어회, 잉어된장국, 잉어매운탕 등으로 이용한다.

3 미꾸라지(loach)

(1) 성상 및 성분

미꾸라지는 산지와 계절에 따라 맛이 다르며, 가을에 잡히는 것이 살이 통통하게 올라 제일 맛있다. 주로 도랑이나 논두렁, 연못, 진흙이 깔려 있는 곳에서 살며, 몸은 길이가 15cm 정도로 길고 가늘다. 매우 미끄러운 특성이 있고, 배는 흰색이며 등은 암록색으로 검은 반점이 있다. 또한 입가에 콧수염이 5쌍 있는 것이 특징이다. 암컷은 수컷보다 몸이 작으며 산란기에는 빛깔이 더욱 선명해진다. 미꾸라지는 옛 문헌에 추어, 이추, 밋구리, 미꾸리라는 이름으로 기록되어 있다. 미꾸라지는 단백질과 지방이 풍부하고 점액소 뮤신(mucin), 아미노산, 비타민 A가 풍부하다. 원기를 돋우는 강장식이며 추어탕은 서민들의 보양식으로 각광을 받고 있다.

(2) 고르는 법

- 살아 있으면서 몸이 통통한 것
- 크기가 고르면서 길이가 10cm 정도인 것

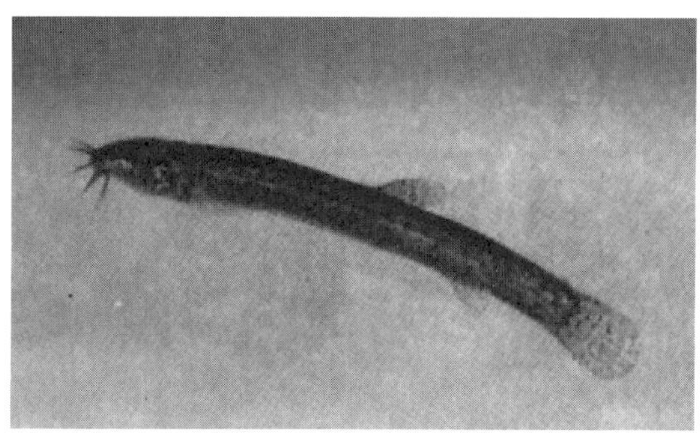

그림 11-24 미꾸라지

메기(Japanese catfish)

메기는 메기과에 속하는 민물고기로 늪, 호수, 하천, 못 등에 널리 분포하며, 몸의 길이는 보통 30~50cm로 길고 원통형에 가깝다. 납작한 머리에 입이 몹시 크고 입주위에 수염이 2개 나 있으며 몸에는 비늘이 없으면서 끈끈한 물질로 덮여 있어 매끄럽다. 메기는 수질 오염에 잘 견디고 주로 밤에 활동하며 메기가 성장하는 데 가장 적합한 수온은 20~27℃이다.

메기의 주성분은 단백질이고 Fe, Ca, 비타민 A가 상당량 많은 편이며, Fe이 많아 산모 및 성장기 어린이에게 조혈제로 이용된다. 조선시대에는 왕께 바치는 진상물에서 민물고기 중 가장 맛이 있는 물고기란 뜻에서 '종어'라 이름 붙였다. 메기는 10~11월경에 가장 많이 잡히고 최근에는 양식을 많이 한다. 구이, 탕, 찜, 조림 등으로 쓰인다.

그림 11-25 메기

5 붕어(crucian carp)

붕어는 잉어과에 속하고 생명력이 강하며 빨리 성장하는 민물고기로, 물이 고인 곳, 하천, 호수, 늪, 못 등에 분포하고 있다. 붕어는 잔 새우, 플랑크톤, 조류, 식물의 부드러운 부분을 먹는 잡식성 민물고기이다. 몸의 길이는 보통 10~15cm이고 수명이 30년인 장수어에 속한다. 붕어의 성분은 단백질이 풍부하고 지방은 1.8g로 함량이 적지만 불포화지방산을 함유하여 고혈압 및 동맥경화에 효과가 있다. Ca과 Fe의 함량이 많아서 어린이나 빈혈에 좋다. 붕어는 찜, 초밥, 매운탕, 회, 찌개, 구이, 튀김으로 이용하고 있다.

그림 11-26 붕어

궁금합니다!

Q: 담수어가 해수어보다 비린내가 더 강하게 느껴지는 이유는 무엇일까?

A: 담수어의 비린내를 내는 성분 중 피페리딘(piperidine)은 해수어보다 강한 특유의 비린 냄새가 나므로 없애기 위해서는 향신 채소나 양념을 더 강하게 사용하여 조리하면 좋다.

11-8. 조개류

우리에게 오래전부터 중요한 식품인 조개류는 연체동물의 부족류에 속하며 전 세계적으로 25,000여 종이 있고, 양식으로 식용하고 있는 것은 약 60여 가지가 된다.

조개류는 딱딱하고 이음매가 있는 두 개의 껍질을 가지고 있으며 그 안에는 부드러운 살을 지니고 있다. 껍질이 얇은 것일수록 어리며 맛이 좋다.

조개류의 단백질 함량은 어류에 비해 적은 편이나 히스티딘(histidine)과 라이신(lysine) 등의 아미노산이 많고, 타우린이 풍부하여 콜레스테롤을 저하시키며 혈압 안정, 심장병, 간장병, 당뇨병 예방에 효과가 있다. 글라이코겐(glycogen)이 풍부하고, 비타민 중 A, B_1, B_2, B_{12}가 많으며, 무기질 중 Zn이 많이 들어 있다.

조개류는 항상 살아 있는 상태로 구입해야 하는데, 껍질이 꽉 닫혀있거나 또는 가볍게 탁탁 치면 닫히는 것이 신선한 것이다. 조개류를 먹을 때 가장 주의해야 할 것은 바이러스와 세균에 의한 감염이다. 가열하면 사멸하므로 날것으로 먹는 것보다 익혀 먹는 것이 좋다.

Q: 조개류는 조리하기 전 항상 해감을 해야 하는데 가장 좋은 방법은?

A: 조개류는 갯벌 등에 서식하며 먹이를 먹기 때문에 몸 안에 모래나 개흙 등이 있다. 그대로 조리하면 입 안에서 모래가 씹히므로 패류는 반드시 먼저 모래를 제거해야 하는데 이것을 해감이라고 한다. 해감을 할 때에는 2% 농도의 소금물에 1~2시간 정도 담가두면 입을 벌리고 자연스럽게 모래나 흙 등이 나오지만, 3% 정도로 바닷물보다 짠 소금물에 담그면 삼투압에 의해 조갯살이 오히려 탈수가 되어 질겨지게 된다.

표 11-4 조개류의 영양성분(100g 중)

종류	열량 (kcal)	수분 (%)	단백질 (g)	지질 (g)	탄수화물		회분 (g)	무기질					비타민					폐기율 (%)
					당질 (g)	섬유 (g)		Ca (mg)	P (mg)	Fe (mg)	Na (mg)	K (mg)	A (R.E)	B_1 (mg)	B_2 (mg)	niacin (mg)	C (mg)	
홍합	69	82.8	9.7	1.2	4.0	0	2.3	62	98	1.7	262	280	32	0.02	0.33	2.5	4	77
소라	95	76.7	18.0	0.9	2.5	0	1.9	39	133	3.1	459	280	180	0.04	0.23	1.7	1	83
피조개	78	81.6	11.5	2.0	2.7	0	2.2	58	115	9.8	296	265	63	0.17	0.20	2.8	3	52
재첩	94	77.5	12.5	1.9	5.8	0	2.3	181	213	21.0	113	255	21	0.09	0.21	2.6	2	85
굴	85	81.5	11.6	3.2	1.5	0	2.2	109	204	3.7	255	207	55	0.22	0.33	4.2	4	91
전복	76	78.8	12.9	0.5	4.2	0	0.6	55	177	2.0	2950	510	0	0.27	0.04	1.3	2	43
꼬막	81	80.3	14.0	1.8	1.2	0	2.7	105	228	6.4	310	206	62	0.03	0.24	3.4	3	71

1 홍합(Japanese mussel)

(1) 성상 및 성분

홍합은 우리나라의 동해 및 남해 연안이 주산지로 홍합과에 속하는 조개무리이다. 홍합은 섭조개, 담채, 동해부인, 열합, 합자, 담치라고도 부르고 있다. 홍합은 수심 20m의 암초에 착생하여 서식하고 있으며 주로 3~5월, 10~12월 연 2회 채취하며 출하된다. 홍합의 살은 적색을 띤 적등색이 맛이 좋으며, 값이 싸고 담백하므로 식용가치가 높다.

홍합의 성분은 수분이 77.4~82.9% 정도이고 비타민 A의 함량이 110 IU로 쇠고기나 재첩보다 11배나 높다. 그 밖에 비타민 B_1, B_2, 나이아신 및 비타민 C의 함량도 골고루 함유되어 있다. 살을 생으로 이용하거나 말려서 사용하는데, 홍합살 말린 것을 담채라 하며 한방에서 보간(補肝), 자양, 허약체질, 빈혈 등에 좋다고 한다. 홍합은 프랑스, 이탈리아 요리에 많이 쓰이고 있으며 탕, 초, 젓갈, 찜, 찌개, 말린 홍합 등으로 이용하고 있다.

(2) 고르는 법

- 껍질이 깨지지 않고 입이 벌어지지 않은 것
- 흑자색의 광택이 나고 깨끗한 것
- 냄새가 나지 않고 살이 퍼지지 않은 것

2 소라(top shell)

(1) 성상 및 성분

소라는 우리나라 서해안에서 많이 생산되고, 소라과에 속하며, 수심 10~20m의
바다에서 서식한다. 소라가 가장 맛있는 시기는 산란기 전 봄부터 여름철이다.

소라는 수분이 76.7%, 단백질은 18g을 함유하며, 아미노산 중 타우린이 1,380mg
나 들어 있어서 패류 중 함량이 가장 많다. 신경전달물질인 도파민의 원료가 되는
페닐알라닌(phenylalanine)과 타이로신(tyrosine)이 약 1,000mg 함유되어 있으며,
또한 세로토닌(serotonine)의 원료가 되는 트립토판(tryptophan)이 150mg 함유되
어 있어 두뇌에 좋은 식품이라 할 수 있다. 따라서 수험생 및 스트레스를 많이 받
는 사람, 육체적으로 피곤한 사람에게 좋은 식품이다. 비타민 A가 쇠고기(10 IU)의
8배나 들어 있어 눈의 기능을 향상시켜 눈을 맑게 해주며, 독이 없고 소변을 잘 나
오게 하는 이뇨작용을 한다. 갈증을 멎게 하므로 당뇨병에 효과가 있으며 술에 취
했을 때 주독을 풀어주므로 술안주로 안성맞춤이다. 소라에는 콜라겐 등의 경단백
질이 많아서 가열조리 시 약간 가열하는 것이 좋다.

소라는 초회, 야채무침에 이용하며 짬뽕, 팔보채, 국물요리, 통조림의 원료 등에
쓰인다.

(2) 고르는 법

- 살아 있으며, 살이 위로 빠져나오지 않은 것
- 살이 탄력이 있고 무거운 것

3 피조개(ark shell)

피조개의 국내산지는 충무, 거제, 여수, 남해 등지이고 꼬막조개과에 속하며 꼬막류 중에서 가장 크다. 피조개는 수많은 조개 무리 중에서 유일하게 붉은 피를 가진 조개라서 붙여진 이름이며 혈색소로 헤모글로빈(hemoglobin)을 많이 함유하고 있다. 피조개는 Fe을 쇠고기나 달걀의 5~6배 많이 함유하고 있다. 육질이 연하며 단백질은 생선의 반 정도 들어 있고, Zn의 함량도 달걀만큼 높으며 타우린도 풍부하다. 또한 피로회복 촉진식품으로 몸의 컨디션을 정상상태로 유지해준다. 피조개는 겨울철에 이용하는 것이 좋으며 2월에서 3월이 제철이고, 글라이코겐, 단백질, 비타민, 무기질이 골고루 들어 있어 빈혈 등에 중요한 약리작용이 있다.

주로 해물 볶음요리, 잡탕밥, 전가복, 팔보채, 초회, 초밥의 원료, 통조림원료 등으로 많이 쓰인다.

4 재첩(marsh clam)

(1) 성상 및 성분

재첩은 재첩과에 속하고 낙동강 하류에 많이 서식하는 담수성(淡水性)조개로 재치, 가막조개라고도 한다. 재첩의 껍질은 광택이 많고 짙은 검은색을 띠며 칠흙색과 황갈색을 띤다. 재첩에는 타우린, 메싸이오닌(methionine), 시스테인(cysteine) 등 함황아미노산이 다른 조개류에 비해 현저히 높아 해독작용 및 피로회복 작용이 있다. 재첩의 메싸이오닌과 시스테인을 합하면 280mg로서 굴속에 들어 있는 함량과 유사하다. 또한 신경흥분을 억제하고, 핵산구조의 안정화 및 항체생성을 촉진하여 생체 면역을 향상시키는 Mg은 12mg 함유하는데 달걀의 함량보다 약간 높다. 그 외에 활성산소 제거에 필수적인 Cu도 420mg 함유하여 대합 210mg, 달걀 47mg보다 상당량 많이 포함되어 있고, Fe의 함량도 재첩은 10.0%로 대합의 2배,

홍합의 3배나 높아 빈혈의 예방과 치료에는 최고로 꼽을 수 있다. 그 밖에 비타민 B_{12}, Ca을 다량 함유한다. 소금물에 담가 모래와 흙을 토하도록 해감한 후 재첩국, 된장국, 찌개 등으로 이용한다.

(2) 고르는 법

- 껍질이 황갈색 또는 칠흑색을 띠고 광택이 나는 것
- 크기가 일정하며 깨지지 않고 냄새가 나지 않는 것

5 굴(oyster)

(1) 성상 및 성분

굴은 우리나라의 서해연안에서 많이 나고 굴과에 속하는 조개류로 세계 각국에서 애용하고 있다. 구미지역에서 유일하게 날것으로 먹는 수산식품이며 완벽에 가까운 영양을 갖춘 완전식품으로 '바다의 우유'라고 불려지고 있다. 굴은 우리나라의 모든 연안에서 생산되는데 현재 굴 산지로는 남해안의 통영부근과 여수 가막만 해역에서 양식이 이루어지고 있다.

서양에서는 5월부터 8월까지 영어로 'R자가 들어가지 않는 달은 굴을 먹지 말라'고 하는데 이때는 산란기로 알을 보호하기 위해 굴이 생리적으로 독성성분을 분비하며 영양소가 감소하여 맛이 없고 부패되기 쉽기 때문이다. 굴의 종류로는 우리나라 전 연안에 분포되어 있고 양식의 주종인 참굴을 비롯하여 유럽굴, 토굴, 호주굴, 아메리카굴, 포르투갈굴, 봄베이굴, 갓굴 등이 있다.

굴의 성분은 수분 84.6%, 단백질 8.9%, 당질 3.7% 들어 있으며 굴의 단백질은 글루타민산(glutamic acid), 글라이신(glycine), 알라이신(allicin), 타우린, 시스틴(cystine) 등이 함유되어 있다. 타우린은 심장병 및 혈관확장제로 쓰이기도 한다. 굴속에는 비타민 B_1을 파괴하는 싸이아미네이스라는 효소가 없기 때문에 비타민 B_1의 파괴가 없고 안전할 뿐 아니라 비린내도 나지 않는다.

굴에는 Zn 함량이 높아 강장작용을 하고 I가 우유보다 200배나 많이 함유되어 갑상선종 예방 및 미용식품이라 할 수 있으며 비타민 E와 C도 쇠고기의 2배 이상으로 함유되어 있어 노화를 억제한다. 그 밖에 Fe, Cu가 함유되어 빈혈에 좋다. 굴은 어리굴젓, 밥, 회, 국, 통조림, 무침, 튀김 등으로 쓰이고 있다.

(2) 고르는 법

- 탄력이 있고 주름이 많으며 통통한 것
- 우윳빛을 띠고 고유한 냄새가 나는 것
- 껍질째 있는 것은 무거운 것임

Q: 굴은 겨울에 더 맛이 있다고 하는데 그 이유는?
A: 굴은 가을에서 겨울이 되면서 저장성 탄수화물 성분인 글라이코겐(glycogen) 함량이 높아지고 영양이 풍부해지며, 지방이 적어져 겨울철에 굴이 더 맛있다.

6 전복(abalone)

(1) 성상 및 성분

전복은 전복과에 속하는 조개류의 하나로, 전복은 살아있는 것을 생복(生鰒) 또는 생전복이라 하고 삶은 것은 숙복(熟鰒), 말려서 건조한 것은 명포(明鮑)라고 한다. 종류로는 참전복, 오분자기, 긴전복, 둥근전복, 말전복 등 크게 다섯 가지가 있으며 그 중에서 참전복은 우리나라의 동해와 남해에서 잡히지만 나머지 네 종류는 오직 제주도에서만 잡힌다. 동해안과 남해안에서 잡히는 전복은 길이가 10cm 미만이고, 제주도에서 잡히는 것은 길이가 15cm, 너비가 약 10cm, 무게가 400g 되는 것이 보통이다. 전복은 해수가 깨끗하고 해조가 많이 번식하는 곳에서 살며, 여름에서 가을이 제철로 맛이 좋은 시기이다. 제주도에서는 '생복회'가 인기가 좋고, '숙복요리'는 전복내장을 빼내고 잘게 썬 다음, 마늘을 다져서 기름양념을 잘 치고 굽는다. 이것을 접시에 담지 않고 전복 껍질에 그대로 내놓는다. 이 요리를 '거평구이' 또는 '거평볶음'이라 하는데, 제주도에서는 전복껍질을 거평이라 부른다.

전복에는 수분이 80.6%, 단백질은 13% 내외, Ca은 30~55mg이며 Fe, 비타민 B_1, B_2, 나이아신 등이 함유되어 있고, 아미노산인 아지닌(arginine), 루신(leucine), 글루타민산(glutamic acid) 등은 맛을 내는 성분이다. 이 중 아지닌은 1,100mg 함유되어 있어 성력(性力) 및 병후 회복에 좋다. 전복을 쪄서 말렸을 때 문어나 오징어처럼 표면에 흰 가루가 생기는데 이것은 타우린이다.

전복은 생복회, 죽, 건조 전복, 잡탕류, 냉채, 해산물, 볶음 요리에 많이 쓰인다.

(2) 고르는 법

· 살아 있으며 광택이 있고 탄력이 있는 것

Q: 전복과 오분자기는 어떻게 구별하나?
A: 전복과 오분자기는 모양이 비슷하여 구별하기가 어렵다. 크기가 큰 것이 전복이고 작은 것은 오분자기이다. 껍질의 구멍이 깔때기 모양인 것은 전복이고 평평한 모양인 것이 오분자기이다.

7 꼬막(rock cockle)

(1) 성상 및 성분

꼬막은 우리나라의 전남 보성, 벌교, 순천 일대가 주요 산지이고 조간대 수심 10m까지의 진흙 갯벌에 서식하여, 7~10월에 산란하고 3~5월이 제철이다.

꼬막의 살은 헤모글로빈 성분이 많아 붉은색이며, Fe과 비타민 B_{12}가 많아 빈혈에 효과가 있다. 단백질의 질이 우수하고 지방이 적어 맛이 담백하다. 삶아서 양념

간장에 무친다든지 살짝 익혀 초고추장에 찍어 먹는다. 그 외에 말려서 건제품으로 수출하기도 한다.

(2) 고르는 법

- 살아 있으면서 껍질이 깨지지 않은 것
- 윤기가 있으면서 냄새가 나지 않는 것

11-9. 갑각류와 연체류

갑각류는 단단한 껍질이 여러 마디로 나뉘어져 있고 그 속에 부드러운 근육이 들어 있는 것으로, 몸은 대부분 머리, 가슴, 배의 3부분으로 구분되어 있다. 가식부는 체중의 50%에 불과하다. 연체류는 골격과 마디가 없는 부드러운 몸으로 구성되어 있으며 점액분비선이 많고, 복잡한 소화계와 치설(齒舌)기관을 가지고 있다.

1 새우류(shrimps)

(1) 성상

새우류는 한자어로 하(鰕)라 하였고 전 세계적으로 새우류의 종류는 약 2,500여 종이며, 우리나라의 근해와 담수에는 약 80여 종이 분포하고 있다. 주로 잡히는 새우류는 차새우, 보리새우, 젓새우, 민물새우 등이 있으며, 크기에 따라 대하, 중하, 소하로 분류한다.

새우의 몸은 키틴(chitin)질로 덮여 있고, 두흉부와 복부로 나누어지며, 각각 다수의 마디와 부속 다리를 가지고 있다. 두흉부는 머리와 가슴 부위로 이 부분을 갑각이라 하며 석회질화 한 껍질로 되어 있다.

표 11-5 갑각류와 연체류의 영양성분(100g 중)

구분		열량 (kcal)	수분 (%)	단백질 (g)	지질 (g)	탄수화물		회분 (g)	무기질					비타민					폐기율 (%)
						당질 (g)	섬유 (g)		Ca (mg)	P (mg)	Fe (mg)	Na (mg)	K (mg)	A (R.E)	B_1 (mg)	B_2 (mg)	niacin (mg)	C (mg)	
새우류	보리새우	71	82.8	15.1	0.7	0.1	0	1.3	87	240	1.1	310	300	0	0.07	0.08	2.3	1	45
	대하	82	80.0	18.1	0.6	0.0	0	1.2	74	210	1.4	120	340	0	0.20	0.06	1.9	1	46
	중하	94	77.2	20.1	0.9	0.1	0	1.7	77	260	2.6	195	243	0	0.00	0.09	2.4	1	47
	크릴	76	81.9	12.1	2.6	0.2	0	3.2	401	263	2.0	420	320	148	0.13	0.25	1.7	2	0
게류	왕게	67	83.0	13.7	0.7	0.6	0	2.0	69	159	2.1	468	315	0	0.04	0.08	2.0	0	67
	닭게	69	82.3	15.2	0.5	0.1	0	1.9	95	179	0.8	359	272	0	0.20	0.37	6.6	0	67
	대게	85	79.7	17.4	1.0	0.5	0	1.4	158	114	0.5	412	313	0	0.28	0.71	9.4	0	85
	꽃게	74	81.4	13.7	0.8	2.0	0	2.1	118	182	3.0	304	360	0	0.04	0.07	2.6	0	61
오징어		95	77.5	19.5	1.3	0.1	0	1.7	25	273	0.5	980	750	2	0.05	0.08	2.5	0	22
문어		74	81.5	15.5	0.8	0.2	0	2.0	31	188	1.0	211	300	0	0.03	0.12	2.2	0	18
낙지		54	86.2	11.1	0.4	0.8	0	1.5	18	122	1.0	259	280	0	0.03	0.06	2.1	0	13
해삼		25	91.8	3.7	0.4	1.3	0	2.8	119	27	2.1	1204	88	0	0.01	0.03	1.2	0	21
성게		155	71.5	15.8	8.5	2.0	0	2.2	20	196	4.0	190	490	364	0.03	0.40	2.5	0	90
해파리		6	69.9	1.3	0.0	0.1	0	1.7	2	8	0.5	447	245	0	0.00	0.00	0.0	0	0
미더덕		53	86.1	6.7	1.6	2.4	0	3.2	90	106	6.7	285	120	0	0.03	0.13	2.0	4	70
멍게(우렁쉥이)		77	82.7	8.7	2.1	4.9	0	1.6	6.9	5.3	38.0	1300	570	0	0.03	0.15	0.8	3	65

새우류는 늦가을부터 겨울에 맛이 더해지며, 고단백 저지방 식품으로 영양적으로 우수하며 독특한 향미와 풍미가 있다. 찜, 구이, 튀김, 새우젓, 전 등으로 이용된다. 새우젓은 5월에 담근 것을 오젓, 6월에 담근 것을 육젓, 가을에 담근 것을 추젓이라고 한다. 새우류의 종류에는 보리새우, 대하, 중하, 점새우, 크릴 등이 있다.

보리새우(tiger prawn)는 중형의 새우로 찜, 튀김 등으로 이용된다.

대하(oriental shrimp)는 보리새우과에 속하며 황해, 발해만에 널리 분포되어 있고 꼬리에 검은 무늬가 있으며 길이가 25~30cm로 큰 새우이다. 봄철에 가장 맛이 좋으며 주로 찜과 튀김용으로 이용되고 있다.

중하(shiba shrimp)는 보리새우과에 속하며 남해·서 연안 수심이 낮은 진흙 모래바닥에 산다. 껍질이 얇고 몸길이가 12~15cm인 소형 새우로 중국 음식 재료나 튀김으로 쓰인다.

점새우(spotted shrimp)는 점새우과에 속하며 황해에 분포되어 있는 아주 작은 새우이다. 몸길이가 5cm 이하로 껍질은 얇고 반투명하여 새우젓을 담그는 데 주로 이용한다.

크릴(krill)의 외관이나 맛은 새우와 같으나 아가미가 외부에 노출되어 있는 것이 다르며, 크기는 4~5cm 정도로 작다. 아미노산 조성도 새우와 비슷하여 우수한 품질을 가지나 강한 효소 활성으로 쉽게 변질되므로 즉시 냉동하거나 조리 가공이 요구된다. 일본에서는 튀김이나 어육 연제품의 재료로 많이 쓰이고 있다.

(2) 고르는 법

- 껍질이 단단하고 머리부분이 깨끗한 것
- 몸이 투명하고 윤기가 나는 것
- 냄새가 나지 않고 변색되지 않은 것

2 게류(crabs)

(1) 성상

게는 전세계적으로 약 5,000종이 있으며 우리나라에서는 털게와 꽃게가 가장 많고 그 외에 참게, 바닷게, 밤게, 민물게 등이 있다. 일반적으로 수컷이 암컷보다 크며, 암컷은 배의 넓이가 넓어서 등딱지의 복면을 넓게 싸 알을 안고 보호할 수 있지만, 수컷은 배의 너비가 좁다. 게류는 폐기율이 높고, 효소 등에 의해 부패가 빨라 식중독을 일으키기 쉬우므로 신선한 재료를 이용해야 한다.

(2) 성분 및 용도

왕게(king crab)는 영일만 이북의 동해안과 북해도 해역에서 살며, 몸통의 폭이 25cm 정도이고 발을 벌리면 전체 길이가 135cm 정도이다. 맛이 좋아 여러 가지 음식의 재료로 쓰이고 있다.

닭게(red frog crab)는 왕게보다 다소 작고, 껍질의 색은 흑갈색 또는 황회색으로 가열조리하면 홍색으로 변한다. 다리가 길고 살이 많아 삶아 먹거나 가공에 이용된다.

털게(hair crab)는 동해안, 북해도, 알래스카 연안에 널리 분포되어 있고, 둥근 사각형의 형태를 하고 있다. 다른 게들보다 작으며 다리가 짧고 표면에는 황갈색의 짧은 털이 있다. 껍질은 다갈색을 띤다.

꽃게(blue crab)는 동해안과 울릉도, 황해 전 해안에 분포되어 있다. 내륙의 하구 모래땅 낮은 바다에 분포되어 있고 집단으로 이동하며 서식한다. 우리나라에서 1년 내내 가장 많이 식용하는 게이며, 주로 겨울밤에 많이 잡힌다.

게류의 성분은 지질이 적고 주로 단백질로 구성되어 있으며 소화성이 좋고 담백하다. 게의 단백질로는 루신, 아지닌 등이 많이 함유되어 성장기 어린이 및 노인, 허약체질에 좋은 식품이다. 비타민의 함량은 적지만 Ca, P, Fe 등의 무기질이 풍부하다. 예로부터 타이로신이 다량 함유된 조개류 및 갑각류는 머리에 좋은 음식으로 알려졌는데, 이것은 타이로신이 뇌의 신경전달물질인 도파민 등의 원료로 쓰이고 있기 때문이다.

게는 5~6월, 10~11월에 많이 나고, 이때는 살도 많으며 게장, 탕, 찜, 찌개 등으로 이용한다.

(3) 고르는 법

- 몸통이 단단하고 살이 꽉 찬 것
- 냄새가 나지 않는 것
- 탄력이 있고 무거운 것

3 오징어(squid)

(1) 성상

오징어는 오징어과에 속하며 우리나라 동해에서 많이 잡히고, 몸통길이는 30cm 정도로, 10개의 다리와 머리, 몸통의 3부분으로 나누어져 있다. 식용오징어의 종류에는 갑오징어, 쇠오징어, 무늬오징어, 화살오징어, 흰오징어, 반디오징어 등이 있다.

(2) 성분

오징어의 성분으로 물오징어의 경우에는 열량 71kcal, 단백질 16.9mg, Ca 27mg 이며, 건오징어인 경우에는 열량 331kcal, 단백질 71.3mg, Ca 36mg이 함유되어 있다. 특히 오징어는 양질의 단백질 식품으로 타우린(taurine) 등의 아미노산을 함 유하고 있다.

타우린은 오징어 100g당 327~854mg 함유되어 있으며, 건오징어에는 97~333배 나 많이 들어 있고, 건오징어의 표면에 묻어 있는 흰 가루가 타우린이다. 타우린은 여러 가지 효능을 나타내는데 첫째, 심장마비, 심근경색, 협심증 등 심장병을 예방 한다. 둘째, 고혈압 및 당뇨병을 예방한다. 셋째, 피로회복 및 피부미용에 효과가 있다. 넷째, 혈액 중의 좋은 콜레스테롤(HDL-콜레스테롤)을 증가시키고, 나쁜 콜 레스테롤(LDL-콜레스테롤)을 감소시켜서 동맥경화를 예방한다. 다섯째, 눈의 망막 기능을 정상화시켜 시력을 회복시킨다. 여섯째, 신경정신활동을 강화시키고 두뇌개 발에 관여한다. 일곱째, 간장해독기능을 강화시킨다.

또한 오징어에는 EPA, DHA, 핵산, 셀레늄(selenium) 등이 함유되어 있다. 오징 어의 셀레늄은 인체 내에서 강력한 항산화작용, 면역기능 강화작용으로 DNA보호, 세포기능을 활성화하여 노화를 억제하며, 암과 성인병을 예방한다. 또한 중금속 물 질을 체내에서 무독화시키는 작용과 발암성인자를 저지하는 효과가 뛰어나다.

오징어의 핵산은 몸의 세포활동을 조절해 준다.

오징어의 지방 함량은 1.0%로 쇠고기(안심 기준), 돼지고기(삼겹살)보다 매우 적 으며, 콜레스테롤이 많은 것으로 알려졌지만 달걀 100g 중의 콜레스테롤을 100으 로 했을 때 오징어에는 17.5 정도밖에 되지 않는다. 탄수화물, 무기질 함량은 적게 들어 있으며 비타민 B_1과 B_2는 많이 함유되어 있다. Ca은 쇠고기보다 8배 이상 많 지만, 소화율이 낮고 인산의 함량이 많아 강한 산성식품이므로 소화성궤양, 소화불 량이 있는 사람은 삼가는 것이 좋다.

오징어가 가장 맛이 있는 시기는 가을철이며, 오징어 뼈는 지혈작용 및 소독 효 과가 있고, 오징어 먹물 또한 강력한 항균작용 및 항암작용을 한다.

(3) 고르는 법

- 몸이 투명하고 짙은 흑갈색이며 몸통은 원형인 것
- 탄력이 있고 단단한 것으로 껍질이 잘 벗겨지는 것
- 내장에 속살이 배지 않은 것

4 문어(octopus)

(1) 성상

문어는 문어과에 속하며 전 세계적으로 250여 종이 알려져 있으며 한자어로 팔초어(八稍魚)라 한다. 우리나라의 전 연안, 일본, 태평양, 인도양에 분포하고 있으며, 낮은 바다의 암초에 산다. 몸의 길이가 보통 60cm 정도이고 몸통에는 8개의 긴 다리가 붙어 있다. 눈위 뒤쪽에는 귀모양의 작은 돌기가 있다.

(2) 성분

문어의 성분은 수분 약 85%, 단백질 약 14%, 지방 0.7%, 회분 0.7%가 함유되어 있다.

문어도 오징어와 마찬가지로 타우린, EPA, DHA가 풍부하며 콜레스테롤이 많이 들어 있지만 좋은 HDL-콜레스테롤이 많아 나쁜 LDL-콜레스테롤을 제거하는 효과가 있다. 따라서 동맥경화 및 심장마비를 예방하고 당뇨병, 빈혈 등에 효과가 있다. 지질과 당질의 양은 적고 단백질은 다량 함유되어 있다.

문어는 겨울철에 맛이 좋으며, 특히 살이 부드럽고 수분이 많아서 기호성이 높은 식품이나 가격이 비싸다.

물에 문어와 홍합, 명태를 넣고 끓이다가 파를 썰어 넣고 끓인 국을 '건곰'이라 하여 예로부터 병후 환자식, 노인의 보양식으로 이용했다.

(3) 고르는 법

- 몸이 적자색이고 다리의 흡반이 크고 뚜렷한 것

·살아 있는 것

5 낙지(poulp)

낙지는 낙지과에 속하며 우리나라, 일본, 중국 등의 심해에 분포하지만 얕은 바다의 돌 틈이나 진흙 속에도 산다. 낙지는 한자어로 석거(石距), 장어(章魚), 낙제라고 하며, 옛 문헌에는 낙지가 맛이 달콤하고 독이 없어 회, 국, 포를 만들기에 좋다고 기록되어 있다.

몸길이는 3m 정도로 몸은 몸통, 머리, 팔로 나뉘어져 있고, 머리처럼 생긴 둥근 몸통에 심장, 간, 위, 장, 아가미, 생식기가 들어 있다. 낙지는 오징어나 문어와 같이 지방이 적고 단백질이 풍부하며 타우린, Ca, Fe, P 등의 각종 무기질과 아미노산이 많이 함유되어 있어 조혈, 강장작용을 한다.

회, 초밥, 볶음 등의 원료로 쓰인다.

6 해삼(sea cucumber)

해삼은 해삼과에 속하며, 전 세계적으로 약 1,500여 종이 있고 우리나라에는 14종이 있다. 해삼은 약효가 인삼과 같다고 하여 붙여진 것으로 한자어로 해서(海鼠)라 하고, 옛 문헌에는 해남자(海南子), 토육(土肉), 흑충(黑蟲) 등의 이름으로 기록되어 있다.

우리나라에서 식용으로 쓰이는 종류에는 우리나라 연안에 분포하는 참해삼, 검정점해삼, 파인애플해삼, 동해안에 분포하는 광삼, 남부의 얕은 바다에 사는 사각해삼 등이 있다.

해삼의 길이는 20~30cm, 굵기는 6~8cm로 몸통은 갈색바탕에 연한 반점을 가진 것과 흑색에 가까운 색을 가진 것이 있으며, 체 표면에 돌기를 가지고 있다.

7 **멍게(sea squirt)**

멍게는 멍게과에 속하고, 원추형의 돌기가 붉은색의 단단한 몸에 돋아나와 있어 바다의 파인애플이라 하며, 몸의 길이가 10~15cm 정도 된다. 멍게의 단단한 껍질을 벗기면 안쪽 등황색의 살을 식용으로 이용하며, 우리나라 전연해의 암초에 분포되어 있다.

멍게가 가장 맛이 좋은 시기는 4~6월이고, 멍게의 상큼한 향과 달콤한 맛은 타우린에 의한 것이며, 식욕증진, 체력보강 및 항암 효과도 있다. 멍게는 생으로 초고추장에 찍어먹고 젓갈 등 가공품으로 이용된다.

8 **성게(sea urchin)**

(1) 성상

성게는 성게과에 속하며 우리나라 전 연해의 암초에 분포한다. 옛 문헌에는 해구(海毬), 해위라 하였으며, 모양이 둥글고 석회질의 딱딱한 껍질 위로 뾰족한 가시가 많이 돋은 것이 마치 밤송이 같아서 밤송이조개라 한다. 성게는 해삼과 함께 극피동물에 속하며, 우리나라에 많이 분포되어 있는 성게류로는 보라성게, 말똥성게, 분홍성게 등이 있다.

(2) 성분 및 용도

성게의 산란기는 5~6월이고, 색의 붉기가 강한 황색에 성게 특유의 향기가 강한 것이 좋으며, 봄부터 초여름까지가 제철이라서 맛이 좋다. 성게의 식용부분은 난소(卵巢)로서 생식 및 염장품으로 가공되며 비타민 A 함량이 상당히 높다.

해삼은 단백질 및 Ca, Fe, P 등이 풍부하고, 칼로리가 적으며 소화가 잘 될 뿐만 아니라 쫄깃한 감칠맛으로 기호성이 높다. 성게는 결핵치료에 효과가 있으며 가래를 제거하는 작용 및 늑간 신경통에 효능이 있다.

　내장이나 생식품을 염장한 것, 건조제품은 중화요리의 재료로 쓰이며, 일본에서는 '운단(雲丹)'이라 하여 고급 횟집에서 이용하고 있다.

(3) 고르는 법

- 몸이 탄력이 있고 표면에 돌기가 뚜렷한 것
- 형태가 굵고 짧은 것

9　해파리(jellyfish)

(1) 성상

　해파리는 해파리과에 속하며, 우리나라 동해안에서 여름부터 가을에 걸쳐 나타난다. 해파리는 두꺼운 한천질로 되어 있으며, 모양은 갓과 비슷하고, 안쪽에는 굵은 8개의 다리를 갖고 있지만 헤엄치는 힘이 약하여 수면을 떠돌면서 생활한다.

(2) 성분 및 용도

　해파리는 저칼로리 식품으로 단백질, 당질, 인 등이 함유되어 있고, 고혈압 및 간장 해독에 효과가 있다. 조리할 때는 해파리를 하루 동안 물에 담가 소금기를 빼고 초무침, 냉채, 중화요리의 재료로 쓴다.

(3) 고르는 법

- 고유의 냄새가 있고, 색이 짙은 것
- 크기가 같고 탄력이 있는 것

 # 미더덕(warty sea squirt)

(1) 성상

미더덕은 미더덕과에 속하며 우리나라 전 연안에 서식하고 있다. 몸의 길이는 5~10cm 정도로 가늘고 긴 몸에 자루가 있고 그 끝이 바위에 붙어 있다. 몸은 황갈색을 띠고 외피는 섬유질과 같은 물질로 이루어져 딱딱하다. 봄에서 초여름이 제철이며 매운탕, 찜 등의 재료로 쓰인다.

(2) 고르는 법

- 몸이 작고 통통하며 싱싱한 것
- 색이 진하고 터지지 않은 것

12

해조류

해조류(algae, seaweeds)는 클로로필을 가지고 있고, 자가영양을 하며, 바다에 분포되어 있는 식물을 총칭하는 말이다. 해조류는 바닷말이라고도 하며, 전 세계적으로 우리나라, 일본, 타이완, 하와이 등지에서 가장 많이 식용하고 있다. 우리나라 근해에 서식하는 해조류는 500여 종이 있으며, 이 중 식용하는 것은 50여 종이 있다. 식용 해조류는 푸른색을 가진 엽록소, 황색을 가진 카로티노이드색소(carotenoid), 적색을 가진 피코비린색소(phycobilin) 등이 함유되어 있다.

녹조류(green algae)는 녹색을 띠며, 파래, 청각, 클로렐라 등이 있고, 갈조류(brown algae)에는 미역, 다시마, 톳 등이 있으며, 홍조류(red algae)에는 김, 우뭇가사리 등이 있다. 일반적으로 해조류의 성분은 단백질과 지방의 함량이 낮고, 탄수화물의 소화율이 낮지만, 무기질 중 K, I, Ca이 많고, 비타민 A와 C 등의 함량이 높다. 특히 해조류는 혈액 속의 콜레스테롤 함량을 저하시키고, 고혈압을 낮추며, 동맥경화 예방, 혈액 응고, 궤양 및 변비 개선에 효과가 있다. 특히 미역, 다시마 등의 갈조류에는 알긴산(alginic acid)이 많이 함유되어 있는데, 알긴산은 고분자 복합 다당류로 세포막을 구성하는 주요 성분이며, 혈압 조절, 변비 예방 및 치료, 각종 소화기계 질병의 예방 및 치료에 효과가 있다. 또한, 인스턴트식품과 가공식품의 과다 섭취로 산성화되기 쉬운 우리의 체질을 알칼리성으로 유지해 주는 데 효과가 있다.

표 12-1　해조류의 영양성분(100g 중)

종류	열량 (kcal)	수분 (%)	단백질 (g)	지질 (g)	탄수화물		회분 (g)	무기질					비타민				
					당질 (g)	섬유 (g)		Ca (mg)	P (mg)	Fe (mg)	Na (mg)	K (mg)	A (R.E)	B₁ (mg)	B₂ (mg)	niacin (mg)	C (mg)
미역(마른 것)	203	16.0	20.0	2.9	33.9	2.4	24.8	959	307	9.1	6223	5302	416	0.26	1.00	4.5	18
다시마(마른 것)	189	12.3	7.4	1.1	41.1	4.1	34.0	708	186	6.3	2315	4632	72	0.03	0.13	1.1	14
파래	26	87.6	3.3	0.7	3.0	0.5	4.9	93	41	11.9	405	93	79	0.10	0.26	1.4	17
김(마른 것)	252	11.4	38.6	1.7	38.6	1.7	8.0	325	762	17.6	1294	3503	2813	1.20	2.95	10.4	93
우뭇가사리	273	20.1	2.3	0.1	74.6	0.0	2.9	523	16	7.8	51	20	0	0.00	0.00	0.0	0
청각	15	95.1	1.7	0.3	2.2	0.2	0.5	40	18	4.6	928	152	34	0.01	0.05	1.4	9

1 미역(sea mustard)

(1) 성상

미역은 곤포과(다시마과)에 속하는 1년생의 온대성 해조류이며, 한국, 중국, 일본에서 옛날부터 중요시된 알칼리성 식품이다. 미역은 다시마와 함께 갈조류에 속하며, 뿌리, 줄기, 잎의 구분이 뚜렷하고, 몸 길이는 1~1.5m, 폭은 50cm 정도이다.

미역은 우리나라 전역에 분포하는데, 특히 완도, 기장, 진도, 고흥 등이 주산지이며 일찍부터 애용된 기호식품이다. 생육조건으로 수온이 너무 높거나 낮은 곳은 적합하지 않으며, 양식시기는 지역에 따라 차이는 있지만 보통 10월 초를 전후해서 시작하여 5월경에 수확한다.

(2) 성분

미역은 해조류 중에서도 Ca 성분이 풍부한 알칼리성 식품으로 치아, 골격형성, 산후 자궁수축과 지혈작용을 한다. 그 밖에 I 및 Fe 등의 무기질이 풍부하다. I는 갑상선 호르몬의 구성성분으로 심장, 혈관 활동 및 신진대사를 증진시키고 체온과 땀 조절에 도움을 준다. 미역의 당질은 주로 galactose, mannose, fructose 등이 들어 있으나 거의 소화되지 않으므로 열량원으로는 적당하지 않으며, 단백질은 12~13% 정도 들어 있다.

또한 미역에 들어 있는 점질물인 알긴산(alginic acid)은 건조물의 40~60%를 차지하며 중금속, 농약, 콜레스테롤 등을 흡착하여 배출시킨다. 그 밖에 효능으로 항암작용, 혈압강하작용, 항응혈작용 등이 있다.

(3) 저장 및 용도

미역은 건냉하고 습기가 없는 곳에 보관하며 직사광선을 피해야 한다. 다시마와 미역을 습기 찬 곳에 두어 곰팡이가 생기면 버리지 말고 진한 소금물에 담가 곰팡이를 깨끗이 씻어낸 뒤에 그늘에 바삭하게 말려 사용한다.

미역은 미역국을 가장 많이 끓여 먹고 있으며, 그 밖에 초무침, 쌈 등으로 이용하고 있다. 식품공업적인 측면에서 미역은 안정제, 농후제, 산화방지제로 쓰인다.

(4) 고르는 법

- 생미역은 반투명한 것으로 선명한 녹색을 띠는 것
- 생미역은 잎이 넓고 줄기가 가는 것
- 손으로 만졌을 때 촉감이 부드러운 것
- 말린 미역은 줄기가 가늘고 광택이 있는 것으로 검푸른 색을 띠는 것
- 물에 담갔을 때 너무 풀어지지 않는 것

2 다시마(sea tangle)

(1) 성상

다시마는 우리나라, 일본, 중국에서 오래전부터 식용되어 왔으며, 현재 우리나라 전 연안에서 양식되고 있다. 특히 동해안 및 거제도, 흑산도, 제주도가 주요 생산지이다. 다시마는 다년생 조류로 수명이 2~3년이며 한해성 식물로 태평양 연안에 20여 종이 생육하고 있는데, 주요 종으로 참 다시마, 애기 다시마, 오호츠크 다시마 등이 있다. 이 중 주로 양식되는 것은 참 다시마이다. 다시마는 채취 시기가 7월 중순부터 9월 상순이 최적기이다. 다시마는 큰 바닷말로서 줄기, 잎, 뿌리의 구분이 뚜렷하고, 잎은 하부의 폭이 넓으며 띠 모양으로 길게 생긴 것으로, 잎의 크기가 약 2~6m인 황갈색 또는 흑갈색을 띠는 갈조류이다.

(2) 성분

다시마의 성분은 수분이 13.5g, 탄수화물이 43.8g, 단백질이 6.8g, 지방이 0.5g, 무기염류가 26.5g 들어 있고, 탄수화물은 섬유소가 20%를 차지하며 나머지는 알긴산(alginic acid)과 라미나란(laminaran) 등의 다당류이다. 또한 다시마는 엽록소,

카로틴류, 크산토필류 등의 여러 가지 색소 성분을 가지고 있다. 알긴산(alginic acid)은 인체 내 생리활성 작용에 중요한 역할을 한다. 즉, 활성산소를 억제하고 항암작용 및 노화 방지 효과가 있다. 그 밖에 고혈압, 당뇨병, 갑상선 질환, 동맥경화, 변비, 비만 등의 예방과 피부미용 개선효과가 있으며 해조류의 식이섬유는 타 섬유질보다 여러 생리기능이 우수하다. 또한 무기질로는 Ca, Mg, K, I 등이 풍부하여 체내의 불필요한 염분을 배출해 주는 알칼리성 식품이다. 비타민 A, B_2와 음식의 구수한 맛과 특유한 감칠맛을 내는 글루타민산 등의 아미노산이 들어 있으며, 건조 다시마의 표면에 생기는 흰 가루는 만니톨(mannitol)이다. 생 다시마는 초봄에 주로 생산되며 날것으로 이용한다. 봄부터 가을에 생산되는 다시마는 햇볕에 말려 건조품으로 사용되며, 튀각이나 국물을 우려낼 때 이용되고 다시마차의 원료로도 쓰이고 있다.

(3) 고르는 법

- 광택이 있고 두꺼우며 잔주름이 없는 것
- 녹갈색을 띤 것으로 흰 분이 고루 퍼져 있는 것

3 파래(sea lettuce)

(1) 성상

녹조류에 속하는 파래는 우리나라, 일본, 유럽 등 전세계에 두루 분포하며 식용할 수 있는 대표적인 해조이다. 파래는 민물이 흘러들어오는 해안 근처의 바위 위에서 서식하며, 가을부터 다음해 봄까지 번식한다. 파래의 종류는 세계적으로 약 15여종 정도이며 전부 식용한다. 대표적인 것으로 가시파래, 납작파래, 격자파래, 창자파래, 잎파래, 홑파래 등이 있는데, 향기가 많고 맛이 독특하여 우리나라와 일본 등에서 즐겨 먹는다. 그 중 가시파래가 가장 맛이 있다.

(2) 성분

파래의 성분으로 수분이 7.3%, 단백질이 20~30%로 많지만, 메싸이오닌(methi-
onine), 라이신(lysine) 등이 들어 있지 않아 영양가는 비교적 낮고, 무기질 중 Ca,
P, Fe 등이 10~15% 들어 있어 주요한 알칼리성 식품이며, 비타민 A가 2,900 IU,
비타민 C가 40mg 등 상당량 들어 있다. 특수성분으로 파래의 독특한 향기는 다이
메틸설파이드(dimethylsulfide)이며, 베타카로틴(β-carotin) 및 클로로필 a와 b 등
의 색소성분을 가지고 있다.

파래는 김과 함께 판에 떠서 말린 것, 줄에 걸어서 말린 것, 건조품을 갈아 분말
상으로 만든 것 등이 있으며 파래무침, 국, 생채 등으로 이용한다.

(3) 고르는 법

· 광택이 있으며, 선명한 녹색을 띤 어린 잎이 좋음

4 김(laver)

(1) 성상

김은 홍조류에 속하며, 해태(海苔)라고도 하는데, 국내 주산지로는 완도, 고흥,
부안, 하동, 김해 등지이다. 김은 바다의 암초에 붙어서 서식하며, 김의 몸길이는
14~25cm, 너비는 5~12cm이고, 김의 색깔은 자주색 또는 붉은 자주색이다. 김의
성수기는 11월부터 다음해 4월까지 채취하며 여름철에는 거의 보이지 않는다. 김은
겨울철에 생산되는 것이 가장 품질이 좋고 단백질 함량이 많다. 김의 종류는 전세
계적으로 50여 종이 있으며, 우리나라에는 약 10종 정도가 분포되어 있다. 대표적
인 김의 종류로는 참김, 미역김, 긴잎돌김, 둥근돌김 등이 있다.

(2) 성분

김의 주성분으로 수분이 78.4%이며, 단백질은 필수아미노산으로 쓰레오닌(threonine), 발린(valine), 루신(leucine), 아이소루신(isoleucine), 라이신(lysine), 메싸이오닌(methionine), 페닐알라닌(phenylalanine), 트립토판(tryptophan) 등이 많이 들어 있다. 지방은 거의 없으며, 탄수화물로는 한천이 많고, 그 외에 헤미셀룰로오스(hemicellulose)와 같은 다당류, 당 알코올인 소르비톨(sorbitol), 둘시톨(dulcitol) 등이 들어 있다. 비타민류로는 비타민 A, B_1, B_2, C, D, E 등의 함량이 많고, 특히 비타민 B_2는 어류나 육류에 들어 있는 양과 비슷하며, 다른 식물성 식품에 비해서는 월등히 많다. 무기질로는 Mg, P, Zn, Fe, I 등이 많이 들어 있으며 알칼리성 식품이다. 김에는 피코에리트린(phycoerythrin)이라는 색소가 있는데, 가열하면 피코에건(phycoegan)으로 변하여 홍자색이 없어지고, 녹색이 남는다. 독특한 향기성분은 다이메틸설파이드(dimethylsulfide)이다. 김을 맛있게 하는 성분으로는 글루타민산(glutamic acid), 알라닌(alanine), 글라이신(glycine), 타우린(taurine) 등이 있다.

김은 칼로리가 거의 없어 미용식으로 좋으며, 항암효과와 고혈압 예방효과가 있다. 김을 보관할 때는 직사광선을 피해, 습기가 없으며 어둡고 서늘한 곳에 밀봉하여 보존한다. 수분이 10% 이상일 때는 화학적 변화가 일어나기 쉬우므로, 장기보관을 위해서는 40~60℃에서 4~10초 동안 구워서 수분을 제거한 다음 구운 김으로 저장하는 것이 좋다.

김구이, 맛김, 김부각, 물김 등으로 가공하여 이용한다.

Q: 오래된 김이나 보관을 잘못한 김은 색깔이 붉게 변하는데 먹을 수 없는 건가?

A: 보관을 잘못한 김은 빛, 수분, 산소 등에 의해 홍색 색소인 피코에리트린(phycoerythrin)이 발현되어 색이 붉게 변하게 되고, 맛이 떨어지면서 향기와 윤기도 잃게 된다. 그러나 상하거나 먹을 수 없는 정도는 아니므로 버릴 필요는 없다. 김을 그대로 먹기보다는 구워서 먹거나 양념에 조미하여 먹으면 된다. 마른 김을 보관할 때는 잘 밀봉하여 습기를 막고 공기를 차단하여 주는 것이 좋으며, 어둡고 서늘한 곳에 두어야 한다.

(3) 고르는 법

- 감촉이 좋고 광택이 있으며 향기가 진한 것
- 두께가 일정하고 두껍지 않으며, 잡티, 모래, 파래가 섞이지 않은 것
- 푸른빛을 띤 흑색으로 불에 구웠을 때 청록색으로 변하는 것

5 우뭇가사리(agar-agar)

(1) 성상

우뭇가사리는 우리나라, 일본 등 전세계적으로 분포하고 있으며, 홍조류에 속하는 것으로 가사리라고도 한다. 몸의 길이는 약 10~30cm 정도이며, 몸 전체가 부채 모양으로 퍼져있다. 우뭇가사리의 종류로는 우뭇가사리 외에 애기우뭇가사리, 실우뭇가사리, 개우무 등이 있는데, 한천의 원료로는 우뭇가사리와 개우무를 많이 이용한다. 우뭇가사리는 보통 4~10월에 걸쳐 채취하는데, 특히 여름철에 채취하는 것이 품질에 좋다.

(2) 성분

우뭇가사리는 한천 제조의 주원료로 이용하는데, 한천은 우뭇가사리의 즙액을 냉각하여 응고 동결한 다음 수분을 용출하고 건조한 것이다.

우뭇가사리의 성분은 수분은 95.7%이나 나머지는 한천질로 이루어졌다. 주성분은 갈락토오스(galactose)이며, 영양적인 가치가 적으나 변통을 좋게 하고 칼로리가 적어 비만한 사람에게 좋으며, 다이어트 식품으로도 이용되고 있다. 한천 등의 가공품, 날것으로 유통된다.

<table><tr><td>**6**</td><td>**청각(sea staghorn)**</td></tr></table>

청각은 전세계적으로 퍼져 있고, 파도가 심하지 않은 곳에서 서식하며 바닷속의 조개껍질 또는 바위, 암석, 돌 등에 붙어서 살고 있다. 청각은 융처럼 부드럽고 둥근 가지로 형성되어 있다. 청각에는 단백질과 당분, Ca, I가 많을 뿐만 아니라 섬유질이 많다.

또한 청각은 신선한 향과 맛을 가지고 있어 김장김치에 넣기도 한다. 그 밖에 생으로 먹고 무침 또는 염장하거나 건조하여 사용한다.

13

유지류

유지(oils and fats)는 상온에서 액체상태인 기름(油)과 고체인 지방(脂)으로 구분하며, 탄수화물, 단백질과 함께 3대 영양소에 속한다. 특히 유지는 에너지원이며 동시에 필수지방산, 지용성비타민을 공급해 주고, 세포막의 주성분, 소화율 증진, 외부의 충격에서 장기보호, 식후 포만감, 조직감 및 향미증진 등의 기능을 가지고 있다.

유지는 사용 시 보관이 중요하며 금속류, 공기의 접촉, 직사광선, 세균, 먼지, 높은 온도 등 산패를 일으킬 수 있는 환경을 제거하는 것은 중요하다.

식용유지는 원료에 따라 식물성 유지, 동물성 유지와 가공 유지로 구분할 수 있다.

표 13-1 유지의 분류

식물성	식물성 oil	콩기름, 면실유, 참기름, 올리브유, 옥수수유, 미강유, 채종유, 땅콩기름, 해바라기유, 들기름, 유채유
	식물성 fat	야자유, 팜유, 팜핵유, 카카오지
동물성	동물성 oil	어유, 고래 기름
	동물성 fat	우지, 돈지, 양지, 버터
가공 유지		마가린, 쇼트닝

13-1. 식물성 유지

식물성 유지는 음식에 넣어 조미용 기름으로 쓰이기도 하지만 주로 튀김용 및 샐러드용으로 이용되고 있다.

식물성 유지(油脂)는 식물에서 채취하는 유지를 일컫는 것으로 식물성 유(油)는 건성유, 반건성유, 불건성유로 구분할 수 있다.

① 건성유

·공기 중에서 산화되어 점성이 커지고 단단해지며 얇은 피막을 형성하는 것

·종류 : 아마인유, 들기름, 잣기름, 호두기름, 양귀비유

·용도 : 페인트나 니스의 원료

② 반건성유

·공기 중에서 산화가 느리고 오랫동안 공기 중에 놓아두면 부드러운 막이 생기는 것

·종류 : 대두유, 면실유, 옥수수유, 참기름, 미강유, 유채유

·용도 : 식용, 약용, 비누제조용

③ 불건성유

·공기 중에서 막이 생기지 않는 것

·종류 : 올리브유, 땅콩기름, 동백기름, 피마자유

·용도 : 식용

식물성 지방(脂)은 야자유, 팜유, 팜핵유, 카카오지 등이 있다.

표 13-2 식물성 유지의 영양성분(100g 중)

종류	열량 (kcal)	수분 (%)	단백질 (g)	지질 (g)	탄수화물		회분 (g)	무기질					비타민				
					당질 (g)	섬유 (g)		Ca (mg)	P (mg)	Fe (mg)	Na (mg)	K (mg)	A (R.E)	B_1 (mg)	B_2 (mg)	niacin (mg)	C (mg)
콩기름	920	0.1	0	99.9	0	0	0	0	0	0	0	0	0	0	0	0	0
면실유	921	0.0	0	100.0	0	0	0	0	0	0	0	0	0	0	0	0	0
참기름	920	0.1	0	99.9	0	0	0	0	0	0	0	0	0	0	0	0	0
올리브유	921	0.0	0	100.0	0	0	0	0	1	0.4	0	0	0	0	0	0	0
들기름	921	0.0	0	100.0	0	0	0	0	0	0	1	1	552	0	0	0	0
옥수수유	917	0.4	0	99.6	0	0	0	33	0	0.2	0	0	1	0	0.01	0	0
유채유	921	0.0	0	100.0	0	0	0	0	0	0	0	0	0	0	0	0	0
땅콩기름	920	0.0	0	99.9	0	0	0	0	0	0	0	0	0	0	0	0	0
팜유	921	0.0	0	100.0	0	0	0	0	0	0	0	0	0	0	0	0	0

콩기름은 콩에서 채취한 기름으로, 우리나라에서는 원료가 되는 콩을 대부분 외국에서 수입하고 있으며, 우리나라에서 가장 많이 식용하는 유지이다. 콩에는 유분이 약 20% 정도 함유되어 있고, 정제공정을 거쳐 냄새가 없는 담황색의 구수하고 맛있는 식용유를 얻으며, 전체 식용기름 수요량의 28% 이상을 차지한다.

콩기름의 구성지방산 중 리놀레산(linoleic acid)이 54%, 올레산(oleic acid)이 28%, 팔미트산(palmitic acid)이 8%, 리놀렌산(linolenic acid)이 5%, 스테아르산 (stearic acid)이 4% 들어 있어서 인체에 필수적인 지방산이 풍부하다. 또한 인지질인 레시틴이 1.5%에 달하며 대부분 유화제로 이용된다. 레시틴은 혈중 콜레스테롤의 함량을 제어하여 심장병, 동맥경화, 지방간의 예방과 치료에 효과가 있다.

대두유는 튀김기름, 조리유 등으로 많이 쓰이며, 마요네즈, 샐러드, 쇼트닝, 마가린 등의 원료로 사용된다. 대두박은 질소 함량이 많아 양조, 사료로 쓰인다.

궁금합니다!

Q: 튀김에 사용했던 기름은 어떻게 보관하면 좋은가?

A: 튀김용 기름을 철로 된 튀김용 그릇에 담아서 그대로 보관하면 산패가 촉진되므로 반드시 식힌 후 체에 밭쳐 불순물을 제거한 다음, 병에 넣어 밀봉하여 차고 어두운 곳에 보관한다. 사용했던 기름은 되도록 빠른 시간 안에 사용하는 것이 바람직하다.

궁금합니다!

Q: 튀김 할 때 적절한 온도는 어떻게 알 수 있나?

A: 가장 정확한 방법은 온도계를 사용하는 것이 가장 정확하나 온도계가 없을 경우에는 끓는 기름에 튀김옷을 조금 넣어 떠오르는 상태를 보고 판단할 수 있다. 튀김옷이 팬 밑바닥에 닿은 후 떠오르면 150~160℃, 튀김옷이 일단 기름의 1/3 정도의 깊이에 가라앉았다가 떠오르면 170~180℃이다. 튀김옷이 가라앉지 않고 바로 기름의 표면에서 분산되면 190℃이다.

2 면실유(cotton seed oil)

면화(cotton)에서 채취한 종자를 분쇄, 가열, 압착, 추출하여 얻은 기름이며 오래 전부터 식용해온 것으로 식용유 중 고급유에 속한다. 면실유에는 고시풀(gossypol)이라는 유독물질이 함유되어 있어 정제하여 제거하여야 한다. 면실유의 유분 함량은 15~20%이고, 주요 지방산은 리놀레산(linoleic acid)이 35~55%, 올레산(oleic acid)이 15~35%, 팔미트산(palmitic acid)이 23%이며, 그 밖에 소량의 스테아르산(stearic acid), 아라키돈산(arachidonic acid) 등이 함유되어 있다.

면실유는 샐러드유, 마요네즈, 마가린, 쇼트닝의 원료로 쓰이며, 경화유, 비누 제조에 이용된다. 면실유는 독특한 풍미와 안전성이 좋으며 볶음요리, 중화요리에 적합하다.

3 참기름(sesame oil)

참기름의 종자인 참깨는 참깨과에 속하는 일년생 초본으로 일본, 인도, 중국 등에서 많이 재배된다. 참깨는 갈색, 백색, 황색의 세 종류가 있으며, 황색과 백색의 것은 지방이 많아서 착유하여 식용유로 사용하고 갈색인 것은 볶아서 깨소금으로 많이 쓰인다. 참기름은 참깨를 볶고 나서 압착, 착유, 여과하여 얻은 기름으로 우리나라에서 가장 많이 애용하고, 특유의 고소한 냄새와 맛으로 인해 기호성이 높다.

주요 성분으로 지방이 45~55% 함유되어 있으며, 주요 지방산은 올레산(oleic acid)이 45%, 리놀레산(linoleic acid)이 40%, 팔미트산(palmitic acid)이 9% 정도로 반건성유에 속한다. 단백질은 약 36% 함유되어 있으며 항산화제인 비타민 E와 세사몰(sesamol)이 들어 있다.

용도로는 조미료, 수프의 원료로 쓰이고, 해독제, 연고의 원료, 완화제, 비누원료, 화장품 원료로 쓰인다. 또한 깻묵은 필수아미노산이 풍부하여 사료나 유기질 비료로 이용된다.

올리브의 주산지는 미국과 스페인, 이탈리아 등의 지중해 연안이다. 올리브유는 올리브에 함유된 40~60% 정도의 지방을 압착 및 추출하여 얻은 기름으로 연한 황색을 나타내며 냄새가 없고 독특한 향과 맛이 좋아 최고급 기름으로 각광받고 있다.

올리브유의 주성분은 불포화지방산인 올레산(oleic acid)과 리놀레산(linoleic acid), 포화지방산인 팔미트산(palmitic acid)이다. 용도로는 샐러드유, 마요네즈, 볶음, 튀김, 이탈리아 요리에 많이 쓰인다.

궁금합니다!

Q: 올리브유 중 '엑스트라 버진(extra virgin)'은 무엇을 의미하나?

A: 올리브 열매의 기름을 짤 때 처음 나오는 기름을 의미한다. 이는 녹색을 띠며, 특유의 향이 있으므로 샐러드드레싱이나 볶음요리에 주로 사용한다. 그러나 정제하지 않았기 때문에 발연점이 낮아 튀김기름으로는 적당하지 않다.

궁금합니다!

Q: 참기름과 올리브유는 냉장고에 보관하면 왜 뿌옇게 결정이 생기는가?

A: 기름의 온도가 내려가면 기름 내 융점이 높은 일부 포화지방산이 굳어져서 뿌옇게 결정화되거나 응고물이 생기게 된다. 옥수수유, 콩기름 등은 동유처리(winterization) 과정을 거치지만 참기름과 올리브유는 압착하여 짜낸 기름이므로 동유처리를 하지 않았기 때문에 온도가 내려가면 일부 포화지방산이 굳어서 뿌옇게 결정이 생긴다.
동유처리란 액체기름을 7℃까지 냉장시켜 결정체를 여과 처리한 후 제거하여 맑은 상태의 기름을 만드는 것으로 여과된 기름은 융점이 낮아 냉장 온도에서 결정화가 일어나지 않게 된다.

5　들기름(perilla oil)

들기름은 들깨의 씨를 착유한 기름으로 독특한 방향을 가지고 있어 참기름 대용으로 쓰고 있고, 깻묵은 사료 및 비료로 쓰인다. 들깨는 우리나라 전 지역에서 많이 재배되고 있고, 잎은 쌈, 간장이나 된장에 절인 장아찌, 들깻잎 나물 등으로 식용한다.

들기름에는 다가불포화지방산의 함량이 높으므로 산화안정이 낮지만 리놀렌산(linolenic acid)을 많이 함유하고 있어 우수한 기능성을 가지고 있다. 산패가 빨리 일어나므로 시원한 곳에 보관하는 것이 좋다.

6　옥수수유(corn oil)

옥수수유는 옥배유, 콘유라고도 하며 옥수수의 배아를 짜서 얻은 기름이다. 옥수수의 배아에는 33~40%의 유지성분이 함유되어 있으며 옥수수유는 황색 또는 담황색의 액체 기름이다. 주요 지방산은 리놀레산(linoleic acid)이 40~55%, 올레산(oleic acid)이 20~50%, 팔미트산(palmitic acid)이 10%로 구성되어 있으며 비타민 E도 0.1% 정도 함유되어 있다. 옥수수유는 액체유지만 비교적 산화 안정성이 우수하여 식용유로 높이 평가받고 있다. 용도로는 조리용, 마요네즈, 샐러드유, 마가린 제조에 쓰이며, 비누, 섬유처리제, 윤활유 등의 제조 원료로도 사용된다.

7　유채유(rape seed oil, canola oil)

채종유라고도 하며, 유채의 종실을 압착하고 추출하여 얻은 기름이다. 세계적으로 볼 때 식물성 기름 중 대두, 팜, 해바라기씨 다음으로 생산량이 많으며, 주요 생산국은 중국, 인도, 캐나다, 프랑스 등이다. 필수지방산인 리놀레산(linoleic acid)을 9~15% 함유하며, 샐러드유와 튀김유 또는 마가린이나 쇼트닝을 가공할 때 이용된다. 우리나라에서는 제주도에서 재배되고 있다.

8 땅콩기름(peanut oil)

땅콩기름의 주산지는 미국, 지중해 연안, 남아메리카 등지이다. 땅콩기름은 불건성유로서 낙화생유라고도 하며, 껍질을 깐 땅콩을 압착법을 이용하여 채취한 기름으로 담황색을 띤다. 땅콩 전체 생산량의 2/3 정도는 기름을 짜서 이용한다. 땅콩의 유지 함량은 45~55%, 단백질이 20~30%, 나이아신이 17.8mg, Ca이 64mg 함유되어 있어 영양적으로 우수하다. 주요 지방산은 올레산(oleic acid)이 약 53~71%, 리놀레산(linoleic acid)이 22%와 약간의 팔미트산(palmitic acid)으로 구성되어 있다. 식물성 기름은 고온에서 장시간 가열하거나 또는 반복적으로 계속 가열하면 독성화합물이 발생하여 심혈관질환, 뇌졸중, 암 등의 위험이 높아진다고 한다. 그러나 땅콩기름이나 올리브기름 등은 고온 조리 시에 비교적 안정하다고 한다. 땅콩기름은 심장병 예방, 변비 예방, 피로회복, 노화방지, 피부미용에 효과적이다.

용도로는 튀김용 기름, 샐러드유, 마가린의 원료로 쓰이며, 비누의 원료, 윤활유 등의 제조 원료로 사용된다.

9 팜유(palm oil)

팜유는 야자과에 속하는 팜나무의 과실에서 얻어지는 식물성 고체기름으로 인도네시아와 말레이시아가 주산지이다. 기름야자의 과육에서 얻는 기름을 팜유라고 하고, 씨에서 얻는 기름을 팜핵유라 한다. 팜유의 구성지방산은 팔미트산(palmitic acid)의 함량이 45%이고 불포화지방산인 올레산(oleic acid)이 약 35%, 리놀레산

(linoleic acid)이 약 10% 정도 함유되어 있다. 팜유는 향기와 풍미가 좋고 다른 유지류보다 산화안정성이 우수하며 고온에서 변질되지 않으므로 튀김류 및 쇼트닝, 마가린, 스낵 등 가공유지에 많이 쓰인다.

10 야자유(coconut oil)

야자는 인도, 인도네시아, 필리핀, 남태평양 등 열대지방의 사질토에서 잘 자라고 심은지 6~9년 만에 결실한다. 야자유는 야자나무 열매의 핵을 압착한 후 채취하여 얻는 지방이다. 핵에서 얻은 지방을 건조한 것을 '코프라'라고 하며 야자유를 다른 말로 코프라유라고도 한다. 야자유의 지방산은 라우르산(lauric acid)이 45%, 미리스트산(myristic acid)이 18%, 팔미트산(palmitic acid)이 9.5%, 올레산(oleic acid)이 8.2%, 카프릴산(caprylic acid)이 7.8%, 카프르산(capric acid)이 7.6%, 스테아르산(stearic acid)이 5% 등으로 구성되었고, 다른 유지에 비해 저급지방산이 비교적 많다. 야자유는 유백담황색 및 투명한 담황색을 띠며, 특이한 방향 성분이 있다. 또한 포화지방산의 양이 많아 산화에 안정되고, 고화(固化)온도 범위가 좁아 상온에서 고체 상태이나 입안에서 쉽게 녹는다. 용도로는 제과, 초콜릿, 조제분유, 쇼트닝, 마가린, 튀김용 기름, 고급 화장비누, 세제의 원료로 사용된다.

11 카카오지(cacao butter)

카카오의 원산지는 중앙아메리카지역이며, 코코아나무 또는 초콜릿나무라고도 한다. 카카오나무의 열매는 럭비공처럼 생겼고, 색깔은 흰색부터 밝은 노란색을 띤다. 코코아나무의 열매에 들어 있는 씨를 발효시킨 후 건조, 압착하여 기름을 짜낸 것을 카카오지라 하며, 탈지박을 분쇄한 것을 코코아라 한다. 또한 종자를 탈지하기 전에 가루로 만든 카카오페이스트(cacao paste)에 설탕, 계피, 우유, 바닐라, 카카오버터 등을 첨가해서 음료를 만든 후 틀에 부어 굳힌 것을 초콜릿이라고 한다.

카카오씨에는 특유의 쓴맛 성분인 카페인(caffeine)과 치오브로민(theobromine)이라는 흥분작용을 하는 물질이 들어 있다.

카카오지는 유지 함량이 35~55%이고, 구성지방산은 올레산(oleic acid)이 40%, 스테아르산(stearic acid)이 30%, 팔미트산(palmitic acid)이 25% 함유되어 있으며, 이들 지방산들은 서로 결합되어 있어서 가소성의 범위가 매우 좁아 27℃ 이하에서는 쉽게 부서진다. 카카오지는 풍미가 특이하며 융점이 30~35℃로 녹는 성질이 있다. 초콜릿의 원료, 제과류 제조 시 피복재료, 약용, 화장품 등의 용도로 쓰인다.

13-2. 동물성 유지

동물성 유지는 동물의 피하, 장기 주위, 장간막, 근육 사이에 축적된 지방을 말하며, 포화지방산의 함량이 많고, 불포화도가 낮다. 종류에는 우지, 돈지, 양지, 어유 등이 있다.

표 13-3 동물성 유지의 영양성분(100g 중)

종류	열량 (kcal)	수분 (%)	단백질 (g)	지질 (g)	탄수화물		회분 (g)	무기질					비타민				
					당질 (g)	섬유 (g)		Ca (mg)	P (mg)	Fe (mg)	Na (mg)	K (mg)	A (R.E)	B₁ (mg)	B₂ (mg)	niacin (mg)	C (mg)
버터	749	17.0	0.5	81.4	0.2	0	1.1	71	15	2.1	875	30	0	0.01	0	0	0
우지	940	0	0.2	99.8	0	0	0	0	1	0.1	1	1	78	0	0	0.1	1
돈지	941	0	0	100	0	0	0	0	0	0	0	0	0	0	0	0.1	0
양지	940	0	0.1	99.9	0	0	0	0	2	0.1	2	2	65	0	0	0.1	0
어유	941	0	0	100	0	0	0	0	0	0	1	1	552	0	0	0	0

1 버터(butter)

우유를 원심분리하여 얻은 크림의 지방이 버터이며, 80%의 지방과 18%의 물을 함유하고 있고, 유화제로 단백질이 소량 들어 있다. 교반과정을 통하여 수중유적형의 유화가 깨지고 유중수적형을 형성하게 된다.

우유 19 L로 500g의 버터를 만들 수 있고, 만들어진 버터는 저장하는 동안 냄새의 흡수를 막기 위하여 잘 포장한다.

버터는 포화지방산과 불포화지방산을 모두 함유하고 있으며 약 40% 정도가 불포화지방산이다. 버터의 포화지방산 중에는 부티르산(butyric acid)이 가장 많이 함유되어 있고, 불포화지방산으로는 올레산(oleic acid)과 리놀레산(linoleic acid)이 많다.

버터는 냄새를 빨리 흡수하므로 밀폐하여 저장하여야 한다.

2 우지(beef tallow)

우지의 주산지는 오스트레일리아, 남북아메리카이며, 소의 지방조직에서 얻는 고체지방으로 색깔은 백색, 담황색, 황색, 회색을 나타낸다.

소의 콩팥에서 분리한 지방의 품질이 가장 우수하며, 이를 premier jub이라 하며 미국에서는 oleo stock이라고 한다.

구성지방산 조성은 올레산(oleic acid) 42%, 팔미트산(palmitic acid) 30%, 스테아르산(stearic acid) 20%, 미리스트산(myristic acid) 3%, 리놀레산(linoleic acid) 2%로 되어 있고, 융점은 40~43℃로 낮으며 상온에서 고체이다.

우지는 정제하여 쇼트닝, 마가린의 원료로 쓰이며, 양초 및 비누 제조용 등으로 이용된다.

3   돈지(lard)

돈지(lard)는 돼지의 지방조직에서 분리한 고체지방으로 좋은 품질의 돈지는 냄새가 없고 색깔이 희다. 구성지방산 조성은 올레산(oleic acid)이 46%, 팔미트산(palmitic acid)이 8%, 스테아르산(stearic acid)이 13%, 리놀레산(linoleic acid)이 6%, 미리스트산(myristic acid)이 1%이고, 융점이 28~40℃로 쇠고기보다 낮으며 불포화지방산이 많다.

돈지는 특유의 풍미가 있어서 중화요리, 일반 가정요리, 즉석면의 조리에 이용되며, 크리밍(creaming) 능력이 약하므로 제과용으로 쓸 때는 쇼트닝, 마가린과 혼합하여 사용하면 좋다.

4   양지(mutton tallow)

양지는 염소나 양의 지방조직에서 얻은 지방으로 우지와 지방산 조성이 비슷하며, 융점은 45~55℃로 높은 편이다. 식용 및 비누의 원료로 쓰인다.

5   어유(fish oil)

어유는 생선류를 열탕 중에 넣고 가열하여 떠오르는 기름을 분리하여 얻은 것으로 주로 꽁치, 고등어, 정어리, 대구, 명태, 오징어 등에서 채유한다.

특히 어유는 육상동물에 비해 고도불포화지방산이 많아 산화 변질되면 비린내가 강하므로 그대로 식용할 수 없고 경화 처리하여 마가린, 쇼트닝의 원료로 쓰인다.

13-3. 가공 유지

표 13-4 가공유지의 영양성분(100g 중)

종류	열량 (kcal)	수분 (%)	단백질 (g)	지질 (g)	탄수화물		회분 (g)	무기질					비타민				
					당질 (g)	섬유 (g)		Ca (mg)	P (mg)	Fe (mg)	Na (mg)	K (mg)	A (R.E)	B₁ (mg)	B₂ (mg)	niacin (mg)	C (mg)
마가린	759	15	0.3	82.1	0.5	0	2.1	11	10	0	842	40	0	0	0	0	0
쇼트닝	921	0	0.0	100.0	0.0	0	0.0	0	0	0	0	0	0	0	0	0	0

1 마가린(margarine)

마가린은 프랑스의 화학자 Mege Mouries에 의해 발명되었는데, 버터 대용품으로 보다 싼 값에 버터와 비슷한 지방을 얻을 목적으로 만들어졌다. 마가린은 먼저 식물성 유지를 탈지 및 탈색하고 수소를 첨가한 후 니켈을 촉매로 하여 부분적으로 경화시켜 적당한 경도를 가진 고형지방으로 만든다. 그 후 저온살균하고 발효한 탈지유를 혼합하여 교반하며, 적당량의 소금을 첨가하고 수분을 제거한 후 포장한다. 주원료는 면실유, 대두유 등 식물성유를 96% 사용하고, 그 외 라드, 올레오 오일 등의 동물성유를 혼합한다. 버터와 같은 성분인 80% 지방과 약 20% 수분을 함유하도록 규정하고 있고, 영양가는 버터와 유사하며, 소화, 흡수가 용이하게 유화되어 있다.

이처럼 버터와 유사하게 만든 마가린을 스틱마가린(stick margarine)이라 하며, 스틱마가린보다 다가불포화지방산의 함량이 더 많아 융점이 낮은 것을 소프트마가린(soft margarine)이라 한다. 스틱마가린을 휘저어 부피를 증가시켜 부피당 열량을 낮게 만든 마가린[whipped margarine]도 있다.

2 쇼트닝(shortening)

마가린이 발명되고 약 10년 후쯤 라드의 대용품으로 미국에서 만들어졌다. 쇼트닝은 정제된 식물성 기름에 수소를 첨가하여 부분적으로 경화시켜 고체기름을 만든 것이다. 쇼트닝은 무취, 무미, 무색이고 크리밍성이 크기 때문에 빵, 쿠키, 케이크 등에 이용된다.

14

향신료류

향신료는 음식에 맛과 향을 주어 식욕을 돋우어 주는 물질로 세계적으로 많이 이용되고 있으며, 특히 서양음식에서는 여러 종류의 향신료를 사용하고 있다. 향신료는 스파이스(spice)라고 하는데 라틴어로는 약품이라는 뜻이고 한국말로는 양념이라고 할 수 있다.

향신료는 스파이스(spice)류와 허브(herb)류로 나눌 수 있다. 스파이스류는 방향성 열대 식물의 열매, 씨앗, 가지, 껍질, 뿌리 등에서 얻는 방향성 물질을 말하는 것으로, 가루 혹은 통째로 사용하며, 저장하는 동안 방향을 잃기 쉬우므로 반드시 밀봉 보관해야 한다. 허브류는 방향 식물의 잎, 꽃, 종자를 신선한 형태 그대로 사용하거나 혹은 말려서 사용하는 것으로, 말릴 때 약간 방향이 소실되므로 직사광선을 피하도록 하고 밀폐된 용기에 보관하여야 한다.

향신료는 방향성물질인 에테릭(etheric)을 가지고 있어 독특한 향과 맛을 가지며, 차고 건조한 곳에 통째 보관해야 향을 오랫동안 유지할 수 있다.

또한 향신료는 음식의 종류에 따라서 조리 중에 사용하는 것, 음식을 완성한 후에 마무리를 위해 사용하는 것으로 구분할 수 있으며, 조리 시 한 가지 종류만 사용하는 것보다 여러 종류를 함께 사용하는 것이 더욱 효과적이다.

향신료의 작용으로는 수조육류와 생선류의 누린내 및 비린내를 완화, 좋은 향기와 색으로 식욕을 돋움, 타액 및 소화액의 분비를 촉진, 건위·정장제로의 작용, 부패균·병원균·곰팡이·효모·세균 등을 억제하는 방부제 작용, 유지류나 체내 지질의 산화를 방지, 약리작용 등이 있다.

향신료는 좋은 작용들이 많이 있지만 지나치게 사용하면 오히려 음식의 맛이 좋지 않고, 향이 너무 강하여 원래 음식의 맛과 향을 느낄 수 없게 할 수도 있기 때문에 적절하게 조절하여 사용하는 것이 바람직하다.

1 계피(cinnamon)

계피는 후추, 정향과 함께 세계 3대 스파이스 중의 하나로 꼽히며, 계수나무의 뿌리, 줄기, 가지 등의 껍질을 벗겨 건조시킨 것으로 향기가 좋고 두께가 얇은 것이 좋은 것이다.

계피는 상쾌한 청량감과 방향, 단맛이 있어 여러 가지 조리에 쓰이며, 칵테일, 주스, 홍차, 커피 등에 이용된다. 계피나무 껍질은 뜨거운 음료, 피클, 과일절임 등에, 계피가루는 빵, 푸딩, 케이크 등에 쓰인다. 그 밖에 계피는 식욕증진제, 건위제, 두통, 설사 등에 효과가 있다.

2 고수(coriander)

고수는 미나리과 식물로서 중국 파슬리(chinese parsley)라고도 하며 중국과 지중해 연안이 원산지이다.

고수의 잎은 아랍과 인도에서 육류나 생선요리에 넣으면 매운맛을 가미하면서 냄새를 없애주고, 씨는 방향제로 쓰고 있다. 유럽에서는 씨를 가루로 만들어 후추처럼 육류, 생선 요리에 이용하고, 소스 제조용 향신료로도 쓰고 있으며, 태국에서도 수프에 넣어 이용하고 있다. 그 밖에 광동식 요리에 주로 쓰이며, 소스, 소시지, 카레, 케이크, 빵 등에 이용되고 있다. 고수씨는 탄수화물의 소화작용을 돕고, 한방에서는 거담제, 구풍, 건위제 등으로 쓰이고 있다. 또한 잎과 줄기는 김치, 강회, 쌈 등으로 이용되고 있다.

3 넛맥(nutmeg)

육두구라 불리며 인도네시아, 몰루카섬, 반다섬 등에서 재배된다. 넛맥 열매의 핵을 이용하는 것으로 쓴맛과 독특한 방향을 가진다.

피클에 통째로 사용하고, 유럽에서는 육류나 생선의 냄새를 없애는 데 사용하며, 햄, 치즈, 과자, 버섯요리, 푸딩, 커스타드, 에그노그 등 주요리에서 후식에 이르기까지 다양하게 이용된다.

4 민트(mint)

꿀풀과에 속하는 다년생 식물로 박하 잎의 강한 맛과 향을 가지며, 세계 각처에서 자란다. 많은 종류가 있지만 스페아민트와 페퍼민트를 가장 많이 사용한다.

박하 정유의 주성분은 멘톨(menthol)로서 상쾌한 향기와 청량감이 있으며, 방부, 살균작용이 있고, 위나 장의 강장효과로도 알려져 있어 식용이나 약용으로 널리 이용된다.

스페아민트는 양고기의 냄새를 제거하기 위해 사용된다. 음료, 수프, 스튜, 캔디, 아이스크림 등에 사용한다.

5 딜(dill)

딜은 미나리과에 속하며 유럽이 원산지로 알려졌다. 딜이라는 이름은 진정시킨다는 뜻으로 스칸디나비아어의 Dilla에서 비롯되었으며, 가장 흔한 허브 중의 하나로 어디서나 잘 자란다. 딜의 잎은 회향과 비슷하지만 씹어보면 단맛이 있고, 피클과 같은 풍미가 있다. 딜은 방향성 구풍제, 건위제, 거담제로 쓰이며, 씨는 진정, 소화, 구풍, 최면효과, 구취제거, 동맥경화 예방 등에 효과가 있다.

딜의 노란색 꽃은 피클, 샐러드 요리 등에 곁들여서 쓰이고, 잎은 오이샐러드, 감자, 연어(salmon)의 마리네이드 등에 사용하며, 딜의 줄기는 생선요리에 그리고 딜의 씨는 피클, 빵, 과자, 커피, 파우더 등에 이용되고 있다.

6 라벤더(lavender)

지중해 연안, 핀란드에 분포되어 있고, 꽃은 주로 보라색인데 흰색이나 연분홍색 등 다양하다. 통기성이 나쁘거나 습기와 질소분이 많은 땅에서는 잘 자라지 못하며 햇빛에 강하고 약간 건조한 환경에서도 잘 자란다.

라벤더의 정유성분은 타닌, 리나릴, 리나릴아세테이트로 향이 워낙 좋아 향수, 염색, 욕탕제, 구취제거제 등으로 다양하게 사용된다. 잠을 잘 오게 하는 성질이 있어 자기 전에 홍차에 넣어 차로 마시기도 한다. 향기를 들이마시면 신경성 두통이나 정신안정에 도움이 된다.

7 로즈마리(rosemary)

꿀풀과에 속하는 다년생 식물로 지중해 연안이 원산지이고 프랑스, 스페인, 포르투갈 등에서 많이 생산된다. 소나무 잎과 비슷하게 생겼으며, 잎의 윗면은 번들거리는 암녹색이고, 뒷면은 회색의 솜털이 있다.

감미롭고 향기로운 맛과 향을 가지며, 생잎을 그대로 채취하여 사용하기도 하고 분말을 쓰기도 한다. 우스타소스 향의 주 성분 중 하나이고, 잎은 장기간 조리해도 향이 강하여 없어지지 않으며, 쓴맛에 풀냄새가 나므로 적게 사용하는 것이 좋다.

양고기, 쇠고기, 돼지고기 볶음, 닭요리, 생선 수프나 스튜에 사용하고, 소스를 만드는 데 중요한 재료이며, 이탈리아 요리에서는 빠질 수 없는 향신료이다. 차를 끓여 마시기도 하는데, 두통, 감기치료, 신경증, 특히 피부미용에 좋다.

8 바질(basil)

바질의 원산지는 열대아시아와 유럽으로 알려졌다. 바질 잎은 강한 향기와 엷은 신맛을 갖는데, 인도의 호리 바질(holy basil)은 향이 공기를 맑게 하고 생기를 불어 넣어 주므로 힌두교에서 신에게 바치는 성스러운 향초로 쓰이고 있다.

잎은 가장자리가 톱니모양이며, 열매는 긴 타원형으로 종자는 매우 작고 흑색이다. 바질 잎에서 추출한 정유는 향수, 비누, 음료의 향기를 내는 데 이용하며, 두통 및 머리를 맑게 하고 신경과민, 구내염, 해열, 해독, 월경불순 등에 효과가 있다. 또한 스파게티, 피자, 샐러드, 토마토소스 등에 이용된다.

 ## 샤프란(saffron)

주로 프랑스, 스페인, 이탈리아 등의 지중해 연안에서 생산되며, 스파이스 중 가장 비싸지만 소량으로 독특한 향과 느낌이 좋은 쓴맛과 단맛을 내고, 식품에 넣었을 때 강한 노란색을 띤다. 향신료로 이용하는 것은 꽃의 암술을 저온으로 건조시킨 것이며, 샤프란이란 이름은 암술이 실처럼 가늘기 때문에 붙여졌다.

예로부터 착색을 목적으로 주로 사용했으며, 의류 뿐 아니라 음식물의 착색제로 사용되었고, 소스, 수프, 쌀 음식, 감자음식, 빵, 페스트리, 술, 음료수에 사용되었으며, 생선요리에 잘 어울리는 향신료이다.

10 세이지(sage)

세이지는 꽃풀과의 다년초이며 샐비어라고도 불리는 약용 식물로 유럽 및 지중해 연안이 원산지이다.

세이지는 풀 전체에서 향기가 나며, 8월에 잎을 따서 그늘에 말려 사용하는데, 홍차가 전해지기 전까지 유럽에서는 세이지 차가 일반적이었다. 세이지 차는 입냄새 제거, 목이 아플 때, 입안 및 목의 염증, 위장병 등에 특효가 있고, 또한 강장, 정혈작용, 해열작용이 뛰어나며 기억력 향상에 도움을 준다. 뇌와 근육을 강화시켜 장수에 도움을 주는 약초로 여겨졌다.

세이지 잎에 있는 정유의 주성분은 알파피넨(α-pinen), 세스퀴테르펜, 보르네올 등이며, 쓴맛과 매운맛이 약간 나고, 쑥과 유사한 신선한 향기를 가지고 있다. 따라서 고기의 냄새를 제거할 때 효과적이어서 돼지고기와 송아지고기 요리, 소시지나 햄버그스테이크를 만들 때, 샐러드 드레싱, 콩 수프, 채소 조림 등에도 이용된다.

11 심황(turmeric)

원산지는 동남아시아로 알려졌으며, 현재에는 말레이시아에서 많이 재배되고 있는 다년생 식물의 구근을 건조 분말화한 것이다. 향신료 및 착색재료로 이용되며, 착색성분은 커큐민(curcumin)으로 황색을 띠고, 산성에서는 황색, 알칼리성에서는 적색을 띤다.

심황의 정유는 1~5% 정도이며 커큐민이 주성분이다. 카레분말(curry powder), 단무지 착색, 겨자 조제품에 이용된다.

12 아니스(anise)

아니스는 미나리과에 속하는 식물의 종자로 이집트에서 그리스, 아시아에 걸친 지역이 원산지이며, 옛날 히브리, 그리스·로마 사람들이 매우 중요시했던 약초이다.

허브 아니스(herb anise)는 채소 아니스(vegetable anise)와 스타 아니스(star anise)로 구분되는데, 스타 아니스는 중국요리에서 오향장육을 만들 때 넣는 8각을 말한다.

아니시트라고 하는 씨와 신선한 잎은 독특한 향과 감초 맛이 나는데 가루를 내어 피클, 리큐어, 쿠키, 카레, 과자, 캔디, 빵 등의 각종 요리에 넣어 풍미를 더해 준다. 잎은 샐러드의 재료나 장식으로 이용하며, 종자를 증유하여 얻은 기름을 조미료, 향신료, 약용으로 사용한다.

13　월계수 잎(bay leaf)

　월계수는 지중해 연안이 원산지로 이탈리아에서 많이 생산되고 우리나라에서는 경남과 전남지방에서 재배된다. 월계수의 잎은 짙은 녹색을 띠고, 약간의 쓴맛과 상큼한 향기가 있으며, 말리는 과정에서 짙은 녹색은 연한 녹색으로 변한다.

　월계수 잎의 주성분은 여러 종류의 정유를 함유하고 있는 시네올(cineol)로, 방향성 건위제로 쓰이며, 어린 잎일수록 정유율(精油率)이 높고 향기가 좋다.

　월계수 잎을 말린 것은 단맛이 나고 방향이 강하며, 가루는 쓴맛이 강하고 생잎은 약간 쓴맛이 있다. 또한 부케가르니에를 만들 때 몇 가지 스파이스와 함께 묶어서 쓰며, 마리네, 스튜, 피클, 소스, 소시지, 카레, 차 등과 같이 서양요리에 필수적인 향신료이다.

14　오레가노(oregano)

　지중해 연안이나, 칠레, 멕시코, 그리스, 프랑스, 멕시코, 이탈리아, 미국 등에서 재배된다. 꽃은 줄기의 끝에 피며 색깔은 적색 또는 자색이고, 더위나 추위에 강하며 병충해도 적다. 개화 후에 잎을 수확한 것이 향기가 가장 좋다.

　잎사귀를 그대로 사용하거나 가루를 만들어 사용하고, 마조람(marjoram)과 맛이 유사하나 좀 더 맛이 강하다. 멕시코와 이탈리아 음식, 스튜, 채소나 달걀 음식에 첨가한다. 칠리파우더의 원료가 된다.

15　올스파이스(allspice)

　자메이카, 멕시코, 인도 등에서 나는 식물의 열매이며, 정향, 넛맥, 계피가루의 향을 합한 것 같다고 해서 올스파이스라 불린다.

후추 같은 매운맛은 없으나 상쾌하면서 달콤하고 약간 쌉쌀한 맛이 난다. 단음식, 매운 음식에 모두 잘 어울리며, 다른 향신료와도 잘 조화된다. 강한 향기는 열매의 외피에 있으며, 완전히 익으면 향이 없어지고 단맛이 강해지므로 미숙과를 따서 말려 사용하는 것이 좋다.

피클, 육류요리, 생선요리, 푸딩, 소시지, 쿠키, 칵테일 등에 열매를 그대로 또는 가루로 만들어 사용한다.

16 정향(clove)

정향은 몰루카 제도가 원산지이며, 꽃이 피기 전의 봉오리를 따서 말린 것으로 스파이스 중에서 꽃봉오리를 사용하는 유일한 품종이다. 진한 갈색의 못 같은 모양을 하고 있어서 영어로는 클로브(clove)라 하며, 향기가 있어 우리나라에서는 정향이라 한다.

정향은 향기가 상당히 강하여 육류의 누린내를 제거하는 데 효과적이다. 꽃봉오리는 품질 면에서 정향유, 정향가루, 잎과 줄기보다 우수하며, 정향의 향은 휘발되지 않으므로 조리 시 처음부터 넣어 사용하는 것이 좋다.

진통제, 방부제, 약품, 식품 등에 쓰이며, 스튜, 과자, 수프, 소스, 고기절임, 청어절임, 샐러드 드레싱 등에 이용된다.

17 캐러웨이(caraway)

캐러웨이는 미나리과에 속하며 유럽 동부와 아시아 서부지역이 원산지로, 상추씨와 비슷한 모양의 열매를 건조한 것이다.

완숙한 씨는 통째로 또는 가루를 약간 내어 사용한다. 캐러웨이의 잎과 뿌리는 신장기능 및 내분비선 기능을 강화시키며, 씨는 소화촉진 작용이 있다.

캐러웨이의 씨는 부드러우며, 단맛과 쓴맛이 나서 치즈, 보리빵, 쿠키, 사워크라우트(sauerkraut), 소시지, 카레가루 등에 쓰이고, 잎은 샐러드 등에 이용되고 있다.

18 쿠민(cumin)

쿠민은 미나리과에 속하며, 이집트와 이디오피아가 원산지이고 B.C. 1500년경 이집트의 파피루스에 기록된 800종의 약초 중 하나로, 가장 오래전부터 사용된 향신료이다.

쿠민은 방사선모양의 식물로 다섯 측면으로 이루어져 있고, 색깔은 노랑 또는 연한 갈색을 띠며 부드러운 잔털로 덮여 있다.

쓴맛과 향긋한 맛 및 매운맛을 가지고 있는 쿠민씨드는 쿠민의 씨를 부르는 말로 카레가루나 체리파우더의 주요 성분이 된다. 쿠민씨드는 미트로프, 스튜 등의 육류요리와 빵에 풍미를 줄 때, 피클, 소시지 등에 넣어 이용하고, 쿠민씨드의 기름은 리큐어의 향을 낼 때 사용한다. 쿠민은 방부제, 구풍제, 흥분제, 장내 가스제거, 소화촉진작용의 효과가 있다.

19 타임(thyme)

백리향으로 불리며, 꿀풀과에 속하는 식물로 유럽이 원산지이고 프랑스, 스페인, 이탈리아 등에서 생산된다. 꽃순이나 잎사귀를 말려서 사용하는데, 신선하고 약간 자극적인 방향을 가지고 있다. 가열 시에도 강한 향미 성분이 나타난다.

가금류의 조리에 주로 사용되며 생선 수프나 차우더, 생선소스, 크로켓, 토마토를 넣은 음식 등에 이용된다.

20 회향(fennel)

회향은 미나리과에 속하는 다년초로 남부 유럽에서 서아시아가 원산지이며 추위에 잘 견딘다. 잎은 날개모양으로 가늘고 섬세하며, 말린 열매는 아니스와 비슷한 향기가 있어서 찌릿한 풍미가 나고, 생선에 이용하는 허브로 쓰인다.

씨는 회향이라 하며 건위, 위통, 복통 등의 치료제인 구풍제로 사용되며, 이뇨작용이 있어서 비만방지 등에 쓰인다. 생선 및 육류의 냄새제거, 피클, 빵, 카레, 소스, 포도주, 건강 차 등에 이용된다.

15

조미료류

조미료(seasoning)는 음식의 조리, 가공 시 첨가되어 맛을 좋게 하고 강화시키는 물질을 말한다. 조미료는 아주 적은 양으로 조미 효과를 내며, 천연식품에서 조미 성분을 추출, 농축하거나 발효 또는 화학적으로 합성하여 만들기도 한다.

조미료의 종류는 많으나 우리가 사용하는 천연조미료의 대표적인 것은 기본 맛인 짠맛(소금, 간장, 된장), 신맛(식초), 단맛(설탕, 조청, 꿀)과 매운맛(고추, 후추, 겨자), 감칠맛, 구수한 맛을 내는 것들이 있다.

국제표준기구인 ISO(International Organization for Standardization)에서 정의한 향신조미료는 자연에 존재하는 식물성 산물이거나 또는 이들의 혼합물로서 어떤 첨가물도 첨가되어서는 안되며, 이는 식품의 맛, 조미 그리고 냄새를 첨가하기 위해서 사용하여야 한다고 하였다.

표 15-1 조미료의 영양성분(100g 중)

종류	열량 (kcal)	수분 (%)	단백질 (g)	지질 (g)	탄수화물		회분 (g)	무기질					비타민				
					당질 (g)	섬유 (g)		Ca (mg)	P (mg)	Fe (mg)	Na (mg)	K (mg)	A (R.E)	B_1 (mg)	B_2 (mg)	niacin (mg)	C (mg)
설탕	387	0.1	0.0	0.0	99.9	0.0	0.0	3	2	0.2	2	3	0	0.0	0.0	0.0	0
소금	0	0.1	0.0	0.0	0.0	0.0	99.9	30	0	0.0	39000	130	0	0.0	0.0	0.0	0
식초	11	92.2	0.2	0.0	0.0	0.0	0.1	3	3	0.1	4	89	0	0.0	0.0	0.0	0
꿀	294	20.0	0.2	0.0	79.7	0.0	0.1	2	4	0.8	9	18	0	0.01	0.01	0.2	3
후추	311	11.7	12.4	7.1	57.7	5.9	5.5	414	332	10.6	67	1,357	14	0.2	0.25	1.8	0
겨자	376	8.3	33.7	21.6	26.8	4.9	5.6	200	960	9.3	17	892	5	0.07	0.37	0.6	0
고추냉이	82	36.7	5.1	0.2	15.3	1.4	1.3	9.3	72	0.8	7	750	150	0.15	0.10	0.0	80
미림	169	48.1	0.4	0.0	41.9	0.0	0.0	2	7	0.1	1	8	0	0.01	0.01	0.2	0
깨소금	593	6.9	18.1	56.7	8.7	5.0	4.6	1223	640	19.0	36100	181	0	0.51	0.14	4.9	0
산초(가루)	375	8.3	10.3	6.2	69.6	0.0	5.6	750	210	10.1	10	1700	33	0.1	0.45	2.8	0

1 설탕(sugar)

설탕은 단맛을 내는 대표적인 감미료로 동서양을 막론하고 식생활에서 오랫동안 널리 사용되고 있으며, 발상지는 고대 인도지역으로 알려져 있다.

표 15-2 국내에서 이용되는 감미료 비교표					
	설탕	과당시럽	솔비톨	아스파탐	스테비오사이드
분자식	$C_{12}H_{22}O_{11}$	$C_6H_{12}O_6$	$C_6H_{14}O_6$	$C_{14}H_{18}N_2O_5$	$C_{36}H_{60}O_{18}$
원료 및 제법	사탕수수나 사탕무에서 추출	옥수수전분을 이성화시킴	포도당에 수소 반응 시킴	아스파트산과 페닐알라닌 합성	스테비아 건엽에서 추출
성질	백색 결정	투명 시럽 당류 중 수용성이 가장 큼	백색결정, 무색무취, 액상 및 분말	백색결정	회백색결정, 분말
감미도	1	0.75	0.6~0.7	200	200~250
감미의 질	기준	연한 감미	연한 감미	설탕과 유사한 맛	약간 쓴맛
용해도	양호	양호	양호	양호	불량
용도	제과, 제빵, 음료, 통조림, 빙과 등 거의 모든 식품	음료, 빙과, 통조림, 과자	의약품, 일부의 식품, 접착제	다이어트 식품, 커피, 제과, 제빵, 음료, 검	다이어트 식품, 어육, 연제품, 장류, 통조림, 음료

　사탕수수와 사탕무에서 추출하여 가공한 천연 감미식품이다. 설탕 성분의 대부분은 서당이며, 체내에 흡수되어 에너지원으로 이용되고, 단맛을 낼 뿐 아니라 식품 가공에도 많이 이용된다.

　설탕의 역할은 다음과 같다.

① 에너지원으로서 단맛을 낸다.

② 전분의 노화를 방지한다.

③ 펙틴의 젤리 형성을 촉진한다.

④ 이스트 빵을 만들 때 발효를 촉진시켜 준다.

⑤ 방부작용으로 식품의 보존성을 높인다.

⑥ 육류를 연화시킨다.

⑦ 빵을 구울 때 빵 표면의 갈변화를 도와준다.

⑧ 달걀흰자의 거품을 안정하게 만들어 준다.

⑨ 지방산의 산화를 방지한다.

　설탕의 종류에는 과립설탕, 가루설탕, 각설탕, 황설탕과 흑설탕 등이 있다. 단맛을 내는 물질로는 설탕 이외에 포도당, 과당, 물엿, 꿀, 시럽 등이 있으며, 설탕보다 단맛이 강한 둘신(dulcin), 아스파탐(aspartame), 스테비오사이드(stevioside), 솔비톨(sorbital), 락티톨(lactitol), 올리고당, 사카린(saccharin), 시클람산나트륨(sodium cyclamate), 글리시르리진(glycyrrhizin) 등과 같은 인공감미료가 있으나, 이들은 대부분 사용량이 제한되었다.

설탕은 실온의 습기가 적고 건조한 곳에 보관한다.

가장 오래된 조미료인 소금은 짠맛을 내는 물질로 방부력을 가진 보존료로 이용되고, 영양생리상 필수적이며 생명을 유지하는 데 필요한 무기질의 공급원이 되기도 한다. 소금은 불순물의 양과 제조 방법에 따라 분류하는데, 색깔이 검고 불순물이 많이 함유되어 있는 천일염, 색깔이 희고 불순물도 없어 음식을 할 때 일반적으로 많이 사용하는 재제염(꽃소금), 결정이 곱고 깨끗하며 식탁에서 간을 조절하는 데 사용하는 정제염(식탁염), 소금으로 된 바위에서 캐낸 암염, 대나무 속에 호렴을 넣어 구운 죽염, 정제염에 MSG를 첨가하여 만든 맛소금, 호렴을 볶아서 빻은 구운소금으로 나누어진다.

소금은 Na^+, Cl^-로 이루어진 물질로 Cl^-은 짠맛을 내는 물질이고, Na^+은 생리물질이다. 짠맛을 내는 물질로 $CaCl_2$, KCl, NH_4Cl_2 등이 있지만 떫은맛과 쓴맛을 내는 양이온을 가지고 있어 소금과 같은 역할을 할 수 없다.

소금의 작용으로는 맛의 강화작용, 방부효과 및 삼투압작용, 효소작용 억제, 단백질 용해작용, 세포연화작용, 단백질 응고작용 등이 있다.

음식을 할 때 처음부터 소금을 넣으면 잘 무르지 않으므로 음식이 익은 다음에 넣는 것이 좋고, 소금은 신맛을 줄여주며, 단맛을 높여준다. 이에 반해 설탕은 소금의 짠맛을 감소시켜 주므로 소금과 설탕을 사용할 경우에는 설탕을 먼저 넣는 것이 좋다.

3 식초(vinegar)

식초의 역사는 서양에서 B.C. 15세기경부터 과일을 이용하여 식초를 만들었고 아시아에서는 B.C. 6세기경부터 곡류를 원료로 하여 만들었다. 식초의 주성분은 초산(acetic acid)이며, 유기산류, 당류, 아미노산류, 기타 향기 성분이 함유되어 있다. 식초의 신맛은 여름에는 시원한 맛을 주고, 사용하는 방법에 따라서 짠맛과 단맛을 약하게 하고 부드럽게 해주기도 한다.

식초는 초산의 제법에 따라 초산 발효균에 의해 발효시켜 초산을 생성하는 양조식초와 화학적으로 합성된 빙초산 또는 초산을 원료로 하여 희석시켜 만든 합성식초로 나눌 수 있다. 양조식초는 초산발효의 원재료에 따라 곡물초, 과실초 그리고 알코올초로 나눌 수 있고, 원료의 종류에 따라 식초의 맛과 향기가 달라진다. 시판되는 양조식초의 산도는 대개 7% 정도이며 제조용 원료의 배합성분에 따라 현미식초, 사과식초, 포도식초(와인식초), 감식초 등이 있다.

식초의 역할은 타액이나 위액의 분비를 촉진시켜 소화를 도우며, 입맛이 없을 때 식욕을 돋우어 주고, 음식물 살균 효과를 높여 부패를 지연시켜 식중독 등을 예방한다. 단백질의 열 응고를 촉진시켜 주고, 플라보노이드에 작용하여 색을 희게 해주며, 안토시안 색소에 작용하여 더 붉은 색을 나게 한다. 또한 산화효소를 억제하여 갈변을 방지하고, 생선 비린내를 제거해 주기도 하며, 떫은맛을 우려내는 데 도움을 주기도 한다. 육체적, 정신적 피로도가 심할 때 생성되는 젖산을 분해시켜 피로를 줄여주며, 체내의 노폐물을 분해하여 준다.

4 꿀(honey)

꿀은 불로장수의 비약으로 여길 만큼 귀하게 여긴 식품으로, 꿀벌이 꽃의 꿀과 분비물을 모아 체내의 소화효소를 넣어 설탕 성분을 포도당과 과당, 즉 전화당으로 변하게 한 것이다. 꿀은 전세계적으로 분포하며, 국내 주산지로는 지리산, 울진, 고령 등에 많이 생산된다.

일반적으로 색이 진한 꿀일수록 맛이 강하며 색이 엷을수록 맛도 약하다. 미국에서는 클로버와 오렌지꽃 등에서, 우리나라에서는 아카시아꽃, 싸리꽃, 밤꽃, 유채꽃 등에서 꿀을 많이 얻고 있다.

꿀은 산지, 가공법, 꿀벌의 종류에 따라 분류되는데, 가장 일반적인 꿀은 아카시아꿀로 연한 향기와 단맛이 부드럽고 과당이 많아 겨울철이나 냉장고에서도 결정되지 않는 것이 특징이며, 밤꿀은 색깔이 검고 쓴맛이 특징이다.

벌꿀은 보통 수분 20%, 포도당과 과당이 75% 내외, 자당이 5% 내외이며, 미량 성분으로는 단백질, 비타민류, 무기질, 효소 및 왁스질을 가지고 있다.

꿀의 효능은 위장이 약한 사람에게 좋고, 피부를 보호하여 부드럽게 해주며, 변비와 피로회복에 좋고, 면역성을 높여주며 상처를 빨리 아물게 한다. 또한 숙취해소와 유아의 발육촉진 및 비타민, 무기질의 공급원으로도 좋은 식품이다.

표 15-3 벌꿀의 종류

종류	색	맛과 향	품질	생산지역, 시기
유채꿀	유백색	감미로움 풀냄새	생산 일주일 후부터 굳어진 상태로 있음	제주도, 남부지방 4~5월 초
아카시아꿀	백황색	감미로움 아카시아 향	점조성 액상이며 시일이 경과하면 미량이 결정될 수가 있음	전국 생산가능 5월 중순
밤꿀	흑갈색	맛이 씀 밤꽃 냄새	점조성 액으로 그대로 유지됨	영·호남, 경기 6월 중순
잡화꿀	황갈색	감미로움 향기 있음	생산 시 점조성 액상으로 유지되다가 낮은 기온이 되면 일부가 굳어짐	전국 생산가능 5~9월
싸리꿀	백황색	감미로움 약간 산미	섭씨 15℃ 이하가 되면 대체로 굳어짐	전국 각지 산간지방 8월 중순
메밀꿀	암갈색	쓴맛 독특한 냄새	낮은 기온이 되면 대체로 굳어짐	한랭한 지역 9~10월
토종꿀	대체로 색이 짙다	일반벌꿀에 비해 진한 맛이 남	주성분이 대부분 싸리꿀과 메밀꿀	산간지역

  식품재료학

Q: 겨울철이나 낮은 온도에서 꿀을 보관하면 꿀이 하얗게 굳어지는데 왜 그런가?

A: 꿀은 과당 함유량이 높으나 포도당과 과당의 비율에 따라서 꿀의 특성이 달라진다. 즉, 과당이 포도당보다 많은 꿀은 저온에서도 결정이 잘 생기지 않지만, 반대로 포도당의 비율이 높은 꿀은 저온 저장 시 결정이 잘 생긴다. 하얗게 굳어서 생기는 결정은 포도당 함량이 많고 적음에 따라 달라지는 것이며 일반적으로 알려진 설탕이 굳어진다는 것은 잘못된 상식이다. 결정이 생긴 꿀은 20~24℃ 정도의 온도에서 가열하면 다시 용해되어 원래 꿀의 상태로 돌아오게 된다.

Q: 음식을 할 때 설탕을 넣을 때보다 꿀이 들어간 경우 더 촉촉하고 부드러운 이유는?

A: 꿀의 경우 설탕보다 흡습성이 강하기 때문에 오랫동안 수분을 유지하여 건조하지 않게 해준다. 전화당은 설탕보다 용해성이 크며 흡습성이 좋은 과당을 함유하므로 수분 보유력이 더 좋아서 결정화를 지연 또는 억제시켜주는 역할을 한다. 꿀은 전화당의 형태로 존재하기 때문에 설탕보다 더 촉촉하고 부드러운 상태를 유지할 수 있는 것이다.

5 후추(pepper)

후추는 후추과에 속하는 것으로 남부 인도가 원산지이고, 우리나라는 중국을 통해 유입되었으며, 짜릿한 매운맛과 상큼한 향기가 나는 것으로 가장 널리 보급되어진 향신료이다. 열매는 둥글고 자루가 없으며 완전히 익으면 붉게 되나 덜 익게 되면 검은색을 띠게 된다.

후추는 검은 후추(black pepper)와 흰 후추(white pepper)로 구분할 수 있는데, 검은 후추는 익기 직전의 열매를 채취하여 건조한 것이다. 흰 후추는 완숙한 열매를 수침(水浸) 건조한 후 껍질을 벗겨서 건조시킨 것으로 맛과 향기가 순하며, 크림소스, 흰살 생선, 닭고기, 알 요리 등에 사용된다.

후추의 주성분으로 피페린(piperine)이 5~9%, 차비신(chavicine)이 6%, 정유가

1~2.5% 함유되어 있으며, 후추는 가루보다 알맹이를 갈아서 쓰는 것이 향이나 맛이 좋다. 또한 구풍제, 건위제 등으로 이용된다.

6 겨자(mustard)

겨자는 겨자과에 속하며 중앙아시아가 원산지로 알려졌다. 우리나라는 중국을 통해 들어왔으며, 고추가 들어오기 전까지는 마늘, 생강과 함께 중요한 향신료로 애용되었다. 겨자는 겨자씨를 말려서 갈아 가루로 사용한다. 겨자잎은 채소로 사용하며, 생으로 먹거나 가열하여 사용한다. 어린잎은 기억력 상승, 권태감 제거, 피로회복에 효과가 있으며 괴혈병의 약으로 쓰이고 있다. 겨자씨는 동상, 중풍, 관절염, 만성 류머티스 및 버섯중독이나 짐승에 물린 독을 해독하는 효능이 있다.

궁금합니다!

Q: 무향, 무미의 겨자가루를 매운맛이 나게 하려면 어떻게 해야 하나?

A: 겨자가루를 따뜻한 물(30~40℃)에 개어 따뜻한 곳에 두면 코를 톡 쏘는 매운맛이 생기게 된다. 겨자의 미로시네이스(myosinase)라는 효소는 따뜻한 온도에서 활성화되며, 따뜻한 물에 겨자가루를 개어주면 겨자 속에 있는 시니그린(sinigrin)이 활성화된 미로시네이스에 의해 분해되어 매운맛을 나타내게 된다.

7 산초(sansho)

산초는 운향과에 속하는 것으로, 주로 우리나라, 일본, 중국 등의 야산에 분포하고 있다. 산초잎과 어린 열매는 그대로 이용하고 익은 열매는 말려서 가루로 쓴다. 열매는 녹갈색으로 익으면 3개로 갈라져 검은 씨가 나오고 작은 잎은 피침형으로 가장자리는 톱니모양이다. 산초의 건조 과실은 표피 내측에 유실조직이 있어 정유와 매운맛 성분을 함유하여 강한 방향과 매운맛을 내며 종자에는 향신미가 없다. 산초는 식품의 재료가 좋지 않거나, 고약한 비린내 등을 없애 주고, 식욕증진 효과를 가진다.

체력이 떨어져 복통이 심할 때에 효과가 크고, 몸이 찬 사람에게도 보온의 효과가 있어 좋으며, 장에 차 있는 가스를 배출하는 작용이 있다. 피부병에도 효과가 있고, 옻이 올랐을 때 산초잎을 달여서 씻거나 목욕을 하면 잘 낫는다고 한다. 산초에는 좋은 효능들이 있지만 마취성도 있으므로 너무 많은 양을 오래도록 먹으면 좋지 않다고 한다.

산초의 매운맛 성분은 산쇼올(sanshool)이며, 어린 생잎은 조림요리, 장어요리, 미꾸라지탕 등의 향신료로 사용하고 요리의 장식용으로도 쓰인다. 완전히 익은 산초씨로는 기름을 짜기도 하며, 열매는 익기 전에 따서 식용으로 한다.

8 고추냉이(wasabi)

고추냉이는 겨자과에 속하며, 일본말로 와사비로 통용되고 있다. 땅속에 굵은 원기둥 모양의 줄기를 지니고 있는 고추냉이는 매운맛과 특유의 향기를 지니며, 마쇄하게 되면 효소 미로시네이스의 작용으로 시니그린(sinigrin)이 분해되어 아릴아이소티오사이아네이트(allyl isothiocyanate)가 생겨 매운맛을 내게 된다.

세균, 효모, 곰팡이와 대장균 성장을 억제하고, 식품에 강한 방부작용을 하며, 식품의 맛을 좋게 하여 식욕 및 소화작용을 돕는다. 또한 혈소판응집의 억제활성, 항암성 등이 있는 것으로 알려져 있고, 류머티즘, 신경통에 생약재료로 쓰이고 있다. 고추냉이는 김치를 담가 먹기도 하며, 항균성이 아주 뛰어나므로 음식조리 시 초밥, 생선회에 반드시 필요한 재료로 이용된다.

9 미림

일본과 우리나라에서 많이 가공되고 있는 것으로 찐 찹쌀에 소주와 누룩을 넣어서 약 2개월 정도 발효시키면 누룩에 있는 효소에 의해 전분이 당화되는데, 이것을 여과하면 투명한 액체인 미림이 된다.

미림은 포도당을 원료로 당류, 아미노산에 13~14% 알코올이 함유되어 있다. 포도당 외에 이소말토오스, 파노오스, 올리고당 등의 많은 당류가 들어 있어 순하고, 설탕보다 고급스러운 단맛을 내며, 점조성을 나타내는 작용을 한다. 미림은 가열에 의해 향기가 발생하는데 이것은 식품에 특유한 향기를 주며, 이상한 냄새를 희석시키는 효과가 있다.

10 깨소금

고소한 맛과 냄새를 내며 어육류, 채소류 그리고 그 밖에 대부분의 음식에 많이 사용하는 조미료이다. 깨를 깨끗이 씻어 일어 건진 후 물기를 뺀 다음 팬에 넣고 볶는다. 볶을 때 깨의 색이 변하거나 태우는 것을 조심한다. 빻은 가루는 고소한 풍미가 없어지지 않도록 밀봉을 해서 보관하는 것이 좋다.

11 지미료

조미료 중 구수한 맛, 맛난 맛 또는 감칠맛을 내는 것으로 자연 지미료와 화학 지미료로 나눌 수 있다.

자연 지미료에는 말린 멸치, 조개류, 다시마, 표고버섯, 가쓰오부시 등이 있고, 화학 지미료에는 글루타민산나트륨(monosodium glutamate, MSG)과 핵산 조미료(이노신산 나트륨과 구이닐산 나트륨)가 있다.

Q: 중국음식을 많이 먹은 후 가끔 머리가 아프고 어지러우며 화끈거리는 증상을 느낄 때가 있다. 왜 그럴까?

A: 이러한 증상을 중국음식증후군(Chinese restaurant syndrome)이라고 한다. 중국음식을 조리할 때는 MSG가 많이 들어가게 되는데, MSG의 구성성분인 글루타메이트의 과잉 섭취로 위와 같은 증상이 나타난다고 보고되었다. 그러나 최근 미국 FDA(식품의약국)에서는 Na에 민감한 사람을 제외하고는 조미료로서 MSG의 사용이 안전하다고 결론내린 바 있다.

참고문헌

·강신욱 외 5인, 알기 쉬운 식품학, 훈민사, 2003
·곽성호 외 2인, 실무식품구매론, 형설출판사, 2001
·金洞基 외 5인, 最新 畜産食品加工學, 세진사, 1998
·김기영 외 2인, 외식산업관리론, 현학사, 2003
·김동훈, 식품화학, 탐구당, 1997
·김성혁, 외식·조리 마케팅, 백산출판사, 2002
·김연식, 한국사찰음식, 우리출판사, 1997
·박권우 외 1인, 기능성 건강식 모듬 쌈채, 도서출판 허브월드, 1998
·박영효 외 2인, 수산가공이용학, 형설출판사, 1997
·박태선 외 1인, 현대인의 생활영양, 교문사, 2004
·손태화 외 3인, 식품가공학, 형설출판사, 2002
·식품재료사전 편찬위원회, 식품재료사전, 한국사전연구사, 1997
·신봉규 외 1인, 외식창업 실무 매뉴얼, 백산출판사, 2001
·심창환 외 7인, 최신 식품학, 도서출판 효일, 2000
·염초애 외 19인, 한국음식대관 제2권(주식, 양념, 고명, 찬물), 한림출판사, 1999
·유태종, 식품동의보감, 아카데미북, 2001
·유태종, 食品寶鑑, 도서출판 서우, 1993
·윤숙자, 한국의 저장 발효음식, 신광출판사, 1997
·장명숙 외 2인, 서양요리, 신광출판사, 2004
·장명숙, 식품과 조리원리, 도서출판 효일, 1999
·장준근, 건강한 장수비결 몸에 좋은 산야초, 넥서스, 1992
·장학길, 식품재료학, 신광출판사, 2001
·장현기 외 1인, 최신판 식품학개론 −식품재료학을 중심으로−, 유림문화사, 2001

·전영순·하정화 편저, 음식토정비결, 도서출판 혜진서관, 1994

·정영도 외 11인, 식품조리재료학, 지구문화사, 2000

·정혜정, 조리용어사전, 도서출판 효일, 2001

·조리교재발간위원회, 조리체계론, 한국외식정보, 2002

·조재선, 식품재료학, 문운당, 1999

·채영철 외 2인, 호텔·외식조리 실무론, 형설출판사, 2002

·한국대학 식품영양관련학과 교수협의회, 식품학, 문운당, 2003

·한국영양학회, 식품 영양소 함량 자료집, 2009

·한국영양학회, 한국인 영양섭취기준, 2010

·한국조리연구학회, Herb & salad, 형설출판사, 1997

·한명규, 식품재료학, 도서출판 신정, 2004

·현영희 외 3인, 식품재료학, 형설출판사, 2000

·홍기운 외 2인, 최신 식품구매론, 대왕사, 2002

·편집부, 산야초, 홍신문화사, 1994

·홍태희 외 5인, 현대 식품재료학, 지구문화사, 2000

■ 저자 소개

황재희

    단국대학교 이학박사

    강릉영동대학 호텔조리과 교수

박정은

    단국대학교 이학박사

    우송대학교 외식조리학부 초빙교수

식품재료학

2005년 2월 25일 초판 발행
2005년 8월 20일 제2판 발행
2006년 8월 25일 개정판 발행
2011년 8월 20일 제2개정판 발행
2015년 2월 28일 제2개정판 2쇄 발행

지 은 이 | 황재희·박정은
발 행 인 | 김흥용
펴 낸 곳 | 도서출판 효일
디 자 인 | 에스디엠
주   소 | 서울시 동대문구 용두동 102-201
전   화 | 02) 928-6644
팩   스 | 02) 927-7703
홈페이지 | www.hyoilbooks.com
등   록 | 1987년 11월 18일 제 6-0045 호

무단복사 및 전재를 금합니다.

값   19,000원

ISBN 978-89-8489-140-1